Django 3 Web

应用开发从零开始学 视频教学版

刘亮亮　王金柱　编著

清华大学出版社

北京

内 容 简 介

本书详解 Django 框架的用法，精选简单、实用和功能流行的 Django 代码示例，帮助读者掌握 Django 框架及其相关技术栈的开发。全书讲解清晰、通俗易懂、重点突出、示例丰富、代码精练，基本涵盖 Django 框架的应用开发技术，可以帮助读者快速掌握 Django 框架的开发方法。本书配套示例源码、课件与教学视频。

全书共分 13 章，内容包括 Django 框架基础与环境搭建、框架常用配置、模型、视图与路由、模板、表单、后台管理、异常、测试、认证系统、安全与国际化，以及常用 Web 应用工具等。另外，为了突出项目实战的特点，本书还讲解了基于 Django 框架开发的 2 个实战项目，可以帮助读者进一步掌握 Django 应用的开发流程。

本书适合 Web 应用开发初学者快速掌握 Django 框架，以及系统设计人员提高设计水平，也适合高等院校、中职学校和培训机构计算机及相关专业的师生教学参考。

图书在版编目（CIP）数据

Django 3 Web 应用开发从零开始学：视频教学版/刘亮亮，王金柱编著. — 北京：清华大学出版社，2021.7（2023.1重印）

ISBN 978-7-302-58344-8

Ⅰ. ①D… Ⅱ. ①刘… ②王… Ⅲ. ①软件工具－程序设计 Ⅳ. ①TP311.561

中国版本图书馆 CIP 数据核字（2021）第 111914 号

责任编辑：夏毓彦
封面设计：王　翔
责任校对：闫秀华
责任印制：沈　露

出版发行：清华大学出版社
　　　　网　　　址：http://www.tup.com.cn，http://www.wqbook.com
　　　　地　　　址：北京清华大学学研大厦 A 座　　　　邮　　编：100084
　　　　社 总 机：010-83470000　　　　邮　　购：010-62786544
　　　　投稿与读者服务：010-62776969，c-service@tup.tsinghua.edu.cn
　　　　质 量 反 馈：010-62772015，zhiliang@tup.tsinghua.edu.cn
印 装 者：三河市铭诚印务有限公司
经　　销：全国新华书店
开　　本：190mm×260mm　　印　张：20　　字　数：539 千字
版　　次：2021 年 7 月第 1 版　　印　次：2023 年 1 月第 2 次印刷
定　　价：69.80 元

产品编号：090003-01

前　言

Django 框架是一款高水准的、基于 Python 编程语言驱动的开源模型。Django 框架自身具有很强大的扩展性，在开源社区中存在许多功能强大的第三方插件，设计人员可以非常方便地以"即插即用"的方式应用到自己的项目中。这也正是 Django 框架流行的原因。

如果想开发 Web 网站或网页应用，又喜欢使用 Python 语言，那非 Django 莫属。

近年来，Django 框架的发展势头非常迅猛，版本的更新迭代速度非常快，学习 Django 也是很多学校和机构的迫切需求。本书就是在这个背景下编写而成的，可用于初学者学习 Django 开发 Web 应用，适合具有 Python 编程基础和网页开发基础的读者使用。

关于本书

本书共 13 章，涵盖绝大部分 Django 框架基础及进阶的内容，全程做到将知识点与应用示例相结合，通过大量的代码示例，帮助读者快速掌握 Django 框架的编程技巧，并应用到项目实践开发之中，实战项目包括投票应用和博客应用。本书通过这种学以致用的方式来增强读者的学习兴趣，帮助读者快速掌握 Django 框架开发的方法和技能。本书配套示例源码、课件与教学视频。

本书的特点

（1）本书使用最简单的、最通用的 Django 代码示例，抛开枯燥的纯理论知识介绍，通过示例讲解的方式帮助读者学习 Django 开发技巧。

（2）本书内容涵盖 Django 框架及其技术开发所涉及的绝大部分知识点，将这些内容整合到一起，帮助读者系统地了解掌握这个框架的全貌，为介入大型 Web 项目的开发做好铺垫。

（3）本书对示例中的知识难点做出了详细的分析，可以帮助读者有针对性地提高 Django 编程开发的技巧，并且通过多个实际的项目实践，帮助读者掌握 Django 框架开发所涉及的内容。

（4）本书在 Django 及其相关知识点上按照类别进行了合理的划分，全部的代码示例都是独立的，读者可以从头开始阅读，也可以从中间开始阅读，不会影响学习效果。

（5）本书代码遵循重构原理，避免代码污染，切实帮助读者能写出优秀的、简洁的、可维护的代码。

示例源码、课件、教学视频下载与技术支持

本书配套的示例源码、课件与教学视频，请用微信扫描下边的二维码获取，可按页面提示，把下载链接转发到自己的邮箱中下载。如果阅读过程中发现问题，请联系 booksaga@163.com，邮件主题为"Django 3 Web 应用开发从零开始学"。技术支持信息参见下载资源中的相关文档。

本书的读者

- Django 框架开发初学者
- Python Web 框架开发初学者
- Web 服务器端开发初学者
- 高等院校和中职学校计算机及相关专业的师生
- 各类 IT 培训机构的师生

本书作者

本书第 1~10 章由河南农业大学的刘亮亮创作，第 11~13 章由华北电力学院的王金柱创作。

作　者
2021 年 4 月

目　　录

第 1 章

Django 框架基础与环境搭建

Django 是一个开放源代码的 Web 应用框架，由高性能的 Python 语言编写而成。目前，基于 Python 语言的 Web 框架有很多，而 Django 框架恰恰是其中应用范围最广、性能最优异、最具发展前景的一款。当今，许多非常成功的 Web 网站和移动 App 都是基于 Django 框架开发的，如 Instagram、豆瓣等。

本章作为全书的开篇，将重点介绍 Django 框架的基础知识、运行环境的搭建，以及开发工具的选择。最后，通过构建一个最基本的基于 Django 框架的 Web 应用程序，帮助读者快速掌握 Django 框架的开发流程。

通过本章的学习可以掌握以下内容：

- Django 框架的基本知识
- 如何搭建基于 Django 框架的开发环境
- 基于 Django 框架的 Web 应用程序的开发流程

1.1 认识 Django 框架

本节将介绍 Django 框架的基础、Django 框架的设计原理，以及 MVC 与 MTV 两种模式之间的区别。学习 Django 框架开发需要提前了解这些理论知识。

1.1.1 诞生与发展

Django（英文发音：[`dʒæŋgəʊ]）框架最初的诞生，主要是用来开发和管理 Lawrence Publishing Group（劳伦斯出版集团）旗下新闻网站的一款软件，是一款属于 CMS（Content Management System，内容管理系统）类的软件，并于 2005 年 7 月取得了 BSD 许可证下的发布权限。之后，经过开发人员的不断努力，Django 1.0 版于 2008 年 9 月正式发布。

说　明
BSD 许可证是一种开源许可证，可以简单理解为我们常说的开源协议，常见的 5 种开源协议有：BSD、Apache、GPL、LGPL、MIT。

Django 框架的设计初衷是为了简便、快速地开发出易于维护的数据库驱动型网站，其所独具的代码复用功能，支持将各种组件以"插件"方式嵌入到整个应用框架，从而极大地提高了应用开发的效率。Django 框架自身具有很强大的扩展性，在开源社区中存在有许多功能强大的第三方插件，开发人员可以非常方便地以"即插即用"的方式应用到自己的项目中。

Django 框架主要用于开发数据库驱动型网站，因此其具有十分强大的数据库方面的功能。使用 Python 类的继承方式，仅仅通过几行代码就可以获取一个完整的、动态的数据库操作接口（Database API）。开发人员还可以通过执行 SQL 语句，实现数据模型与数据库的解耦（即数据模型的设计不需要依赖于特定的数据库），通过简单地配置就可以轻松更换不同类型的数据库。

近年来，Django 框架的发展势头非常迅猛，版本的更新迭代速度非常快，这可能也是得益于 Python 编程语言地位的不断上升。图 1.1 描述的就是由 Django 官方网站提供的、最新的产品发布路线图（Release-Roadmap）。

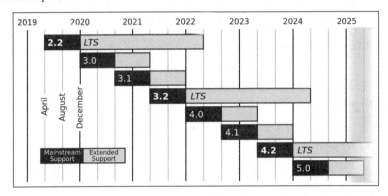

图 1.1　Django 产品发布路线图

目前最新的 Django 版本是 3.0+，在未来 5 年的规划中，Django 框架将会更新到 5.0+版本。

1.1.2　MTV 设计原理

相信大多数的 Web 开发者对于 MVC（Model、View、Controller）设计模式都不陌生，该设计模式已经成为 Web 框架中一种事实上的标准了，Django 框架自然也是一个遵循 MVC 设计模式的框架。不过从严格意义上讲，Django 框架采用了一种更为特殊的 MTV 设计模式，其中的"M"代表模型、"V"代表视图、"T"代表模板。MTV 模式本质上也是基于 MVC 模式的，是从 MVC 模式变化而来的。

那么，MTV 模式的具体内容是什么呢？下面，我们将 MTV 拆分开来逐一进行详细介绍。

（1）M 模型（Model）表示的是数据存取层，处于 MTV 模式的底层。M 模型负责处理与数据相关的所有事务，包括如何存取、如何验证有效性、如何处理数据之间关系等方面的内容。

（2）T 模板（Template）表示的是表现层，处于 MTV 模式的顶层。T 模板负责处理与表现相关的操作，包括如何在页面或其他类型文档中进行显示等方面的内容。

（3）V 视图（View）表示的是业务逻辑层，处于 MTV 模式的中间层。V 视图负责存取模型及调取适当模板的相关逻辑等方面的内容，是 M 模型与 T 模板之间进行沟通的桥梁。

此外，MTV 模式还需要一个 URL 分发器，其作用是将 URL 页面请求分发给不同的 V 视图（View）去处理，然后 V 视图（View）再调用相应的 M 模型（Model）和 T 模板（Template）。其实仔细品味可以发现，这个 URL 分发器所实现的就是 MVC 模式下控制器（Controller）设计的功能。URL 分发器的设计机制是使用正则表达式来匹配 URL，然后再调用相应的 Python 函数方法。

任何一个 Web 前端设计模式，都离不开控制器（Controller）这个模块，其代表着业务处理的核心部分。我们在 MTV 模式中看不到控制器（Controller）的设计，并不是 Django 框架没有设计该模块，而恰恰是将该模块的功能封装在底层了。这样做的好处就是，将开发人员从烦琐的控制层逻辑中解脱出来，通过编写更少的代码来实现用户需求，而控制层逻辑交由 Django 框架底层自动完成，大大地提高了开发人员的开发效率。

MTV 模式的响应原理如图 1.2 所示。

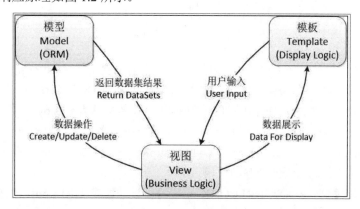

图 1.2　MTV 模式响应原理

T 模板（Template）接收用户输入后交由 V 视图（View）去处理，V 视图（View）负责连接 M 模型（Model）进行数据操作、并将操作返回的结果再传送给 T 模板（Template）进行展示。以上就是 Django 框架的 MTV 模式的基本工作原理。

1.1.3　Django 框架的 View 视图展示机制

Django 框架采用了 MTV 设计模式，在工作机制上自然也有些特别之处，其中最显著的就是 V 视图（View）部分。请读者再看一下图 1.2 中的描述，MTV 模式中的 V 视图（View）是不负责处理用户输入的，这一点就是 MTV 模式特殊之处。

Django 框架下的 V 视图（View）不负责处理用户输入，只负责选择要展示的数据并传递到 T 模板（Template）上。然后，由 T 模板（Template）负责展示数据（展示效果），并最终呈现给终端用户。进一步来讲，就是 Django 框架将 MVC 中的 V 视图（View）解构为 V 视图和 T 模板两个部分，分别用于实现"展现数据"和"如何展现"这两部分功能，这样 T 模板（Template）可以根据用户需求来随时更换，而不仅仅限制于内置的模板。

Django 框架的视图展示流程如图 1.3 所示。

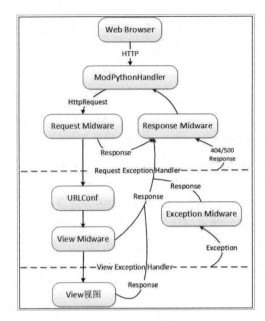

图 1.3　Django 视图展示

在 Django 服务器启动时，会自动加载在同一目录下的配置文件（settings.py），该配置文件涵盖了项目所需的全部配置参数。其中，最重要的配置参数就是"ROOT_URLCONF"，定义了 Django 服务器使用哪个 Python 模块来用作本项目的 URLConf（一般默认为 urls.py）。

当用户在浏览器（Web Browser）中访问 url 时，Django 服务器会接收到一个 HTTP 请求，通过服务器端特定的 Handler（ModPythonHandler）创建 HttpRequest 并传递给中间组件（Request Midware）进行处理，这些中间组件起着功能增强的作用。

Django 服务器会根据 ROOT_URLCONF 配置的参数来加载 URLConf；然后按顺序逐个匹配 URLConf 中的 URLpatterns，如果匹配成功，则会调用相关联的 View 视图中间件函数，并将 HttpRequest 对象作为第一个参数向下传递；最后，通过 View 视图返回一个 HttpResponse 对象（通常是 Response）。

另外，Django 框架还实现了完整的异常处理机制，其主要是通过异常处理中间件（Exception Midware）来实现的。当系统出现异常时，异常处理中间件（Exception Midware）会截获并判断异常类型，从而返回异常错误（404 或 500 等）信息。

1.1.4　Django 框架的用户操作流程

Django 框架设计的 MTV 模式也是基于传统的 MVC 模式的，本质上也是为了各组件之间保持松耦合关系，只是定义上有些许不同。MVC 模式之所以能够成为 Web 框架最流行的设计标准，也是因为其比较完美地契合了用户的操作流程。

MVC 模式是软件工程中的一种通用的软件架构模式，同样也适用于 Web 应用程序。MVC 将 Web 框架分为三个基本部分：模型（Model）、视图（View）和控制器（Controller），并以一种插件式的、松耦合的方式连接在一起。

在 MVC 模式中，模型（Model）负责编写具体的程序功能，建立业务对象与数据库的映射（ORM）；

视图（View）为图形界面，负责与用户的交互（HTML 页面）；控制器（Controller）负责转发请求，并对请求进行处理。

MVC 模式的用户操作流程如图 1.4 所示。

Django 框架的 MTV 模式用户操作流程，本质上与 MVC 模式的用户操作流程是一样的，也是为了在各组件间保持松耦合关系。二者只是定义上有些不同，如前文中介绍的，Django 框架的 MTV 模式指的是 M 模型（Model）、T 模板（Template）和 V 视图（View）。最重要的是，MTV 模式另外实现了一个 URL 分发器模块，其作用是将每一个 URL 页面请求分发给相应的 V 视图（View）进行处理，然后再由 V 视图（View）去调用相应的 M 模型（Model）和 T 模板（Template）。

Django 框架用户操作流程如图 1.5 所示。

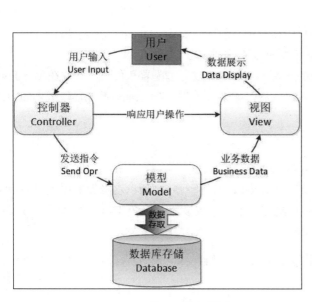

图 1.4　MVC 模式用户操作流程

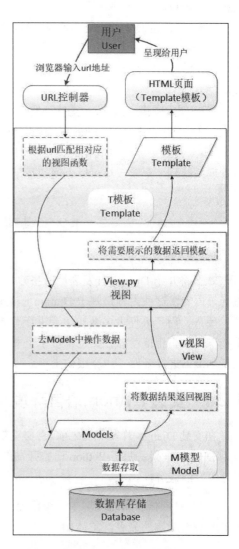

图 1.5　Django 框架用户操作流程制

如图 1.5 中的描述，用户通过浏览器向服务器端的 URL 分发器模块发起一个 URL 请求（request），这个 URL 请求会去访问视图函数（View.py）进行匹配，再进一步通过数据模型（Models）访问数据库进行数据操作，然后将操作结果逐级返回到模板（Template），并最终返回网页给用户。

1.1.5 Django 框架的主要特点

本小节介绍 Django 框架的主要特点，其他一些小优点，读者在学习过程中会慢慢体会。

（1）基于 Python 语言及 MVC 模式，具有开发快捷、低耦合、部署方便、可重用性高和维护成本低等显著特点。

（2）通过一个 URL 分发器模块进行 URL 分派，分发器使用正则表达式来匹配 URL，支持开发人员采用自定义 URL 方式，且没有框架的特定限定，使用起来非常灵活。

（3）可以方便地生成各种表单模型，实现表单的有效性检验，且支持从自定义的模型实例生成相应的表单。

（4）具有强大且可扩展的模板语言，支持分隔设计、内容和 Python 代码，并且具有可继承性。

（5）以 Python 类的形式定义数据模型，通过 ORM（对象关系映射）将模型与关系数据库进行连接，开发人员将得到一个非常容易使用的数据库 API，同时也支持在 Django 框架中直接使用原始 SQL 语句。

（6）内置国际化系统，支持开发多种语言的 Web 网站。

（7）缓存系统采用与 memcached、Redis 等缓存系统联用的方式，提高了页面的加载速度。

（8）内置了一个可视化的、自动化管理员界面（Admin Site），其类似于一个 CMS 系统（内容管理系统），开发人员可以方便快捷地通过该界面进行人员管理和内容更新等操作。

1.2 搭建 Django 开发环境

本节将介绍 Django 开发环境的搭建，包括 Python 开发环境安装、Django 框架安装、开发工具选择等内容，这些内容是基于 Django 框架进行 Web 开发的基础。

另外，为了方便大多数初学者进行有效的学习，全书的开发环境配置和代码示例均在 Windows 系统下完成。相信读者在熟练掌握了全书的内容之后，如果打算尝试在 Linux 系统环境或 Mac OS 系统环境下进行开发，也会很快上手。

1.2.1 安装 Python 语言环境

在安装 Django 开发环境之前，务必先安装好 Python 语言解释器。之所以这样做的原因很简单，因为 Django 框架是基于 Python 语言开发的。这里建议读者安装最新版的 Python 安装包，这样可以保证更好的兼容性。

（1）判断操作系统环境中是否已经安装过 Python 语言解释器。判断方法就是在命令行下运行 Python 查看版本的命令，具体如下：

```
python --version
```

假设自己的操作系统环境中并未安装过 Python 语言解释器，那么命令行一般会输出类似"python 不是内部或外部命令，也不是可运行的程序或批处理文件"这样的提示信息。如果已经安装 Python，则忽略本小节余下的内容。

（2）从 Python 官方网站（https://www.python.org）下载最新版的 Python 安装包，如图 1.6 所示。

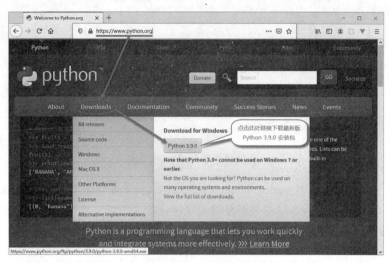

图 1.6　下载最新版 Python 安装包（一）

（3）当前最新版的 Python 安装包版本号为 3.9.0。另外，Python 官方网站会自动识别当前用户所使用的操作系统类型，并提供合适的 Python 安装包类型，如图 1.7 所示。

图 1.7　下载最新版 Python 安装包（二）

下载后会得到一个名称为 python-3.9.0-amd64.exe 的可执行文件，这个就是 Python 最新版的安装包。其中，3.9.0 表示版本号，amd64 表示用户当前操作系统是 64 位的。

（4）双击运行 python-3.9.0-amd64.exe 可执行文件来安装 Python 语言解释器，同时配置 Python 语言开发环境。

如图 1.8 所示，我们可以选择"Install Now"默认安装方式，也可以选择"Customize installation"用户自定义安装方式。如果选择了默认安装方式，会将 Python 语言解释器安装到系统盘（C 盘）的用户目录下。笔者这里选择了用户自定义安装方式，这样可以将 Python 语言解释器安装到自己指定的路径下。

图 1.8　安装最新版 Python 安装包（一）

　　另外，建议用户同时勾选"Install launcher for all users (recommended)"和"Add Python to PATH"选项。其中，第一个选项会将 Python 语言解释器指派给全部系统用户使用，第二个选项则会将 Python 语言解释器添加到 Windows 系统的 PATH 路径中去。

　　（5）用户可以单击"Customize installation"选项继续安装，如图 1.9 所示。

图 1.9　安装最新版 Python 安装包（二）

　　（6）选择"Optional Features"（可选特性）中任意项，笔者全部勾选了。其中，"pip"工具是强烈建议勾选的，它是 Python 的包安装及管理工具。

　　（7）用户选择完毕后，就可以单击"Next"按钮继续安装，如图 1.10 所示。

图 1.10　安装最新版 Python 安装包（三）

（8）为 Python 指定"Advanced Options"（高级选项），笔者这里也全部勾选了。其中，最后一个选项中所备注的信息（requires VS 2017 or later）表示需要提前安装 Visual Studio 2017＋版本的开发套件。如果读者想尝试该选项，可以去 Visual Studio 官方网站去下载预览版的开发套件（离线版或 Web 安装版均可）提前进行安装。

（9）如图 1.10 中的箭头所示，这里指定自定义的安装路径。当选择好安装路径后，可以单击"Install 按钮"继续安装，如图 1.11 所示。

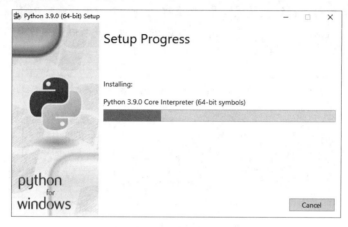

图 1.11　安装最新版 Python 安装包（四）

（10）安装完毕后，如图 1.12 所示。提示"Setup was successful"就表示 Python 语言解释器安装成功了。

图 1.12　安装最新版 Python 安装包（五）

为了验证 Python 语言解释器已经在系统中安装成功，再次在命令行中运行如下命令：

```
python --version
```

运行命令的具体效果如图 1.13 所示。Python 3.9.0 表示当前操作系统中已经成功安装了 Python 3.9.0 版本的语言解释器。

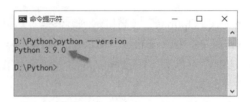

图 1.13　测试 Python 语言环境

现在 Python 语言解释器已经安装成功了，那么如何进行编程使用呢？Python 提供了一个交互式的命令行开发环境，如图 1.14 所示。通过输入"python"命令就可以进入这个开发环境，然后可以一行一行输入 Python 代码并查看运行结果。

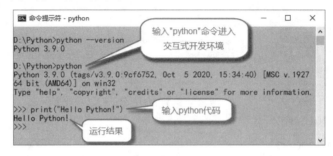

图 1.14　测试 Python 语言开发环境

1.2.2　安装 Django 框架

Django 框架支持多种安装方式，最常见的是 Django 源码编译安装方式和 pip 安装方式。

1．Django 源码编译安装方式

我们先看一下 Django 源码编译安装方式的具体步骤。

步骤 01 使用源码编译安装方式，先访问 Django 框架官方网站（https://www.djangoproject.com/download/）去下载源码安装包，如图 1.15 所示。

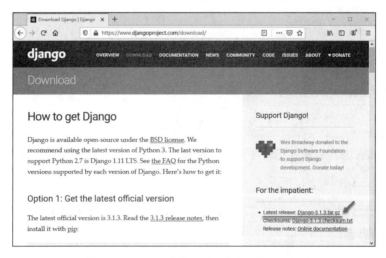

图 1.15　Django 框架官方网站下载源码包

步骤 02　单击链接 "Django-3.1.3.tar.gz"，下载新版的 Django 框架源码安装包。

步骤 03　将下载的 Django 安装包（Django-3.1.3.tar.gz）解压到与 Python 安装目录的同一级目录下。通过命令行进入 Django 目录，执行 "python setup.py install" 命令开始安装。Django 框架安装完毕后，默认会被安装到 Python 安装目录下 Lib 子目录下的 site-packages 子目录中，如图 1.16 所示。在 site-packages 子目录中已经存在的 django 框架目录。

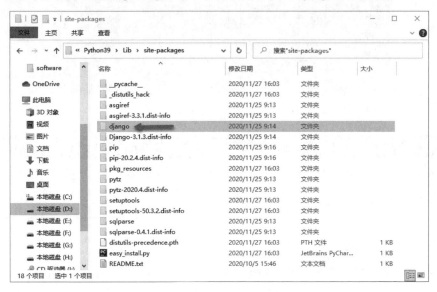

图 1.16　Django 源码安装方式

2．pip 工具安装方式

我们再看一下通过 pip 工具安装 Django 框架的具体步骤，它目前是 Django 框架官方网站（https://docs.djangoproject.com/en/3.1/topics/install/）所推荐的方式，如图 1.17 所示。

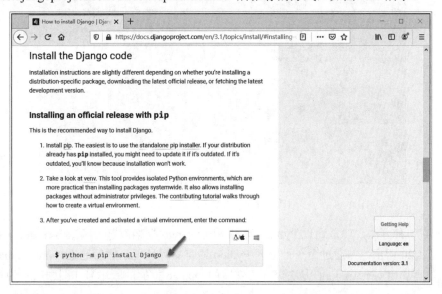

图 1.17　Django 框架官方网站推荐安装方式

在命令行中输入"python –m pip install Django"命令，就可以自动安装最新版的 Django 框架了，如图 1.18 所示。日志信息提示已经成功安装了 Django 框架的最新版本——Django-3.1.3。

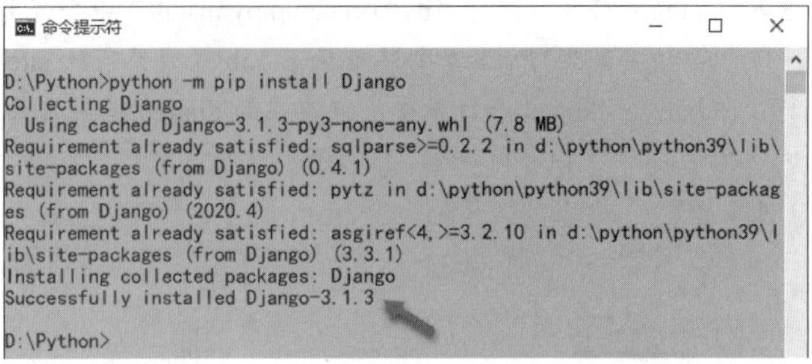

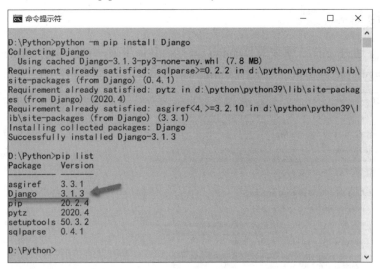

图 1.18　pip 方式安装 Django 框架

提示
如果想安装指定的 Django 框架版本，在下面的命令中加上版本号就可以： python –m pip install Django=3.1.3（指定版本号）

3. 验证 Django 框架是否安装成功

如何验证 Django 框架已经安装成功了呢？

（1）最简单的方式是使用"pip list"命令查询 Python 第三方插件列表，如图 1.19 所示。

图 1.19　pip list 命令查询 Django

（2）还有一种方法，就是通过 Python 代码调用 Django 框架内置的函数方法 get_version()来查询版本，如图 1.20 所示。先通过命令行进入 Python 语言交互环境，然后通过"import django"导入 Django 框架，再调用 get_version()方法查询已安装的 Django 框架的版本号（图中所示的查询版本结果为'3.1.3'）。

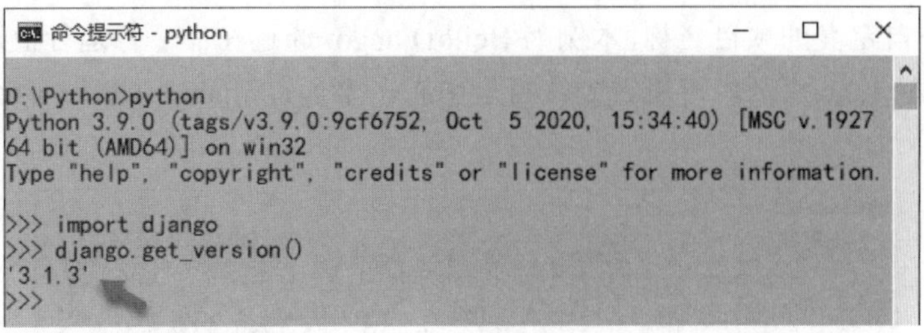

图 1.20　调用 Django 函数方法查询版本

1.3　开发第一个 Django 框架应用程序

本节将介绍开发 Django 框架应用程序的方法，包括如何通过命令行构建最基本的 Django 框架应用程序、如何选择 Django 框架应用程序的开发平台（IDE）和 Django 框架应用程序基本配置等内容。

1.3.1　通过命令行构建 Django 应用

如上文所述，在安装好 Django 开发环境后，就可以通过命令行构建 Django 应用程序了。通过命令行构建 Django 应用程序的关键，是 Django 框架自带的一个管理工具——django-admin.py（一个 Python 脚本文件）。

那么，这个 django-admin.py 管理工具在操作系统中的保存路径是什么呢？请读者查看图 1.16，就在图中所示的 django|bin 目录中，如图 1.21 所示。django-admin.py 脚本文件表示的就是 Django 框架管理工具。默认情况下，通过 pip 工具自动安装 Django 框架管理工具，django-admin 命令就已经被添加到系统 PATH 路径了。

图 1.21　django-admin.py 管理工具

（1）通过 django-admin 管理工具在命令行创建 Django 应用程序：

```
django-admin startproject ProjectName
```

其中，参数 startproject 是 django-admin.py 工具自带的命令，用于创建用户自定义项目；参数

ProjectName 是用户自定义的项目名称，本例为 HelloDjango。通过在命令行运行上述命令创建 Django 应用程序，效果如图 1.22 所示。可以看到，目录中有一个通过 django-admin 命令新创建的 Django 项目（HelloDjango）。

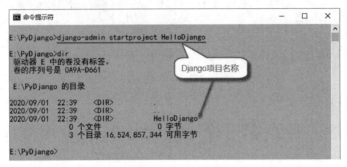

图 1.22　通过 django-admin 命令创建 Django 应用程序

（2）查看该项目目录下的文件，如图 1.23 所示。通过 DOS 命令 tree，可以查看新创建的 Django 项目（HelloDjango）的文件清单。

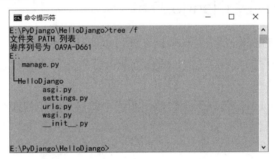

图 1.23　通过 django-admin 命令创建 Django 应用程序

下面具体介绍一下这些项目文件的功能与作用。

- HelloDjango：Django 项目容器。
- manage.py：一个 Django 命令行工具，可让开发人员以各种方式与 Django 项目进行交互。
- HelloDjango/asgi.py：一个 ASGI 兼容的 Web 服务器的入口，用于运行 Django 项目。
- HelloDjango/settings.py：Django 项目的设置和配置文件。
- HelloDjango/urls.py：定义了 Django 项目的 URL 声明，一份由 Django 驱动的网站目录。
- HelloDjango/wsgi.py：定义了一个 WSGI 兼容的 Web 服务器的入口，支持运行 Django 项目。
- HelloDjango/__init__.py：一个 Python 空文件，通知 Python 解析器当前目录是一个 Python 包。

（3）进入 HelloDjango 项目的根目录，输入以下命令来启动 Web 开发服务器。

```
python manage.py runserver 0.0.0.0:8000
```

其中，0.0.0.0 表示支持其他终端可以连接到开发服务器；8000（默认端口号）表示为开发服务器的端口号，如果省略，则表示端口号为 8000。另外，上述命令可以使用下面的简写方式：

```
python manage.py runserver
```

（4）进入 Django 项目的根目录，运行上述简写命令方式。Django 框架会以 127.0.0.1:8000（ip:port）这个默认配置启动开发服务器，命令行的运行效果如图 1.24 所示。命令行日志信息表示 Django 开发服务器已经在 "http://127.0.0.1:8000" 启动了。

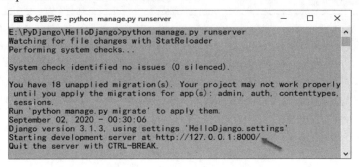

图 1.24　启动 Django 开发服务器

（5）打开浏览器，输入日志信息中的服务器地址及端口号（http://127.0.0.1:8000），页面效果如图 1.25 所示。说明 Django 应用程序已经成功运行了！

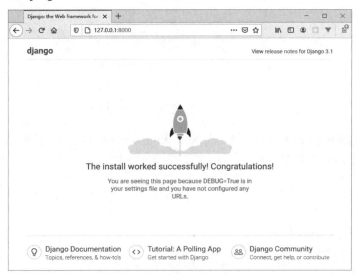

图 1.25　测试 Django 应用程序

1.3.2　通过 PyCharm 开发 Django 应用

学会使用命令行工具开发 Django 应用程序是基础，不过更多的时候还是要借助集成开发工具。目前，最好的 Django 应用程序开发工具就是 JetBrains 公司推出的 PyCharm 了。

借助 PyCharm 集成开发工具，可以极大地提高 Django 应用程序的开发效率，同时可以利用很多非常实用的第三方插件。不过读者也要清楚，PyCharm 开发平台所实现的功能，在底层也是借助 Django 命令行工具完成的。

（1）打开 PyCharm Professional（专业版）开发平台（专业版是付费软件，不过有 30 天的免费试用时间），如图 1.26 所示。

注　意
只有专业版（Professional）提供了对 Django 的支持，社区版（Community）是不支持 Django 的。请读者下载专业版。

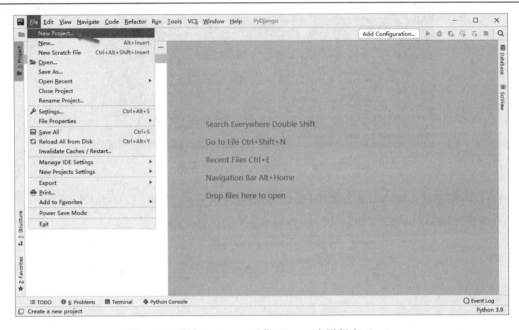

图 1.26　通过 PyCharm 开发 Django 应用程序（一）

（2）单击文件菜单（File）的新建工程（New Project）项创建 Django 项目，如图 1.27 所示。

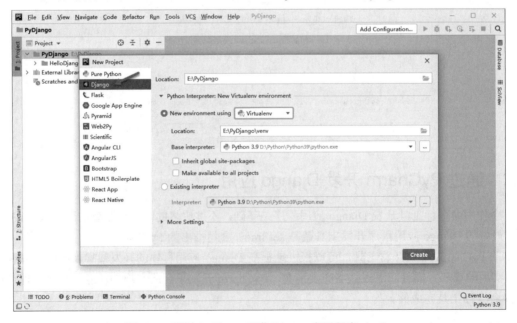

图 1.27　通过 PyCharm 开发 Django 应用程序（二）

（3）选择 Django 项后，在 Location 输入框中选择 Django 项目路径，然后创建 Django 应用程序（名称为 HelloDjango），如图 1.28 所示。打开"More Setings"选项。其中，"Template language"项选择 Django，"Template folder"项选择 templates，"Application name"项定义应用程序名称（HelloDjango）。

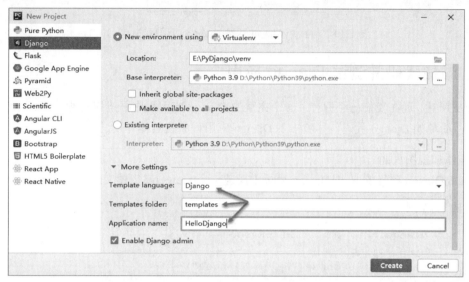

图 1.28　通过 PyCharm 开发 Django 应用程序（三）

（4）单击 Create 按钮创建项目，在弹出的对话框中单击"This Window"按钮，如图 1.29 所示。

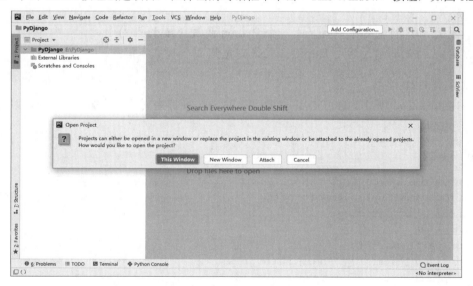

图 1.29　通过 PyCharm 开发 Django 应用程序（四）

耐心等待一会儿，PyCharm 会为开发人员自动创建好 Django 应用程序框架和文件，如图 1.30 所示。PyCharm 创建 HelloDjango 应用程序的文件与之前通过命令行工具（django-admin.py）创建的结果是一致的。

图 1.30　通过 PyCharm 开发 Django 应用程序（五）

1.3.3　添加代码并测试 Django 应用

如前文所述，现在我们已经拥有了一个完整的 Django 应用程序框架和文件。下面我们在此基础上添加一些简单的 Django 代码，体验一下 Django 应用程序的具体开发过程。

（1）添加视图页面。

在 HelloDjango 项目的 HelloDjango 目录中新建一个 views.py 视图文件，并输入如下代码。

【代码 1-1】

```
01  from django.http import HttpResponse
02  def sayHello(request):
03      return HttpResponse("Hello Django!")
```

【代码分析】

- 第 01 行代码中，通过调用 django.http 模块导入了 HttpResponse 对象（实现请求与响应）。
- 第 02～03 行代码中，定义了一个 Python 函数（sayHello）。
- 第 03 行代码通过调用 HttpResponse 对象返回一行文本信息。

（2）配置 URL 路由。

打开 HelloDjango 项目下 HelloDjango 目录中的 urls.py 路由文件，添加如下代码，以绑定 URL 路由与视图页面。

【代码 1-2】

```
01  from django.contrib import admin
02  from django.urls import path
03  from . import views
04
05  urlpatterns = [
06      path('admin/', admin.site.urls),
07      path('hello/', views.sayHello)
08  ]
```

【代码分析】

- 第 03 行代码中，导入了【代码 1-1】定义的视图页面（views.py）。
- 第 07 行代码中，通过调用路由方法（path()）将视图页面（views.py）匹配到路由路径（/hello/）。

（3）测试视图页面。

先通过 PyCharm 启动 Web 开发服务器，具体效果如图 1.31 所示。日志信息提示开发服务器
（http://127.0.0.1:8000/）已经成功启动了。

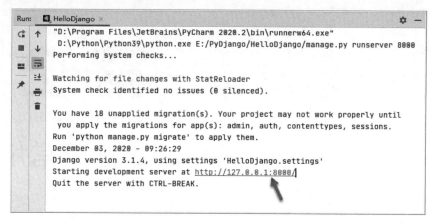

图 1.31　测试 Django 应用程序视图页面（一）

打开浏览器并输入地址 http://127.0.0.1:8000/hello，页面效果如图 1.32 所示。如图中的箭头和提
示信息所示，页面成功显示了 views.py 文件所定义的文本信息，说明视图页面（views.py）已经被
URL 路由（urls.py）成功解析了！

图 1.32　测试 Django 应用程序视图页面（二）

1.4　本章小结

本章介绍了 Django 框架应用程序开发的基础，具体内容包括 Django 框架的设计原理、工作流
程、如何搭建 Django 应用程序的开发环境、如何定义 Django 应用程序基础配置的信息等。最后，
还通过开发一个具体的 Django 应用程序，进一步帮助读者理解使用 Django 框架开发应用程序的流
程。

第 2 章

Django 框架常用配置

本章将介绍 Django 框架的常用配置，主要内容包括基础路径配置、静态资源配置、模板路径配置、数据库配置、中间件配置、静态文件配置和语言时区配置等。这些内容是开发 Django 框架 Web 应用程序的基础，是 Django 开发过程中非常重要的一个环节。

通过本章的学习可以掌握以下内容：

- 基础路径配置
- 静态资源配置
- 模板路径配置
- 数据库配置
- 中间件配置
- 静态文件配置
- 语言时区配置

2.1 应用的配置文件 settings.py

Django 应用程序主要通过 settings.py 文件进行项目配置，这些配置包括是否开启调试模式、哪些站点可以访问等。打开 settings.py 文件，就可以看到这些配置信息。下面只给出部分配置代码，让读者有个初步印象，具体配置我们在后面章节逐步介绍。

```
from pathlib import Path
```

```
# Build paths inside the project like this: BASE_DIR / 'subdir'.
BASE_DIR = Path(__file__).resolve().parent.parent
# Quick-start development settings - unsuitable for production
# See https://docs.djangoproject.com/en/3.1/howto/deployment/checklist/

# SECURITY WARNING: keep the secret key used in production secret!
SECRET_KEY = '&nw$9#utl92cjrzj0m_i!cryp31^3ew%&l-50m2p_wr3&0wlip'

# SECURITY WARNING: don't run with debug turned on in production!
DEBUG = True
ALLOWED_HOSTS = []

# Application definition
INSTALLED_APPS = [
    'django.contrib.admin',
    'django.contrib.auth',
    'django.contrib.contenttypes',
    'django.contrib.sessions',
    'django.contrib.messages',
    'django.contrib.staticfiles',
]
```

2.2　应用的基础路径

Django 应用的基础路径配置，通过 settings.py 文件中的 BASE_DIR 项来完成。BASE_DIR 项用于绑定当前项目的绝对路径，且该路径是动态计算出来的，所有项目文件都可以依赖此绝对路径。具体代码如下：

【代码 2-1】

```
# Build paths inside the project like this: BASE_DIR / 'subdir'.
BASE_DIR = Path(__file__).resolve().parent.parent
```

【代码分析】

● 先通过 Path()方法获取 settings.py 文件的路径，再通过 resolve()解析路径，最后再调用两次 parent 参数来获取项目的根路径。

2.3　应用的启动模式

Django 应用的启动模式配置，通过 settings.py 文件中的 DEBUG 项来完成。具体说明如下：

● 当 DEBUG 项取值为 True 时，表示开发环境中使用"调试模式"，该模式主要用于开发过程中调试代码。
● 当 DEBUG 项取值为 False 时，表示当前项目运行在"生产环境"中，该模式不启动调试。

【代码 2-2】

```
# SECURITY WARNING: don't run with debug turned on in production!
DEBUG = True
```

2.4　应用的站点访问权限

Django 应用的站点访问权限配置，决定了谁可以访问当前项目，这通过 settings.py 文件中的 ALLOWED_HOSTS 项来完成。ALLOWED_HOSTS 项的内容就是网络地址列表，具体如下：

● []: 空列表，表示只有 127.0.0.1、localhost、'[::1]' 能访问本项目。
● ['*']: 表示任何网络地址都能访问当前项目。
● ['*.hostname.cn', 'django.com']: 表示只有当前这两个主机能访问当前项目。

注　意
如果要想局域网内的其他主机也能访问此主机，则在启动服务器时使用如下命令： `python manage.py runserver 0.0.0.0:8000` 上述命令指定局域网内的所有主机都可以通过 8000 端口访问此主机，此外 ALLOWED_HOSTS 需要设置为['*']。

2.5　应用的 App 配置

在 settings.py 文件中的 INSTALLED_APPS 项中可以查看项目 App 应用的配置信息。另外，开发人员也可以在其中增加自定义 App 的配置信息。具体代码如下：

【代码 2-3】

```
01  INSTALLED_APPS = [
02      'django.contrib.admin',
```

```
03        'django.contrib.auth',
04        'django.contrib.contenttypes',
05        'django.contrib.sessions',
06        'django.contrib.messages',
07        'django.contrib.staticfiles',
08        'myapps'
09    ]
```

【代码分析】

● 第 02～07 行代码定义了一组应用程序默认的 App 应用。

● 第 08 行代码定义了用户自定义的 myapps 应用。

添加用户自定义 App 应用，可以使用下面的命令。

```
python manage.py startapp myapps
```

其中，startapp 命令类似于 startproject 命令，它是由 Django 框架所定义，专门用于创建 App 应用。

提　示
startapp 和 startproject 这两个命令的区别是：startproject 命令用于创建 Django 项目，而 startapp 命令用于创建 Django 应用。

那么，Django 项目和 Django 应用有什么区别呢？

在创建好一个 Django 项目后，可以继续在该项目内创建 Django 应用，Django 应用相当于 Django 项目内的功能模块。因此，一个 Django 项目内可以包含一个或多个 Django 应用（一对多的关系）。

另外，基于 Django 框架的设计模式，一个 Django 应用可以为多个 Django 项目所使用，相当于该 Django 应用是一个公共模块（多对一的关系）。可见，Django 应用（App）的使用是非常灵活的。

2.6　应用的中间件配置

在 settings.py 文件中的 MIDDLEWARE 项中，可以查看到项目所注册的中间件的配置信息。具体代码如下：

【代码 2-4】

```
01  MIDDLEWARE = [
02      'django.middleware.security.SecurityMiddleware',
03      'django.contrib.sessions.middleware.SessionMiddleware',
04      'django.middleware.common.CommonMiddleware',
05      'django.middleware.csrf.CsrfViewMiddleware',
06      'django.contrib.auth.middleware.AuthenticationMiddleware',
```

```
07         'django.contrib.messages.middleware.MessageMiddleware',
08         'django.middleware.clickjacking.XFrameOptionsMiddleware',
09   ]
```

2.7　应用的模板配置

在 settings.py 文件中的 TEMPLATES 项中，可以查看到项目模板的配置信息。项目模板（Template）存放静态 HTML 文件的配置信息，具体代码如下：

【代码 2-5】

```
01  TEMPLATES = [
02      {
03          'BACKEND': 'django.template.backends.django.DjangoTemplates',
04          'DIRS': [os.path.join(BASE_DIR, 'templates')]
05          ,
06          'APP_DIRS': True,
07          'OPTIONS': {
08              'context_processors': [
09                  'django.template.context_processors.debug',
10                  'django.template.context_processors.request',
11                  'django.contrib.auth.context_processors.auth',
12                  'django.contrib.messages.context_processors.messages',
13              ],
14          },
15      },
16  ]
```

【代码分析】

● 第 04 行代码中，'DIRS'项用于存放静态 HTML 文件的路径。

2.8　应用的数据库配置

如果用户开发的 Django 应用程序中需要使用大型数据库，那么 Django 框架提供了很好的支持，它能支持 PostgreSQL、SQLite、MySQL、MariaDB 或 Oracle 等数据库。

Django 应用程序的数据库配置需要在 settings.py 文件中配置，具体在 DATABASES 字段中定义。Django 应用程序默认配置的是 SQLite 数据库，具体代码如下：

【代码 2-6】

```
01  DATABASES = {
02      'default': {
```

```
03          'ENGINE': 'django.db.backends.sqlite3',
04          'NAME': BASE_DIR / 'db.sqlite3',
05      }
06  }
```

【代码分析】

● 第 03 行代码中，ENGINE 字段配置的就是 SQLite 数据库驱动('django.db.backends.sqlite3')。

● 第 04 行代码中，NAME 字段定义的是数据库配置文件。

在 Django 官方文档中，上述几个比较常见的关系型数据库，已经给出了具体的 'ENGINE'字段配置写法，具体代码如下：

【代码 2-7】

```
django.db.backends.postgresql # PostgreSQL
django.db.backends.mysql # mysql
django.db.backends.sqlite3 # sqlite
django.db.backends.oracle # oracle
```

读者可以根据自己使用的数据库，从上述代码中选择。下面以最常用的 MySQL 数据库为例，给出一个详细的配置示例。

【代码 2-8】

```
01  DATABASES = {
02    'default': {
03      'ENGINE': 'django.db.backends.mysql',
04      'NAME': 'mydatabase',
05      'USER': 'mydatabaseuser',
06      'PASSWORD': 'mypassword',
07      'HOST': '127.0.0.1',
08      'PORT': '3306',
09    }
10  }
```

【代码分析】

● 第 03 行代码中，ENGINE 字段定义的是 MySQL 数据库驱动。

● 第 04 行代码中，NAME 字段定义的是 MySQL 数据库名；另外，如果是 SQLite 数据库的话，则需要填数据库文件的绝对位置。

● 第 05 行代码中，USER 字段定义的是数据库登录的用户名，MySQL 数据库一般都是root。

● 第 06 行代码中，PASSWORD 字段定义的是登录数据库的用户密码，必须是 USER 用户所对应的密码。

● 第 07 行代码中，HOST 字段定义的是主机服务器地址，一般在开发阶服务器与客户端都在同一台主机上，所以一般默认填"127.0.0.1"。

- 第 08 行代码中，PORT 字段定义的是数据库服务器端口，MySQL 数据库的默认端口为 3306。

注 意

HOST 和 PORT 字段都可以不填（使用默认的配置），但是如果需要修改默认配置的话，就要填入修改后的实际内容。

在上面的配置过程完成后，就可以安装 Python 连接 MySQL 数据库的驱动程序了，具体方法如下：

```
python -m pip install PyMySQL
```

安装好 MySQL 数据库的驱动程序后，可以启动 Django 开发服务器。Django 开发服务器启动正常后，可以进一步验证 MySQL 数据库功能是否正常。具体方法是在命令行中输入如下代码：

```
from django.db import connection
cursor = connection.cursor()
```

如果命令行中没有报错信息，则表示 Python 连接 MySQL 数据库的驱动程序已经安装成功，用户可以放心地使用 Django 的数据库功能了。

2.9 应用的根级路由配置

在 settings.py 文件中的 ROOT_URLCONF 项中，可以查看到项目根级路由的配置信息。示例代码如下：

【代码 2-9】

```
ROOT_URLCONF = 'DjangoProjectName.urls'
```

【代码分析】

- DjangoProjectName 表示 Django 项目名称，url 表示路由。

2.10 应用的语言配置

在 settings.py 文件中的 LANGUAGE_CODE 项中，可以查看到项目语言的配置信息。具体代码如下：

【代码 2-10】

```
LANGUAGE_CODE = 'zh-hans'          // 设置使用中文语言
```

```
LANGUAGE_CODE = 'en-us'          // 设置使用英文语言
```

2.11　应用的时区配置

在 settings.py 文件中的 TIME_ZONE 项中，可以查看到项目时区的配置信息。具体代码如下：

【代码 2-11】

```
TIME_ZONE = 'Asia/Shanghai'      // 设置使用北京时间
```

2.12　应用的静态文件配置

在 settings.py 文件中的 STATIC_URL 项中，可以查看到项目静态文件的配置信息。所谓静态文件，是指图片、js 脚本、样式表、音频、视频以及部分 HTML 文件等。示例代码如下：

【代码 2-12】

```
# Static files (CSS, JavaScript, Images)
# https://docs.djangoproject.com/en/3.1/howto/static-files/
STATIC_URL = '/static/'
```

【代码分析】

● '/static/'表示从什么路径地址（url）去查找静态文件。

2.13　本章小结

本章讲解了 Django 框架常用配置信息，具体内容包括基础路径配置、静态资源配置、模板路径配置、数据库配置、中间件配置、静态文件配置和语言时区配置等。

第 3 章

Django 框架模型

本章将正式进入 Django 框架的核心部分，首先要介绍的就是核心的基础——模型（Model）。Django 框架提供了一个抽象的模型层（models），用于构建和操作 Django Web 应用的数据。因此，介绍 Django 框架模型，其实就是讲解 Django 框架使用数据库的方法。

通过本章的学习可以掌握以下内容：

- 模型的基本知识
- 模型的定义与操作
- 模型的实际应用

3.1 认识模型

本节将介绍 Django 框架模型的基础知识，主要包括字段类型、索引，以及 Model 类等方面的内容。

3.1.1 模型的作用

Django 模型主要用来关联数据库，相当于一个 ORM（对象关系映射）系统。Django 框架提供了对各种主流数据库的友好支持，这些数据库包括 PostgreSQL、SQLite、MySQL、MariaDB 和 Oracle 等。

Django 模型为数据库提供了统一的 API 调用接口，开发人员直接根据项目业务需求选择不同的数据库。Django 模型包含储存数据的字段与行为，一般每个模型都会映射一个数据库表。

Django 框架与数据库相关的代码写在 models.py 文件中，相关的配置信息在 settings.py 文件中完成即可（可参见第 2 章的内容）。将配置信息写在 settings.py 文件中的好处是，models.py 文件只负责关注业务代码，无须关心具体的数据库类型。

3.1.2　Django 模型与 ORM

ORM（Object Relational Mapping）是指对象关系映射，是一种程序设计与软件工程技术。ORM 可以用于实现在面向对象编程中不同类型系统之间的数据转换。

ORM 从功能上来讲，相当于是实现了一个在编程语言中可以使用的"虚拟对象数据库"。此时，ORM 就相当于是一个中间层的逻辑数据，连接着上层的编程语言与底层的实体数据库。

Django 模型的 ORM 是基于 Python 语言实现的。Django 模型在业务逻辑层和实体数据库之间充当着桥梁的作用，通过使用描述对象和实体数据库之间的映射的元数据，将程序中的对象自动持久化到实体数据库中。

在 Django 官方文档中，关于 Django 模型有如下的说法：

- 一个 Django 模型相当于是一个 Python 的类，该类继承自 django.db.models.Model。
- Djnago 模型类的每个属性都相当于一个数据库的字段。
- Django 模型为开发人员自动生成访问数据库的 API 接口。

3.1.3　Django 模型与 MySQL

MySQL 是 Web 应用开发中比较常用的关系型数据库，本小节以 MySQL 数据库为例，详细介绍在 Django 模型中使用数据库的方法。另外，如果读者还没有用过 MySQL 数据库，那么就要花一些时间先熟悉一下 MySQL 了。

如果想在 Django 模型中使用 MySQL 数据库，需要先安装 Python 语言解释器下的 MySQL 客户端驱动。MySQL 客户端驱动有很多种，这里选择 pymysql 驱动。安装时使用 pip 工具，具体命令如下：

```
python -m pip install pymysql
```

安装过程中如果出现问题，请耐心多试几次。安装完成后，命令行给出"安装成功"的提示信息，如图 3.1 所示。目前安装的 pymysql 版本是 0.10.1，该版本是当前的最新版。

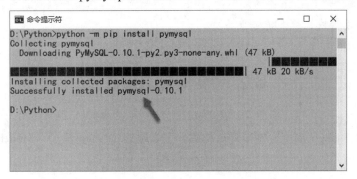

图 3.1　安装 pymysql 驱动

接下来，为了进一步验证 pymysql 驱动是否成功安装，使用"pip list"命令查看 Python 的第三方插件列表，如图 3.2 所示。图中箭头提示信息给出的版本号与图 3.1 中描述的是一致的，证明 pymysql 驱动确实已经安装成功了。

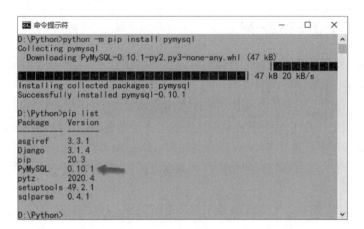

图 3.2　查看 pymysql 驱动

其实，除了 pymysql 驱动之外，还有一个 mysqlclient 驱动也非常受欢迎。安装 mysqlclient 驱动相对烦琐一些，在线安装经常会出问题。不过，我们也可以将 mysqlclient 驱动包下载到本地进行安装，如图 3.3 所示。

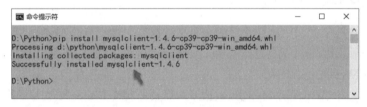

图 3.3　安装 mysqlclient 驱动

如图 3.3 中的箭头所示，提示信息显示 mysqlclient 驱动已经安装成功了，相应的版本号为 1.4.6。

说　明
pymysql 驱动是由纯 Python 语言编写的，因此与 Python 解释器契合程度最好。而 mysqlclient 驱动的执行速度很快，性能优势很明显。

3.2　模型使用入门

为了学会使用 Django 模型，本节通过构建一个实际的 Django 模型（Model）来帮助读者尽快入门。

3.2.1　定义模型

我们知道 Django 模型实现了 ORM 功能，其就是对数据库实例的描述和实现。下面，我们通过一个简单的实例进行讲解。

如果需要设计实现一个简单的个人信息模型（假设名称为 PersonInfo），我们一般会定义这个个人信息的模型名称、字段名称及字段类型等参数。具体内容参考表 3.1。

表3.1　个人信息模型（PersonInfo）数据表

模型名称		PersonInfo	
字段名称	字段类型	字段长度	描述
name	varchar	32	姓名
gender	varchar	16	性别
age	varchar	8	年龄

3.2.2　设计 Django 模型代码

通过表 3.1 中定义的模型数据来设计实现的 Django 模型代码如下：

【代码 3-1】

```
01  from django.db import models
02  class PersonInfo(models.Model):
03      name = models.CharField(max_length=30)
04      gender = models.CharField(max_length=16)
05      age = models.CharField(max_length=8)
```

【代码分析】

● 第 01 行代码中，通过调用 django.db 模块导入了 models 对象（Django 模型对象）。

● 第 02～05 行代码定义了一个类（PersonInfo），并通过 models 对象调用 CharField() 方法定义了 name（姓名）、gender（性别）和 age（年龄）共三个字段，且每个字段的长度不一。

● 第 03～05 行代码定义的三个字段（name、gender 和 age）都相当于类（PersonInfo）的属性。这个类属性其实就相当于实体数据库中的数据项（也称数据列）。

上面【代码 3-1】定义的 Django 模型，最终会在底层数据库中创建一个数据库表（Table），具体代码如下：

【代码 3-2】

```
01  CREATE TABLE myapp_personinfo (
02      "id" serial NOT NULL PRIMARY KEY,
03      "name" varchar(32) NOT NULL,
04      "gender" varchar(16) NOT NULL
05      "age" varchar(8) NOT NULL
06  );
```

【代码分析】

● 第 01 行代码定义的表名称 myapp_ personinfo 是自动从某些模型元数据中派生出来的，但用户也可以自定义。

● 第 02 行代码中，id 字段（索引）会被自动添加，这也是 MySQL 数据库自动生成的。

3.2.3 使用 Django 模型

定义好 Django 模型后，只有通知 Django 框架要使用该模型后，该模型才能够生效。具体方式是修改 settings.py 配置文件中的 INSTALLED_APPS 项，在该项中添加包含 models.py 文件中定义的 Django 模块名称。

下面举一个简单的例子。假如，新建的 Django 模型位于项目中的 myapp 应用中，该 myapp 应用通过"django-admin manage.py startapp myapp"命令创建。则项目 settings.py 配置文件中的 INSTALLED_APPS 项应修改设置如下：

【代码 3-3】

```
01  INSTALLED_APPS = [
02      #...
03      'myapp',      // 添加 'myapp' 应用
04      #...
05  ]
```

【代码分析】

- 第 03 行代码中，myapp 应用就是通过调用"django-admin manage.py startapp myapp"命令创建的。

3.3 Django 模型字段

Django 模型中最重要的、并且也是唯一必须执行的工作就是字段定义。字段在类中进行定义，对应于实体数据库的字段。另外，定义模型字段名时为了避免冲突，不建议使用模型 API 中已定义的关键字。

3.3.1 字段的类型

字段类型用以指定数据库的数据类型，比如：INTEGER、VARCHAR 和 TEXT 这几种比较常用的数据类型。在 Django 模型定义中，字段类型均派生自 Field 类的实例。Django 框架的中 Field 类是一个抽象类，专门用于定义数据库表的列表项。

Django 模型一共内置了多种字段类型，基本能够满足一般应用的设计需求。Django 模型的主要字段类型说明如下：

- AutoField: 自动增加的 Integer 类型。一般情况下，AutoField 类型不能直接使用，会作为主键被自动添加到模型中。
- BigAutoField: 类似 AutoField 类型，一个自动增加的长 Integer（64-bit）类型（1 ～ 9223372036854775807）。
- IntegerField: Integer 类型（-2147483648 ～ 2147483647）。
- BigIntegerField: 长 Integer 类型（-9223372036854775808 ～ 9223372036854775807）。

- SmallIntegerField：Small Integer 类型（–32768 ~ 32767）。
- BinaryField：用来存储二进制数据的类型。
- BooleanField：用来存储布尔值（True / False）的类型。
- NullBooleanField：类似 BooleanField（null=True）类型。
- FloatField：用来存储浮点型数据的类型，表示 Python 语言中的 float 实例。
- CharField：用来存储字符串的类型。CharField 类型必须额外定义一个表示最大长度的参数：CharField.max_length。
- DateField：用来存储日期的类型，表示 Python 语言中的 datetime.date 实例。
- DateTimeField；用来存储日期和时间的类型，表示 Python 语言中的 datetime.datetime 实例。
- TimeField：用来存储时间的类型，表示 Python 语言中的 datetime.time 实例。
- DecimalField：用来存储十进制数值的类型，表示 Python 语言中的 Decimal 实例。
- DurationField：用来存储时间间隔的类型，表示 Python 语言中的 timedelta。
- EmailField：CharField 类型，用于表示电子邮件类型。
- FileField：用于文件上传类型。该类型需要定义两个必选参数：FileField.upload_to 和 FileField.storage。其中，FileField.upload_to 参数表示存储路径，FileField.storage 参数表示存储对象。
- TextField：用于文本类型，在表单域中默认是使用 Textarea 小部件（Widget）。
- ImageField：用来存储 Image 文件的类型，继承自 FileField 类型。该类型需要定义两个必选参数：ImageField.height_field 和 ImageField.width_field。其中，ImageField.height_field 参数表示 Image 文件的高度，ImageField.width_field 参数表示 Image 文件的宽度。
- GenericIPAddressField：用来存储原生 IP（IPv4 或 IPv6）地址的类型，在表单域中默认是使用 TextInput。
- URLField：用来存储 URL 的类型，继承自 CharField 类型，在表单域中默认使用 TextInput。

3.3.2　字段的选项

每一种字段类型都需要指定一些特定的参数。例如：CharField（及其子类）需要接收一个 max_length 参数，用以指定数据库存储 VARCHAR 数据时使用的字节数。

一些可选的参数是通用的，可以用于任何字段类型。下面具体介绍一些经常用到的通用参数。

（1）null（类型：Field.null）：默认值为 False；如果设置为 True，则当该字段为空时，Django 模型会将数据库中该字段设置为 NULL。

注　意
避免在基于字符串的字段（如：CharField 和 TextField）上使用 null 类型，Django 模型在使用惯例上是使用空字符串，而不是 NULL。

（2）blank（类型：Field.blank）：默认值为 False；如果设置为 True，则该字段允许为空。

备 注
blank 类型与 null 类型是有所区别的。blank 类型主要用于表单验证，如果某个表单域设为 "blank=True"，则验证时会允许该域为空值；如果某个表单域设为 "blank=False"，则验证时该域不能为空值。

（3）default（类型：Field.default）：字段的默认值；该值可以是一个值或者是一个可调用的对象；如果是可调用对象，每次实例化模型时都会调用该对象。

下面是 default 类型的代码示例。

【代码 3-4】

```
01  def contact_default():
02      return {"email": "email@example.com"}
03
04  contact_info = JSONField(
05              "ContactInfo",
06              default=contact_default)
```

【代码分析】

- 第 01~02 行代码中，定义了一个方法（contact_default()），返回一个 email 对象。
- 第 04~06 行代码中，定义了一个 JSON 域变量（contact_info），其 default 值引用了 contact_default()方法返回的 email 对象。

（4）choices（类型：Field.choices）：用来选择值的二维元组。其中，元组第 1 个值是实际存储的值，第 2 个值用来方便进行选择。

choices 类型最好是在 Django 模型中使用，请看下面官方文档给出的代码示例，这个代码示例实现了一个大学生年级类。

【代码 3-5】

```
01  from django.db import models
02
03  class CollegeStudent(models.Model):
04      FRESHMAN = 'FR'
05      SOPHOMORE = 'SO'
06      JUNIOR = 'JR'
07      SENIOR = 'SR'
08      YEAR_IN_COLLEGE_CHOICES = [
09          (FRESHMAN, 'Freshman'),
10          (SOPHOMORE, 'Sophomore'),
11          (JUNIOR, 'Junior'),
```

```
12            (SENIOR, 'Senior'),
13        ]
14    year_in_college = models.CharField(
15        max_length=2,
16        choices=YEAR_IN_COLLEGE_CHOICES,
17        default=FRESHMAN,
18    )
19
20    def is_upperclass(self):
21        return self.year_in_college in (self.JUNIOR, self.SENIOR)
```

【代码分析】

- 第 03 行代码中，定义了一个大学生类（CollegeStudent）。
- 第 04 ~ 07 行代码中，定义了一组字符串变量（FRESHMAN、SOPHOMORE、JUNIOR 和 SENIOR），分别表示大学生四个年级的名称。
- 第 08 ~ 13 行代码中，定义了一个 choices 类型的变量（YEAR_IN_COLLEGE_CHOICES），其中包含了 4 个元组，每个元组使用了第 04 ~ 07 行代码中定义的变量。
- 第 14 ~ 18 行代码中，定义了一个字符型域变量（year_in_college），将 choices 值定义为变量（YEAR_IN_COLLEGE_CHOICES），默认值为 FRESHMAN。
- 第 20 ~ 21 行代码中，定义了一个方法（is_upperclass()），用于返回大学生的高年级元组。

（5）unique（类型：Field.unique）：如果值设置为 True，则这个字段必须在整个表中保持值唯一；unique 类型还定义了一组关于日期和时间子类型，例如：unique_for_date（唯一日期）、unique_for_month（唯一月份）、unique_for_year（唯一年份）。

（6）editable（类型：Field.editable）：默认值为 True（真）；如果值为假，则在 admin 模式下不能改写。

（7）primary_key（类型：Field.primary_key）：用于设置主键，一个字段只能设置一个主键；如果没有设置，则在 Django 框架创建表时会自动加上。

```
id = meta.AutoField('ID', primary_key=True)
```

如果值设置为 True，则表示将该字段设置为该模型的主键。

（8）help_text（类型：Field.help_text）：额外的"帮助"文本，随表单控件一同显示。

```
help_text="Please use the following format: <em>YYYY-MM-DD</em>."
```

即便某个字段未用于表单，该类型对于生成文档也很有用。

（9）verbose_name（类型：Field.verbose_name）：admin 模式中字段的显示名称。

（10）validators（类型：Field.validators）：某个域的有效性检查列表。

（11）db_column（类型：Field.db_column）：为某个域指定的数据库列表的名称；如果未指定，则使用该域的名称。

（12）db_index（类型：Field.db_index）：如果该值为 True，则为该域创建数据库索引。

（13）db_tablespace（类型：Field.db_tablespace）：为某个域的索引指定数据库表空间的名称。

3.3.3　关联关系字段——外键

Django 模型中同样也定义了一组代表关系的字段——外键（ForeignKey），这一点与传统关系型数据库的设计是保持一致的。

在 Django 模型中，外键通过名为 ForeignKey 的类实现，具体声明如下：

```
class ForeignKey(to, on_delete, **options)
```

其中，参数 to（必需的）表示要关联的类，参数 on_delete 表示删除操作时的级联关系，此外还有一些可选参数**options。而在创建"多对一"的关系时，必须要设置参数 to 和参数 on_delete 两个位置的选项。

如果要创建一个递归关系，既一个与其自身有"多对一"关系的对象，则可以按照如下的写法：

```
models.ForeignKey('self', on_delete=models.CASCADE)
```

其中，使用 models 对象上的 CASCADE 参数，表示在删除关联数据时，与之关联的全部数据也删除。

关于在参数"on_delete"上使用的各个选项值，请看下面的详细说明。

- models.CASCADE：表示在删除关联数据时，与之关联的全部数据也删除。
- models.DO_NOTHING：表示在删除关联数据时，将会引发"IntegrityError"错误。
- models.PROTECT：表示在删除关联数据时，将会引发"ProtectedError"错误。
- models.SET_NULL：表示在删除关联数据时，与之关联的值设置为 null（前提是 FK 字段需要设置为可空）。
- models.SET_DEFAULT：表示在删除关联数据时，与之关联的值设置为默认值（前提 FK 字段需要设置默认值）。
- models.SET：表示在删除关联数据时，如果与之关联的值设置为指定值，则设置 models.SET 值；如果与之关联的值设置为可执行对象的返回值，则设置 models.SET 可执行对象。

关于可选参数**options，请看下面的详细说明。

- related_name=None：表示反向操作时，使用的字段名。
- related_query_name=None：表示反向操作时，使用的连接前缀。
- limit_choices_to=None：表示在 Admin 或 ModelForm 中显示关联数据时,提供的条件。
- db_constraint=True：表示是否在数据库中创建外键约束。
- parent_link=False：表示在 Admin 中是否显示关联数据。

关于在 Django 模型中使用外键（ForeignKey）的方法，请看下面官方文档给出的代码示例。

【代码 3-6】

```
01  from django.db import models
02
03  class Car(models.Model):
04      manufacturer = models.ForeignKey(
05          'Manufacturer',
06          on_delete=models.CASCADE,
07      )
08      #...
09
10  class Manufacturer(models.Model):
11      #...
12      pass
```

【代码分析】

- 第 10 行代码中，定义了一个"制造商"类（Manufacturer）。
- 第 03～08 行代码中，定义了一个"汽车"类（Car）。
- 第 04～07 行代码中，通过 models 对象的 ForeignKey()方法创建了"汽车"类（Car）的外键（manufacturer）。
- 第 05 行代码中，参数 to 引用了"制造商"类（Manufacturer）；参数 on_delete 设置为 models.CASCADE 选项值。

3.3.4　关联关系字段——一对一关系

在关联关系字段的外键（Foreign Key）使用中，除了"多对一"关系之外，还有一种"一对一"关系。

在 Django 模型中，"一对一"关系是通过一个名称为 OneToOneField 的类来实现的，具体声明如下：

```
class OneToOneField(to, on_delete, **options)
```

其中，参数 to（必需的）表示要关联的类，参数 on_delete 表示删除操作时的级联关系，此外还有一些可选参数**options。在创建"一对一"的关系时，必须设置参数 to 和参数 on_delete 两个位置的选项。

对于"一对一"关系，生活中比较典型的例子就是银行"账户"和"联系人"之间的关系，如下面的代码示例。

【代码 3-7】

```
01  from django.db import models
02
03  class Account(models.Model):
04      username = models.CharField(…)
05      password = models.CharField(…)
```

```
06      #...
07  class Contact(models.Model):
08      address = models.CharField(…)
09      email= models.CharField(…)
10      mobile= models.CharField(…)
11      #...
12      account = models.OneToOneField(
13          Account,
14          on_delete=models.CASCADE
15      )
16      pass
```

【代码分析】

- 第 03~06 行代码中，定义了一个"账户"类（Account）。
- 第 07~16 行代码中，定义了一个"联系人"类（Contact）。
- 第 12~15 行代码中，通过 models 对象的 ForeignKey()方法创建了"联系人"类（Contact）的外键（account）。
- 第 13 行代码中，参数 to 引用了"账户"类（Account）。
- 第 14 行代码中，参数 on_delete 设置为 models.CASCADE 选项值。

这样，在删除某个"账户"时，基于"联系人"类（Contact）中外键（account）的设置，相关联的"联系人"也会一同被删除。

3.3.5 关联关系字段——多对多关系

在关联关系字段的外键（ForeignKey）使用中，除了"多对一"和"一对一"关系之外，最常用的就是"多对多"关系了。

在 Django 模型中，"多对多"关系是通过一个名称为 ManyToManyField 的类来实现的，具体声明如下：

```
class ManyToManyField(to, **options)
```

其中，参数 to（必需的）表示要关联的类，此外还有一些可选参数**options。在创建"多对多"的关系时，必须要设置参数 to 这个位置的选项。

对于"多对多"关系，生活中比较典型的例子就是"作者"和"图书"之间的关系。简单讲，就是一个作者可以出版多本书，而一本书也可以有多个作者，这个就是典型的"多对多"关系。请看下面的代码示例。

【代码 3-8】

```
01  from django.db import models
02
03  class Author(models.Model):
04      name = models.CharField(…)
```

```
05      gender = models.CharField(…)
06      age = models.CharField(…)
07      #...
08  class Book(models.Model):
09      title = models.CharField(…)
10      publisher= models.CharField(…)
11      year= models.CharField(…)
12      #...
13      author = models.ManyToManyField(
14          Author,
15      )
16      pass
```

【代码分析】

- 第 03 ~ 07 行代码中，定义了一个"作者"类（Author）。
- 第 08 ~ 16 行代码中，定义了一个"图书"类（Book）。
- 第 13 ~ 15 行代码中，通过 models 对象的 ManyToManyField()方法创建了"作者"类（Author）的外键（author），实现了"多对多"关联关系。其中，第 14 行代码中，参数 to 引用了"作者"类（Author）。

上面的代码实现了"作者"表与"图书"表之间"多对多"的关联关系，但是如果还想要实现某个作者写作的某一本图书的出版时间时，因为表已经存在了，所以再增加一个字段处理起来就会比较麻烦。

对于这样的情形，Django 模型允许指定一个用于管理"多对多"关联关系的中间模型。然后把这些额外的字段添加到这个中间模型中，具体的方法就是在 ManyToManyField()方法中指定 through 参数作为中介的中间模型。

下面在【代码 3-8】的基础上略作修改，实现添加一个"版本"字段的功能。具体请看下面的代码示例。

【代码 3-9】

```
01  from django.db import models
02
03  class Author(models.Model):
04      name = models.CharField(…)
05      gender = models.CharField(…)
06      age = models.CharField(…)
07      #...
08  class Book(models.Model):
09      title = models.CharField(…)
10      publisher= models.CharField(…)
11      year= models.CharField(…)
```

```
12      #...
13      author = models.ManyToManyField(
14          Author,
15          through='BookVersion'
16      )
17      #...
18  class BookVersion(models.Model):
19      author = models.ForeignKey(
20          Author,
21          on_delete=models.CASCADE
22      )
23      book = models.ForeignKey(
24          Book,
25          on_delete=models.CASCADE
26      )
27      version = models.CharField(…)
28      #...
29      pass
```

【代码分析】

- 第 03～07 行代码中，定义了一个"作者"类（Author）。
- 第 08～17 行代码中，定义了一个"图书"类（Book）。
- 第 13～16 行代码中，通过 models 对象的 ManyToManyField()方法创建了"作者"类（Author）的外键（author），实现了"多对多"关联关系。
- 第 15 行代码中，参数 through 引用了第三个类（BookVersion）。
- 第 18～29 行代码中，定义的是第三个"图书版本"类（BookVersion）。
- 第 19～22 行代码中，通过 models 对象的 ForeignKey()方法创建了"作者"类（Author）的外键（author）。
- 第 23～26 行代码中，通过 models 对象的 ForeignKey()方法创建了"图书"类（Book）的外键（book）。
- 第 27 行代码中，通过 models 对象的 CharField()方法新增了一个图书"版本"变量，该图书"版本"变量就是新增的字段。

3.3.6 自定义模型字段

如果已经存在的模型字段不能满足最初的需求，或者希望支持一些不太常见的字段类型，Django 模型支持可以创建自定义的字段类。在编写自定义模型字段（model fields）中提供了创建自定义字段的相应内容。

Django 模型内置的字段类型并未覆盖所有可能的数据库字段类型，一般只有类似 VARCHAR 和 INTEGER 这样的常见类型。对于更多模糊的列类型，就需要用户自己创建自定义类型了。自定义类型是一个相对复杂的 Python 对象，该对象可以以某种形式序列化，适应标准的字段类型。

这里，我们举一个创建"桥牌"自定义模型字段的例子。对于这个"桥牌"自定义模型字段，读者不需要知道"桥牌"具体的游戏规则，只需要知道一副"桥牌"共计 52 张牌、会平均分配给 4 个玩家。一般地，这 4 个玩家被称为"北""东""南"和"西"。

那么，这个"桥牌"自定义模型的 Python 类就可以定义如下：

【代码 3-10】

```
01  class Hand:
02      """A hand of cards (bridge style)"""
03
04      def __init__(self, north, east, south, west):
05          # Input parameters are lists of cards
06          self.north = north
07          self.east = east
08          self.south = south
09          self.west = west
10      #...
11      pass
```

【代码分析】

- 第 01 行代码中，定义了这个"桥牌"类的名称为（Hand）。
- 第 04～09 行代码，在定义的初始化方法（__init__()）中，依次将"北（north）""东（east）""南（south）"和"西（west）"4 个玩家设置为 Hand 类的 self 内置属性。

在 Django 模型中使用自定义模型字段 Hand 类，是不需要修改这个类的。对象属性的赋值与取值操作与其他 Python 类是一样的，关键技巧是告诉 Django 如何保存和加载对象。

3.4　Meta 类

在 Django 模型中，使用内部的 Meta 类来给模型赋予元数据。通过 Meta 类给模型赋予元数据的方法，请看下面的代码示例：

【代码 3-11】

```
01  from django.db import models
02
03  class Ox(models.Model):
04      horn_length = models.IntegerField()
05
06      class Meta:
07          ordering = ["horn_length"]
08          verbose_name_plural = "oxen"
```

```
09    #...
10    pass
```

【代码分析】

- 第 03 行代码中，定义了一个使用 Meta 类的名称为 Ox。
- 第 06 ~ 08 行代码中，通过 class Meta 关键字定义了 Ox 类中的 Meta 类。
- 第 07 行代码中，定义了排序选项 ordering，具体指向了第 04 行代码定义的字段（horn_length）。
- 第 08 行代码中，定义了单复数名选项 verbose_name_plural，具体选项值为 oxen。

那么，什么是模型的"元数据"呢？模型的"元数据"即是"所有不是字段的东西"。具体来讲，如排序选项 ordering，数据库表名 db_table，或是阅读友好的单复数名"verbose_name 与 verbose_name_plural"，这些在模型中都不是必须的，因此是通过 Meta 类来定义的。并且，在 Django 模型中，是否通过添加 Meta 类来定义"元数据"也完全是可选的。

3.5 Django 模型属性与方法

本节将介绍 Django 模型的属性和方法，以及如何重写之前定义的模型方法等内容。

3.5.1 模型属性

Django 模型中最重要的属性就是 Manager，它是 Django 模型和数据库查询操作之间的接口，并且是被用来充当从数据库中获取实例的途径。如果 Django 模型中没有指定自定义的 Manager，则默认名称就是 objects。

另外，Manager 只能通过模型类来访问，不能通过模型实例来访问。

3.5.2 模型方法

在 Django 模型中，添加自定义方法会给对象提供自定义的"行级"操作能力，与之对应的是 Manager 的方法，目的是提供"表级"的操作。模型方法应该在某个对象实例上生效，这是一个将相关逻辑代码放在模型上的技巧。

关于模型方法的使用，请看下面的代码示例：

【代码 3-12】

```
01  from django.db import models
02
03  class PersonAge(models.Model):
04      name = models.CharField(max_length=32)
05      age = models.CharField(max_length=8)
06
```

```
07      def person_age_status(self):
08          "Returns the person's age status."
09          if self.age < 1:
10              return "Baby"
11          elif self.age < 3:
12              return "Toddler"
13          elif self.age < 6:
14              return "Preschooler"
15          elif self.age < 12:
16              return "School-Children"
17          elif self.age < 18:
18              return "Teenager"
19          elif self.age < 40:
20              return "Youth"
21          elif self.age < 60:
22              return "Middle-Age"
23          else:
24              return "Old-Age"
25
26      @property
27      def person_info(self):
28          "Returns the person's info."
29          return '%s %s' % (self.name, self.age)
30      #...
31      pass
```

【代码分析】

● 第 03 行代码中，定义了一个描述人的年龄段的类（PersonAge）。

● 第 07～24 行代码中，定义了类（PersonAge）的模型方法（person_age_status()），返回具体年龄段的信息。

● 第 07～24 行代码中，定义了类（PersonAge）的属性方法（person_info()），返回个人信息。

3.5.3　重写之前定义的模型方法

Django 模型中还提供了一个模型方法的集合，它包含了一些可能是自定义的数据库行为，比如 save()方法和 delete()方法就是两个最有可能定制的方法。同时，开发人员可以随意地重写这些方法（或其他模型方法）来修改方法的行为。

例如，有一个非常典型的、重写内置方法的场景，就是打算在保存对象时额外做一些事。请看一个重写 save()方法的代码示例。

【代码 3-13】

```
01  from django.db import models
02
03  class Blog(models.Model):
04      name = models.CharField(max_length=100)
05      tagline = models.TextField()
06
07      def save(self, *args, **kwargs):
08          do_something()
09          super().save(*args, **kwargs)  # Call the "real" save() method.
10          do_something_else()
11      #...
12      pass
```

【代码分析】

- 第 03 行代码中，定义了一个描述博客的类（Blog）。
- 第 07～10 行代码中，重写了 save()方法。
- 第 09 行代码中，通过 super()方法调用了父类中原生的 save()方法。
- 在第 08 行和第 10 行代码中，开发人员可以通过编写自己的代码，实现重写 save()方法的操作。

另外，还可以重写 save()方法来实现阻止该方法的执行。请看下面第二个关于重写 save()方法的代码示例。

【代码 3-14】

```
01  from django.db import models
02
03  class Blog(models.Model):
04      name = models.CharField(max_length=100)
05      tagline = models.TextField()
06
07      def save(self, *args, **kwargs):
08          if self.name == "King's blog":
09              return # King shall never have his own blog!
10          else:
11              super().save(*args, **kwargs)  # Call the "real" save() method.
12      #...
13      pass
```

【代码分析】

- 第 03 行代码中，定义了一个描述博客的类 Blog。

- 第 07 ~ 11 行代码中，重写了 save() 方法。
- 第 08 ~ 11 行代码中，通过 if…else…条件语句判断 name 属性值，然后根据判断条件来选择是否通过 super() 方法调用父类中原生的 save() 方法。

Django 模型会不时地扩展模型内置方法的功能，也会添加新参数。比如，加入开发人员在重写的方法中使用了 *args 参数和 **kwargs 参数，确保重写方法能够接受这些新加的参数。

3.6　Django 模型继承

本节将介绍 Django 模型的继承，包括模型的元数据 Meta 继承、模型的抽象基类、模型的多表继承、模型之代理模式、模型之多重继承以及用包来组织模型等内容。

3.6.1　什么是模型继承

Django 模型继承与普通类的继承基本一致，在 Python 语言中的工作方式也几乎完全相同，同时也遵循 Django 官方文档中关于模型的三点描述（参见 3.1.2 小节）。Django 模型继承的基类需要继承自 django.db.models.Model。

开发人员在使用模型继承时，只需要决定父类模型是否需要拥有其数据表，或者父类模型是仅作为承载子类中可见的公共信息的载体。

关于 Django 模型继承有以下三种可用的集成风格，具体描述如下：

- 建议将父类设计为抽象基类来使用，仅用于作为子类的公共信息的载体，免去在每个子类中将这些代码重复写一遍。
- 假如要继承一个模型，并且想要每个模型都有对应的数据表，建议使用多表继承方式。
- 假如只想修改模型的 Python 级行为，而不是以任何形式修改模型字段，建议使用代理模型方式。

3.6.2　抽象基类

在 Django 模型中，抽象基类在将公共信息放入很多模型时会非常有用。

如果要实现一个抽象基类，需要先编写好一个基类，然后在该基类中添加 Meta 类，并填入属性 abstract=True。因为这个基类被设计为抽象基类，模型就不会创建任何数据表了。然后，当这个抽象基类用作其他模型类的基类时，其自有的字段会自动添加到子类中。

关于抽象基类的使用方法，请看下面的代码示例：

【代码 3-15】

```
01  from django.db import models
02
03  class CommonInfo(models.Model):
04      name = models.CharField(max_length=100)
```

```
05        age = models.PositiveIntegerField()
06
07        class Meta:
08            abstract = True
09
10    class UserInfo(CommonInfo):
11        home_group = models.CharField(max_length=5)
12        #...
13        pass
```

【代码分析】

- 第 03～08 行代码中，定义了一个描述通用信息的抽象基类（CommonInfo）。
- 第 04～05 行代码中，定义了一组两个关于姓名（name）和年龄（age）的字段属性。
- 第 07～08 行代码中，在 Meta 类中添加了属性 abstract=True，表明该类（CommonInfo）为抽象基类。
- 第 10～11 行代码中，定义了一个关于用户信息的子类（UserInfo）。第 10 行代码中，定义了子类（UserInfo）继承白基类（CommonInfo）。第 11 行代码中，定义了一个关于家庭组的字段属性（home_group）。
- 子类（UserInfo）因继承自基类（CommonInfo），所以顺带继承了基类（CommonInfo）中的姓名（name）属性和年龄（age）属性，这样子类（UserInfo）就拥有了 3 个字段属性（name、age 和 home_group）。

另外着重补充一下，因为基类（CommonInfo）是一个抽象基类，所以其不能作为普通的 Django 模型来使用。也就是说，基类（CommonInfo）不会生成数据表，也没有管理器，同时也不能被实例化和保存。

在 Django 模型中，从抽象基类继承来的字段可被其他字段或值重写，或者可使用"None"标识符进行删除。

对开发人员来讲，从抽象基类继承就是一种比较理想的方式了。抽象基类继承方式提供了一种在 Python 级别中提取公共信息的方法，同时仍会在子类模型中创建数据表。

3.6.3 Meta 继承

在 Django 模型继承中，当一个抽象基类被设计完成后，会将该基类中所定义的 Meta 内部类以属性的形式提供给子类。还有，如果子类未定义自己的 Meta 类，那么它就会默认继承抽象基类的 Meta 类。

关于 Meta 类的继承，这里大致总结如下：

- 抽象基类中有的元数据属性，子模型没有的话，直接继承。
- 抽象基类中有的元数据属性，子模型也有的话，直接覆盖。
- 子模型可以额外添加元数据属性。
- 抽象基类中的 abstract=True 属性不会被子类所继承。

● 有一些元数据属性（如：db_table）对抽象基类是无效的。

首先，如果子类要设置自己的 Meta 属性，则必须要扩展抽象基类的 Meta 类。具体请看下面的代码示例：

【代码 3-16】

```
01  from django.db import models
02
03  class CommonInfo(models.Model):
04      #...
05      class Meta:
06          abstract = True
07          ordering = ['name']
08
09  class StudentInfo(CommonInfo):
10      #...
11      class Meta(CommonInfo.Meta):    # 注意这里有个继承关系
12          db_table = 'student_info'
13      #...
14      pass
```

【代码分析】

● 第 03 ~ 07 行代码中，定义了一个描述通用信息的抽象基类（CommonInfo）。
● 第 05 ~ 07 行代码中，在 Meta 类中添加了属性 abstract=True，表明该类（CommonInfo）为抽象基类。
● 第 09 ~ 14 行代码中，定义了一个关于学生信息的子类（StudentInfo）。
● 第 11 行代码中，定义了自己的 Meta 类子类，并继承自基类的 Meta 类（CommonInfo.Meta）。
● 第 12 行代码中，定义了一个字段属性（db_table）。注意，该属性就是子类（StudentInfo）所扩展的、属于自己的 Meta 属性。

如前文所述，元数据属性（db_table）对抽象基类是无效的。

首先，对于抽象基类本身而言，是不会创建数据表的。所有子类也不会按照这个元数据属性来设置表名。

其次，如果想让一个抽象基类的子类也同样成为一个抽象基类，则必须显式地在该子类的 Meta 类中同样声明一个 abstract=True 属性。具体请看下面的代码示例：

【代码 3-17】

```
01  from django.db import models
02
03  class CommonInfo(models.Model):
04      #...
```

```
05      class Meta:
06          abstract = True
07          ordering = ['name']
08
09  class UserInfo(CommonInfo):
10      #...
11      class Meta(CommonInfo.Meta):    # 注意这里有个继承关系
12          abstract = True
13          ordering = ['username']
14
15  class StudentInfo(UserInfo):
16      #...
17      class Meta(UserInfo.Meta):    # 注意这里有个继承关系
18          db_table = 'student_info'
19      #...
20      pass
```

【代码分析】

● 第 03 ~ 07 行代码中，定义了一个描述通用信息的抽象基类（CommonInfo）。

● 第 05 ~ 07 行代码中，在 Meta 类中添加了属性 abstract=True，表明该类（CommonInfo）为抽象基类。

● 第 09 ~ 13 行代码中，定义了一个继承自抽象基类（CommonInfo）的用户信息子类（UserInfo）。

● 第 11 行代码中，定义了自己的 Meta 类子类，并继承自基类的 Meta 类（CommonInfo.Meta）。

● 第 12 行代码中，在 Meta 类中添加了属性 abstract=True，表明该子类（UserInfo）仍为抽象基类。

● 第 15 ~ 20 行代码中，定义了一个继承自抽象基类（UserInfo）的学生信息子类（StudentInfo）。

● 第 17 行代码中，定义了自己的 Meta 类子类，并继承自基类的 Meta 类（UserInfo.Meta）。

● 第 18 行代码中，定义了一个字段属性（db_table）。注意，该属性就是子类（StudentInfo）所扩展的属于自己的 Meta 属性。

再有，基于 Python 语法继承的工作机制，如果子类继承了多个抽象基类，则默认情况下仅继承第一个列出基类的 Meta 选项。如果要从多个抽象基类中继承 Meta 选项，则必须显式地声明 Meta 继承。具体请看下面的代码示例：

【代码 3-18】

```
01  from django.db import models
02
03  class CommonInfo(models.Model):
```

```
04       name = models.CharField(max_length=100)
05       age = models.PositiveIntegerField()
06
07       class Meta:
08          abstract = True
09          ordering = ['name']
10
11   class Unmanaged(models.Model):
12       class Meta:
13          abstract = True
14          managed = False
15
16   class StudentInfo(CommonInfo, Unmanaged):
17       home_group = models.CharField(max_length=5)
18
19       class Meta(CommonInfo.Meta, Unmanaged.Meta):
20          pass
21       #...
22       pass
```

【代码分析】

- 第 03 ~ 09 行代码中，定义了第一个描述通用信息的抽象基类（CommonInfo）。
- 第 07 ~ 09 行代码中，在 Meta 类中添加了属性 abstract=True，表明该类（CommonInfo）为抽象基类。
- 第 11 ~ 14 行代码中，定义了第二个抽象基类（Unmanaged）。其中，第 12 ~ 14 行代码中，在 Meta 类中添加了属性 abstract=True，表明该类（Unmanaged）为抽象基类。
- 第 16 ~ 20 行代码中，定义了一个同时继承自抽象基类（CommonInfo 和 Unmanaged）的学生信息子类（StudentInfo）。
- 第 19 行代码中，定义了自己的 Meta 类子类，并继承自基类的 Meta 类（CommonInfo.Meta 和 Unmanaged.Meta），该定义方式就是显式地声明 Meta 类继承。

3.6.4　related_name 和 related_query_name 属性

在 Django 模型继承中，如果在"外键"或"多对多字段"中使用了 related_name 属性或 related_query_name 属性，则必须为该字段提供一个独一无二的反向名字和查询名字。但是，这样在抽象基类中一般会引发问题，因为基类中的字段都被子类继承，且保持了同样的值，当然也包括 related_name 属性和 related_query_name 属性。

为了解决上述问题，当在抽象基类中（也只能是在抽象基类中）使用 related_name 属性和 related_query_name 属性时，部分值需要包含"%(app_label)s"和"%(class)s"，具体说明如下：

- %(class)s：用该字段的子类的小写类名替换。

- %(app_label)s: 用小写的、包含子类的应用名替换。每个安装的应用名必须是唯一的，应用内的每个模型类名也必须是唯一的，故替换后的名字也是唯一的。

关于 related_name 属性和 related_query_name 属性的使用，请看下面的代码示例。

【代码 3-19】

```
01  # --- common app --- #
02  # common/models.py:
03
04  from django.db import models
05
06  class Base(models.Model):
07      m2m = models.ManyToManyField(
08          OtherModel,
09          related_name="%(app_label)s_%(class)s_related",
10          related_query_name="%(app_label)s_%(class)ss",
11      )
12
13      class Meta:
14          abstract = True
15
16  class ChildA(Base):
17      pass
18
19  class ChildB(Base):
20      pass
21
22  # --- another app --- #
23  # another/models.py:
24
25  from common.models import Base
26
27  class ChildB(Base):
28      pass
```

【代码分析】

- 第 01～20 行代码中，定义了第一个 Python 应用（common app）。
- 第 06～14 行代码中，定义了一个抽象基类（Base）。
- 第 07～11 行代码中，定义了一个"多对多"属性（m2m），并使用了 related_name 属性和 related_query_name 属性。
- 第 13～14 行代码中，在 Meta 类中添加了属性 abstract=True，表明该类（Base）为抽象基类。

- 第 16～17 行和第 19～20 行代码中，定义了两个继承自抽象基类（Base）的子类（ChildA 和 ChildB）。common.ChildA.m2m 字段的反转名是 common_childa_related，反转查询名是 common_childas。common.ChildB.m2m 字段的反转名是 common_childb_related，反转查询名是 common_childbs。
- 第 22～28 行代码中，定义了第二个 Python 应用（another app）。
- 第 27～28 行代码中，定义了一个继承自抽象基类（Base）的子类（ChildB）。其中，another.ChildB.m2m 字段的反转名是 another_childb_related，反转查询名是 another_childbs。

如何使用"%(class)s"和"%(app_label)s"构建关联名字和关联查询名，取决于开发人员。不过，如果在设计时忘了使用"%(class)s"和"%(app_label)s"，Django 会在执行系统检查或运行迁移时抛出错误。如果设计时未指定抽象基类中的 related_name 属性，则默认的反转名会是子类名后接"_set"。

3.6.5 多表继承

在 Django 模型继承中，所支持的第二种模型继承方式是：层次结构中的每个模型都是一个单独的模型。每个模型都指向分离的数据表，且可被独立查询和创建。在继承关系中，子类和父类之间通过一个自动创建的 OneToOneField 连接。请看下面的代码示例：

【代码 3-20】

```
01  from django.db import models
02
03  class Place(models.Model):
04      name = models.CharField(max_length=50)
05      address = models.CharField(max_length=80)
06
07  class Hotel(Place):
08      roomA = models.BooleanField(default=False)
09      roomB = models.BooleanField(default=False)
10      roomC = models.BooleanField(default=False)
11      #...
12      pass
```

【代码分析】

- 第 03～05 行代码中，定义了一个用于表示地点的抽象基类（Place）。其中，第 04 行和第 05 行代码定义了两个属性（name 和 address），分别用于表示名字（name）和地址（address）。
- 第 07～10 行代码中，定义了一个继承自抽象基类（Place）的、用于表示酒店的子类（Hotel）。其中，第 08～10 行代码定义了三个属性（roomA、roomB 和 roomC），分别用于表示酒店房间的三种类型。

另外根据继承规则，抽象基类（Place）的所有属性在子类（Hotel）中也均可以使用。因此，基于【代码 3-20】的模型设计，可以进行如下的操作：

```
>>> Place.objects.filter(name="King's Place")
>>> Hotel.objects.filter(name="King's Place ")
```

假若有一个 Place 对象同时也是 Hotel 对象，可以通过小写的模型名将 Place 对象转为 Hotel 对象。

```
>>> p = Place.objects.get(id=10)
# If p is a Hotel object, this will give the child class:
>>> p.hotel
<Hotel:...>
```

在上述例子中，如果 p 不是一个 Hotel 对象，而仅仅是一个 Place 对象（或者是其他类的父类），指向 p.hotel 则会抛出一个 Hotel.DoesNotExist 类型的异常。

在 Hotel 模型中自动创建的、连接至 Place 模型的 OneToOneField 看起来类似下面的代码：

【代码 3-21】

```
01  place_ptr = models.OneToOneField(
02      Place, on_delete=models.CASCADE,
03      parent_link=True,
04  )
```

【代码分析】

● 设计时可以在 Hotel 中重写该字段，通过声明自己的 OneToOneField 并在其中设置属性 parent_link=True。

3.6.6　Meta 和多表继承

在 Django 模型多表继承中，子类不会继承父类中的 Meta 类。所有的 Meta 类属性已被应用至父类，如果在子类中再次应用，则会导致行为冲突。因此，子类模型无法访问父类中的 Meta 类。

不过也有例外情况，若子类未指定 ordering 属性或 get_latest_by 属性，则子类会从父类继承这些属性。而如果父类有排序属性，在设计子类时并不期望有排序属性，则可以显式进行禁止。请看下面的代码示例：

【代码 3-22】

```
01  class ChildModel(ParentModel):
02      #...
03      class Meta:
04          # Remove parent's ordering effect
05          ordering = []
06      #...
07      pass
```

【代码分析】

- 第 01～07 行代码中，定义了一个子类（ChildModel）模型，继承自父类（ParentModel）模型。
- 第 03～05 行代码中，定义了子类（ChildModel）的 Meta 类。其中，第 05 行代码定义了一个空的 ordering 属性，就实现了显式地禁止 ordering 排序属性操作。

3.6.7　继承与反向关系

在 Django 模型继承中，由于多表继承使用隐式的 OneToOneField 连接子类和父类，所以直接从父类访问子类是可能的。同时，使用的名字是 "ForeignKey" 和 "ManyToManyField" 关系的默认值。

但是，如果在继承父类模型的子类中添加了这些关联，则必须指定 related_name 属性。而假如不小心遗漏了，Django 框架就会抛出一个合法性错误。

例如，使用上面【代码 3-20】中的 Place 基类创建另一个子类（Restaurant），且包含一个 "ManyToManyField"，请看下面的代码示例：

【代码 3-23】

```
01  class Restaurant(Place):
02    customers = models.ManyToManyField(Place)
03    #...
04    pass
```

【代码分析】

- 第 01～04 行代码中，定义了一个子类（Restaurant）模型，继承自父类（Place）模型。其中，在第 02 行代码中定义了子类与父类的 ManyToManyField 关系。

注　意
如果子类（Restaurant）中没有定义 "elated_name 属性，则会导致出现异常。

如果想要避免出现【代码 3-23】的错误异常，就需要将 related_name 属性添加进 ManyToManyField 关系中，请看下面的代码示例：

【代码 3-24】

```
01  class Restaurant(Place):
02    customers = models.ManyToManyField(Place, related_name='provider')
03    #...
04    pass
```

【代码分析】

- 第 02 行代码在定义了子类与父类的 ManyToManyField 关系中，添加了属性 related_name='provider'。

3.6.8 代理模型

在 Django 模型中使用多表继承时，每个子类模型都会创建一张新表，这是因为子类需要一个地方存储基类中不存在的额外数据字段。但是，有时候如果只想修改模型的 Python 级行为（比如：修改默认管理器或添加一个方法），这时就需要使用代理模型了。

使用代理模型继承的目标，就是为原模型创建一个"代理"。在设计时，可以创建、删除或更新代理模型的实例，全部数据都会存储成像使用原模型（未代理）一样的形式。这里稍微有些不同的是，在设计时可以修改代理默认的模型排序和默认管理器，而不需要修改原模型。

使用代理模型时，可以像普通模型一样进行声明，只需要告诉 Django 框架这是一个代理模型，通过将 Meta 类的 proxy 属性设置为 True 即可。

例如，如果打算为一个 Person 模型添加一个方法，可以参照下面的代码示例：

【代码 3-25】

```
01  from django.db import models
02
03  class Person(models.Model):
04      first_name = models.CharField(max_length=30)
05      last_name = models.CharField(max_length=30)
06
07  class Child(Person):
08      class Meta:
09          proxy = True
10
11      def do_something(self):
12          #...
13          pass
14  #...
15  pass
```

【代码分析】

- 第 03～05 行代码中，定义了一个类（Person），用于描述人的模型。其中，在第 04～05 行代码中定义了两个属性（first_name 和 last_name）。
- 第 03～05 行代码中，定义了一个类（Child），继承自父类（Person），用于描述孩子的模型。
- 第 04～05 行代码中，通过 Meta 类定义了 proxy=True 属性，表明该类是一个代理类。
- 第 11～13 行代码中，为 Person 模型添加了一个方法（do_something）。

根据上面的代码，子类（Child）与父类（Person）操作同一张数据表。另外，Person 模型的实例能通过 Child 模型访问，反之亦然。

```
>>> p = Person.objects.create(first_name="king")
>>> Child.objects.get(first_name="king")
<Child: king>
```

使用代理模型还可以定义模型的另一种不同的默认排序方法。比如想要在使用代理时总是根据 last_name 属性进行排序，解决方法请看下面的代码示例：

【代码 3-26】

```
01  class OrderedPerson(Person):
02      class Meta:
03          ordering = ["last_name"]
04          proxy = True
05      #...
06      pass
```

【代码分析】

● 通过上面的定义，普通 Person 模型的查询结果就不会被排序了。

● 通过第 03 行代码的定义，OrderdPerson 模型的查询结果会按照 last_name 属性排序。

再次查看一下【代码 3-24】，当使用 Person 模型对象查询时，Django 框架不会返回 Child 模型对象。对于 Person 模型对象的查询结果集，总是返回相对应的类型（QuerySet 仍会返回请求的模型）。

代理对象存在的全部意义是帮助开发人员复用原 Person 模型所提供的代码，以及自定义的功能代码（并未依赖其他代码）。如果尝试使用自己创建的代码，在任何地方去替换 Person（或任何其他）模型上定义的代理对象，这将会是一种无效的途径。

在使用代理模型时，对于其继承的基类是有约束条件的。一个代理模型必须继承自一个非抽象模型类，而不能继承自多个非抽象模型类。原因在于，代理模型无法在不同数据表之间提供任何行间连接。一个代理模型可以继承任意数量的抽象模型类（假设其没有定义任何模型字段），一个代理模型也可以继承任意数量的代理模型（只需共享同一个非抽象父类）。

另外，如果未在代理模型中指定模型管理器，其默认会从父类模型中继承。而如果在代理模型中指定了管理器，其就会成为默认的管理器，同时父类中所定义的管理器也仍是可用的。

基于【代码 3-25】和【代码 3-26】的示例，我们可以在查询 Person 模型时这样来修改默认的管理器。请看下面的代码示例：

【代码 3-27】

```
01  from django.db import models
02
03  class NewManager(models.Manager):
04      #...
05      pass
06
07  class Child(Person):
08      objects = NewManager()
09
10      class Meta:
11          proxy = True
12      #...
13      pass
```

【代码分析】

● 第 03 ~ 05 行代码中，在不替换已存在的默认管理器情况下，为代理模型添加了新管理器（NewManager）。

在官方文档中，"自定义管理器"介绍了一种技巧，即创建一个包含新管理器的基类，然后在继承列表中的主类后追加这个新管理器的基类。不过，通常情况下不需要这么做。

3.6.9　代理模型继承和未托管模型

Django 框架的代理模型继承看上去与创建未托管模型非常相似，未托管模型通过在模型的 Meta 类中定义 managed"属性来实现。

创建未托管模型的方法主要通过配置 Meta.db_table 项来实现。未托管模型将对现有模型进行阴影处理，并添加一些 Python 方法。

注　意
这个配置过程非常烦琐且易错，原因在于进行任何修改都需要两个副本保持同步。

相对于未托管模型，代理模型意在表现为与所代理的模型一样——总是与父模型保持一致。因为，代理模型将直接从父模型类继承字段和管理器。

关于代理模型继承和未托管模型的通用性规则，主要描述如下：

● 当克隆一个已存在模型或数据表，且不打算要全部的原数据表列时，请配置 Meta.managed=False 选项。该选项用于不在 Django 框架控制下的数据库视图和数据库表。

● 如果只想修改模型的 Python 级行为，同时要保留原有字段，请配置 Meta.proxy=True 选项。这个配置将使得代理模型在保存数据时，数据结构与原模型的保持一致。

3.6.10　多重继承

Django 模型也支持使用多重继承，这一点与 Python 语法中的继承是一致的。Django 模型多重继承就是同时继承多个父类模型，父类中第一个出现的基类（如：Meta 类）是默认被使用的。如果存在多个父类包含 Meta 类的情况，则只有第一个会被使用，其他的都会被忽略。

一般来讲，在设计时需要同时继承多个父类的情况并不多见。比较常见的应用场景是"混合"类，所谓"混合"就是为每个继承类添加额外的字段或方法，尽量保持继承层级尽可能的简单和直接，这样做的目的就是，保证将来不会出现无法确认某段信息是从何而来的困扰。

注　意
在继承自多个包含 id 主键的字段时会抛出错误。如果想要避免出现此问题，可以通过在基类中显式地使用 AutoField 方法，从而正确地使用多重继承。

关于多重继承，请看下面的代码示例：

【代码 3-28】

```
01  class Article(models.Model):
02      article_id = models.AutoField(primary_key=True)
03      #...
04
05  class Book(models.Model):
06      book_id = models.AutoField(primary_key=True)
07      #...
08
09  class BookArticle(Book, Article):
10      pass
11  #...
12  pass
```

【代码分析】

- 第 01～03 行代码中，定义了第一个类（Article），用于描述文章的模型。其中，在第 02 行代码中定义了一个 id 属性（article_id），该属性通过 AutoField 方法定义了主键（primary_key=True）。
- 第 05～07 行代码中，定义了第二个类（Book），用于描述书籍的模型。其中，在第 06 行代码中定义了一个 id 属性（book_id），该属性通过 AutoField 方法定义了主键（primary_key=True）。
- 第 09～10 行代码中，定义了一个子类（BookArticle），用于描述书籍和文章的模型，同时继承自 Article 模型和 Book 模型。

除了上面显示地使用 AutoField 方法之外，还可以通过在公共祖先中存储 AutoField 的方式，来实现同时包含多个 id 属性的操作。该方式要求对每个父类模型和公共祖先显式地使用 OneToOneField 方法，避免与子类自动生成或继承的字段发生冲突。请看下面的代码示例：

【代码 3-29】

```
01  class Piece(models.Model):
02      pass
03
04  class Article(Piece):
05      article_piece = models.OneToOneField(
06          Piece,
07          on_delete=models.CASCADE,
08          parent_link=True)
09      #...
10
11  class Book(Piece):
12      book_piece = models.OneToOneField(
13          Piece,
14          on_delete=models.CASCADE,
15          parent_link=True)
16      #...
17
```

```
18  class BookArticle(Book, Article):
19      pass
20  #...
21  pass
```

【代码分析】

- 第 01～02 行代码中，定义了一个基类（Piece）。
- 第 04～09 行代码中，定义了第一个继承自基类（Piece）的类（Article），用于描述文章的模型。其中，在第 05～08 行代码中定义了一个属性（article_piece），该属性通过 OneToOneField 方法获取。
- 第 11～16 行代码中，定义了第二个继承自基类（Piece）的类（Book），用于描述文章的模型。其中，在第 12～15 行代码中定义了一个属性（book_piece），该属性通过 OneToOneField 方法获取。
- 第 18～19 行代码中，定义了一个子类（BookArticle），用于描述书籍和文章的模型，同时继承自 Article 模型和 Book 模型。

3.7 通过包管理模型

Django 框架还可以通过包来管理模型。在使用 manage.py startapp 命令创建了一个应用结构后，应用的目录中会包含一个 models.py 文件。假如需要包含多个 models.py 文件，通过使用独立的文件管理方式会比较实用。

为了实现上述方式，需要创建一个独立的 models 包。具体方法是，先要删除 models.py 文件，再创建一个 myapp/models 目录，该目录包含一个__init__.py 文件和存储模型的文件，同时在__init__.py 文件中导入这些模块。

下面举一个例子，如果需要在 models 目录下包含 organic.py 和 synthetic.py 两个文件，则需要在 models 目录下的__init__.py 文件中导入这些模块，具体代码如下：

【代码 3-30】

```
# myapp/models/__init__.py
from .organic import Person
from .synthetic import Robot
```

另外，上面的代码是通过显式地导入每个模块方式进行操作的，而没有使用 from .models import *的方式。这样有助于避免打乱命名空间，保证代码更具可读性，并有助于代码分析工具的使用。

3.8 本章小结

本章介绍了 Django 框架核心部分的模型，具体内容包括 Django 框架模型基础、模型定义、模型字段、Meta 类模型属性和模型继承等。Django 框架模型是开发应用程序的基础，是构建和操作 Web 数据的媒介。

第 4 章

Django 框架视图与路由

本章将介绍 Django 框架的视图层，主要内容包括 URL 路由基础、路由转发、快捷方式、视图函数、异步视图、请求/响应对象、反向解析和命名空间、装饰器和简单文件上传等。Django 框架视图层是负责业务处理请求的核心代码，绝大多数的 Python 代码都会集中在视图层，它是开发基于 Django 框架的 Web 应用程序的重要基础。

通过本章的学习可以掌握以下内容：

- 视图的基础知识
- 视图层的 URL 路由基础
- 视图层的路由转发
- 视图函数
- 异步视图
- 视图层的请求/响应对象
- 视图层的反向解析和命名空间
- 视图的内置中间件
- 文件上传

4.1　Django 框架视图的概念

本节将介绍 Django 框架视图的概念。Django 视图层是负责处理请求的核心代码，是开发 Web 应用的重要组成部分。Django 视图层代码可以放在应用目录下的任何位置，通常写在类似 views.py 这样的文件中。

在 Django 框架视图层的概念体系中，视图函数即简称为视图，它是一个简单的 Python 函数，用于接收 Web 请求及返回 Web 响应。Web 响应是一个很宽泛的概念，具体可以是一个 HTML 页面、404 错误页面、重定向页面、XML 文档或一张图片等。在 Django 框架中，无论视图层自身包含什么逻辑，都要返回 Web 响应。

在 Django 框架视图层中有两个重要的对象，分别是请求对象（request）与响应对象（HttpResponse）。视图函数都负责返回一个 HttpResponse 对象，该对象中包含所生成的 Web 响应。

Django 框架视图层对外负责接收用户请求，对内负责调度模型层与模板层，是连接用户前端页面和底层数据库的桥梁。Django 框架的视图层还有一点特殊之处，它会根据业务逻辑将处理好的数据与前端进行整合后再返回给用户，从这方面来讲 Django 视图层更偏向于所谓的"后端"。

4.2 URL 路由配置

本节将介绍 Django 框架视图层中的 URL 路由配置，包括 URL 路由基础、处理请求、path 转换器、正则表达式匹配等方面的内容。URL 路由配置是 Django 框架视图层开发的基础。

4.2.1 什么是 URL 路由基础

对于高质量的 Web 应用开发来讲，使用简洁、优雅的 URL 设计模式是一个非常令人激动的细节。Django 框架允许开发人员自由地设计 URL 模式，而不用受到框架本身的约束。对于 URL 路由来讲，其主要实现了 Web 服务的入口。用户通过浏览器发送过来的任何请求，都会解析到一个指定的 URL 地址上去，进而得到服务器端的响应，这是一个基本流程。

在 Django 项目中，配置 URL 路由可以通过目录中的 urls.py 文件来完成。虽然在一个 Django 项目中可以配置多个 urls.py 文件（因为一个项目中可以包含若干个 app），但这些 urls.py 文件绝对不能放在同一目录下。一般情况下，在 Django 项目根目录下需要配置一个 urls.py（根路由），然后在每个 app 下分别定义一个自己的 urls.py，这样就相当于是一种比较先进的解耦模式。

归根结底，URL 路由相当于路径和视图函数之间的一个对应关系，它起到了一个中间媒介的作用，其原理如图 4.1 所示。客户端用户发来的请求经过 URL 路由映射处理后，会发送到相应的 View 视图处理函数进行处理。经过 View 视图函数处理完成后，再通过 HttpResponse 对象返回具体信息到客户端进行显示。

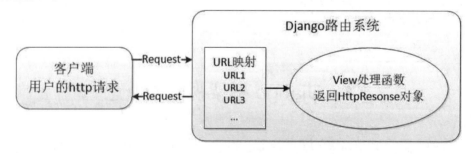

图 4.1　URL 路由原理图

urls.py 文件的通用基本格式可以参考下面的代码。

【代码 4-1】

```
01  from django.contrib import admin
```

```
02   from django.urls import path
03
04   urlpatterns = [
05       path('admin/', admin.site.urls),
06       path('hello/', views.hello),
07       ...
08   ]
```

【代码分析】

- 第 01 行代码中，通过调用 django.contrib 模块导入了 admin（管理员）对象，这是一个 Django 框架自带的管理员模块。
- 第 02 行代码中，通过调用 django.urls 模块导入了 path（路径）对象，这是一个负责 URL 路由配置的模块。
- 第 04～08 行代码中，通过 urlpatterns 对象定义了一个数组。其中，第 05 行、第 06 行代码通过 path 对象定义了具体的路径配置信息。通常，用户自定义的路由配置代码都是在这里完成的。

4.2.2 Django 如何处理请求

在 Django 框架中，当客户端用户发出一个页面请求时，URL 路由会按照下面的逻辑（算法）执行操作。

（1）决定要使用的根 URLconf 模块。通常情况下，这是由 ROOT_URLCONF 所设置的值。但是，如果传入的 HttpRequest 对象具有 urlconf 属性（由中间件设置），则其值将被用于代替 ROOT_URLCONF 参数的设置。这也就是说，开发人员可以自行指定自定义的项目入口的 urls.py 文件。

（2）加载这个 URLconf 模块并寻找可用的 urlpatterns 路由模式，它是 django.urls.path()实例或 django.urls.re_path()实例的一个列表。

（3）继续依次匹配每个 URL 模式，在找到与请求的 URL 模式相匹配的第一个模式上停止。也就是说，URL 模式匹配是从上往下的短路操作，所以每个 url 在列表中的位置是比较关键的。

（4）继续导入并调用匹配行中给定的视图，该视图是一个简单的 Python 函数（被称为视图函数）或者是一个基于类的视图。另外，该视图将获得如下几类参数：

- 一个 HttpRequest 对象实例。
- 如果匹配的表达式返回了未命名的组，那么匹配的内容将作为位置参数提供给视图。
- 关键字参数由表达式匹配的命名组所组成，但是可以被 django.urls.path()实例或 django.urls.re_path()实例的可选参数（kwargs）所覆盖。

（5）如果没有匹配到任何表达式，或者匹配过程中抛出异常，将调用一个适当的错误处理视图。

下面请看一个 URLconf 模块的代码示例。

【代码 4-2】

```
01  from django.urls import path
02
03  from . import views
04
05  urlpatterns = [
06      path('articles/2020/', views.special_case_2020),
07      path('articles/<int:year>/', views.year_archive),
08      path('articles/<int:year>/<int:month>/', views.month_archive),
09      path('articles/<int:year>/<int:month>/<slug:slug>/',
views.article_detail),
10      ...
11  ]
```

【代码分析】

- 第 05～11 行代码中，定义的就是 urlpatterns 数组列表，每一个列表项都是 path()或 rc_path()的实例。
- 第 06 行代码中，将路径'articles/2020/'解析为视图 views.special_case_2020，且路径'articles/2020/'的年份（2020）为固定的。
- 第 07 行代码中，路径'articles/<int:year>/'解析为视图 views.year_archive，且路径中的年份（<int:year>）为任意的。
- 第 08 行代码中，路径'articles/<int:year>/<int:month>/'解析为视图 views.month_archive，且路径中的年份（<int:year>）和月份（<int:month>）均为任意的。
- 第 09 行代码中，路径 'articles/<int:year>/<int:month>/<slug:slug>/' 解析为视图 views.article_detail，且路径中新增了 slug 类型转换器。

在这段路径解析代码中，有以下几点要说明：

- 如果要捕获一段 url 中的值，需要使用尖括号（<>）。
- 可以将捕获到的值转换为指定类型，比如上面代码中的 int 类型（整型）；在默认情况下，捕获到的结果保存为字符串类型，但是不包含 "/" 这个特殊字符。
- 匹配模式的最开头不需要添加特殊字符 "/"，因为默认情况下每个 url 地址的最前面都会带有这个特殊字符 "/"。
- 每个匹配模式都建议以特殊字符 "/" 结尾。

下面基于【代码 4-2】讲解几个典型的针对 url 地址进行模式匹配的示例：

- "/articles/2020/"：匹配第 06 行代码，并调用 views.special_case_2020(request)视图。
- "/articles/2020"：无匹配结果，因为最后少了一个斜杠 "/"，而列表中的所有模式中都以斜杠 "/" 结尾。
- "/articles/2050/"：匹配第 07 行代码，并调用 views.year_archive(request)视图。
- "/articles/2020/12/"：匹配第 08 行代码，并调用 views.month_archive(request, year=2020,

month=12)。

- "/articles/2020/12/django-url-pattern/"：匹配第 09 行代码，并调用 views.article_detail(request, year=2020, month=12, slug="django-url-pattern"视图。

4.2.3 PATH 路径转换器

Django 框架默认内置了一组 PATH 路径转换器，具体如下：

- str 类型转换器：匹配任何非空字符串，但是不包含特殊字符斜杠 "/"；如果开发人员没有指定专门的转换器，则默认就是使用该转换器。
- int 类型转换器：匹配 0 和正整数，返回一个 int 类型。
- slug 类型转换器：可理解为注释、后缀、附属等概念，主要是 url 链接中置于最后一部分的解释性字符。该转换器匹配任何 ASCII 字符、连接符和下画线，如【代码 4-2】中的字符串 django-url-pattern。
- uuid 类型转换器：匹配一个 uuid 格式的对象。为了防止冲突，必须使用短划线 "-"、且所有字母必须小写。例如：下面这个 uuid 字符串 01234567-8900-aacc-a8a8-987654321000，返回一个 UUID 对象。
- path 类型转换器：匹配任何非空字符串，重点是可以包含路径分隔符 "/"；这个转换器适用于匹配整个 url 链接，而不是一段一段的 url 字符串；同时，要注意区分 path 转换器和 path()方法二者之间的区别。

对于更复杂的匹配需求，开发人员可能需要自定义自己的 path 转换器。其实，path 转换器就是一个类，主要包含下面的成员和属性。

- 类属性 regex：一个字符串形式的正则表达式属性。
- to_python(self, value)方法：将匹配到的字符串转换为目标数据类型、并传递给视图函数。注意，如果转换失败，则弹出 ValueError 异常。
- to_url(self, value)方法：将 Python 数据类型转换为一段 url 地址，为 to_python(self, value) 方法的反向操作。注意，如果转换失败，则弹出 ValueError 异常。

下面请看一个 path 路径转换器的代码示例。

（1）新建一个用于 path 路径转换的 Python 文件，定义一个用于转换 4 位正整数年份数值的类（FourDigitYearConverter）。具体代码如下：

【代码 4-3】（urlconverter.py）

```
01  class FourDigitYearConverter:
02      regex = '[0-9]{4}'
03
04      def to_python(self, value):
05          return int(value)
06
07      def to_url(self, value):
```

```
08          return '%04d' % value
```

【代码分析】

- 第 02 行代码中，定义了类属性 regex，格式为 4 位整数的正则表达式。
- 第 04～05 行代码定义了类方法（to_python()），将 4 位整数（value）转换为 Python 数据类型。
- 第 07～08 行代码定义了类方法（to_url()），将 Python 数据类型转换为 url 地址，并进行了格式化操作（使用数字"0"从左填充的 4 位整数）。

（2）基于【代码 4-2】进行修改，在 URLconf 模块中使用 register_converter()方法进行注册，具体代码如下：

【代码 4-4】（urlconf.py）

```
01  from django.urls import path
02
03  from . import urlconverter, views
04
05  register_converter(urlconverter.FourDigitYearConverter, 'yyyy')
06
07  urlpatterns = [
08      path('articles/2020/', views.special_case_2020),
09      path('articles/<yyyy:year>/', views.year_archive),
10      path('articles/<yyyy:year>/<int:month>/', views.month_archive),
11      path('articles/<yyyy:year>/<int:month>/<slug:slug>/',
views.article_detail),
12      ...
13  ]
```

【代码分析】

- 第 05 行代码中，通过 register_converter()方法注册了一个"yyyy"类型。
- 第 07～13 行代码定义了 urlpatterns 数组列表。其中，第 09~11 行中有关年份的类型使用了"yyyy"进行定义。

4.2.4 使用正则表达式

在 Django v2.0 及以上的版本中，URLconf 模块虽然修改了"配置方式"，但其依然可以向老版本进行兼容。具体进行兼容的办法，就是使用前文中提到的 re_path()方法。

这个 re_path()方法本质上就是以前的 url()方法，只不过导入的位置变了。另外，re_path()方法与 path()方法有以下两处不同点：

- 捕获 url 地址中的参数使用的是正则表达式，语法是(?P<name>pattern)格式，其中的<name>是组名，pattern 是要匹配的模式。

● 传递给视图的所有参数都是字符串类型，而不像 path()方法中那样可以指定转换成某种类型，因此在视图中接收参数时一定要小心。

关于如何使用正则表达式进行匹配，请看下面的代码示例。

【代码 4-5】

```
01  from django.urls import path, re_path
02
03  from . import views
04
05  urlpatterns = [
06      path('articles/2020/', views.special_case_2020),
07      re_path(
08          r'^articles/(?P<year>[0-9]{4})/$', views.year_archive
09      ),
10      re_path(
11          r'^articles/(?P<year>[0-9]{4})/(?P<month>[0-9]{2})/$',
views.month_archive
12      ),
13      re_path(
14
r'^articles/(?P<year>[0-9]{4})/(?P<month>[0-9]{2})/(?P<slug>[\w-]+)/$',views.ar
ticle_detail
15      ),
16  ]
```

【代码分析】

● 第 07～09 行、第 10～12 行和第 13～15 行代码中，通过 re_path()方法使用的就是正则表达式。

● 第 08 行、第 11 行和第 14 行代码中，<year>组名严格匹配 4 位整数（如 12345 这样的整数是无法匹配的），这是由正则表达式（?P<year>[0-9]{4})/$）的规则所决定的。正则表达式（?P<year>[0-9]{4})/$）也可以简写成未命名的形式（[0-9]{4}），但为了避免歧义，不建议这么做。

4.2.5　URLconf 在什么上查找

在 Django 框架中，客户端请求的 url 地址会被认为是一个普通的 Python 字符串来处理，URLconf 模块将基于此进行查找并匹配。进行查找匹配时，将不包括域名、GET 和 POST 请求方式或 HEAD 请求方法等。

举例来讲，在下面的请求 url 地址中：

```
https://www.example.com/myapp/
```

URLconf 模块将会查找"myapp/"字符串，不会对域名 www.example.com 进行查找。而在下面的请求 url 地址中：

```
https://www.example.com/myapp/?page=1
```

URLconf 模块仍将会查找"myapp/"字符串，既不会对域名 www.example.com 进行查找，也不会对参数 page=1 进行查找。

URLconf 模块不会检查使用了哪种请求方法，也就是说对于同一个 url 地址，无论是 GET 请求、POST 请求或者 HEAD 请求方法等，均会路由到相同的函数。

4.2.6　指定视图参数的默认值

在 Django 框架中，有一个方便的小技巧是指定视图参数的默认值。请看下面这个关于 URLconf 和视图的代码示例。

【代码 4-6】

```
01  # URLconf
02  from django.urls import path
03
04  from . import views
05
06  urlpatterns = [
07      path('article/', views.page),
08      path('article/page<int:num>/', views.page),
09  ]
10
11  # View (in article/views.py)
12  def page(request, num=1):
13      # Output the appropriate page of article entries, according to num.
14      ...
```

【代码分析】

- 第 06～09 行代码中，定义了 urlpatterns 数组列表。其中，第 07 行和第 08 行代码分别定义了两个 url 路径模式。
- 第 12～13 行代码中，定义了一个视图函数（page）。其中，第 12 行代码中指定了 num 参数的默认值为 1。
- 第 07 行代码和第 08 行代码定义的两个 url 路径模式，均指向同一个视图 views.page。虽然上面这两个 url 路径模式指向同一个视图 views.page，但第一个模式（第 07 行代码）是不会从 url 地址中捕获任何值的。如果第一个模式匹配成功，则 page()函数将使用 num 参数的默认值（1）；而如果第二个模式匹配成功，则 page()函数将使用 num 参数的实际值。

4.2.7　包含其他的 URLconf 模块

在 Django 框架中，还可以在一个 URLconf 模块中包含其他的 URLconf 模块，这实际上就是将一部分 URL 放置于其他 URL 的下面。该方式的具体操作方法是，在自己的 urlpatterns 数组列表中，通过 include 语法命令引入另一个 URLconf 模块。

请看下面这个包含其他的 URLconf 模块的代码示例。

【代码 4-7】

```
01  from django.urls import include, path
02
03  urlpatterns = [
04      # ... include other urlconf ...
05      path('community/', include('community.urls')),
06      path('contact/', include('contact.urls')),
07      path('about/', include('about.urls')),
08      # ... include ...
09      # ...
10  ]
```

【代码分析】

● 第 01 行代码中，首先引入了 include 模块。
● 第 05 ~ 07 行代码中，通过 include 方式分别引入了三个 URLconf 模块（community.urls、contact.urls 和 about.urls）。这样，在该 URLconf 模块中就包含了另外三个 URLconf 模块。

include 这种方式，还可以用来清除 URLconf 模块中的冗余 url 路径。例如，当某个模式前缀被重复使用的时候，就可以使用 include 语法进行简化。请看下面这个代码示例。

【代码 4-8】

```
01  from django.urls import path
02  from . import views
03
04  urlpatterns = [
05      path('<page_slug>-<page_id>/history/', views.history),
06      path('<page_slug>-<page_id>/edit/', views.edit),
07      path('<page_slug>-<page_id>/discuss/', views.discuss),
08      path('<page_slug>-<page_id>/permissions/', views.permissions),
09      path('<page_slug>-<page_id>/about/', views.about),
10  ]
```

【代码分析】

● 第 05 ~ 09 行代码中，定义的一组（共 5 个）url 路径模式均包含了相同的前缀

（<page_slug>-<page_id>）。

其实，可以通过 include 方式改进上面代码的写法，只需要声明共同的路径前缀一次，并将后面的部分进行分组即可。请看下面这个代码示例。

【代码 4-9】

```
01  from django.urls import include, path
02  from . import views
03
04  urlpatterns = [
05      path('<page_slug>-<page_id>/', include([
06          path('history/', views.history),
07          path('edit/', views.edit),
08          path('discuss/', views.discuss),
09          path('permissions/', views.permissions),
10          path('about/', views.about),
11      ])),
12  ]
```

【代码分析】

- 第 01 行代码中，首先引入了 include 模块。
- 第 05～11 行代码中，先是声明了共同的路径前缀（<page_slug>-<page_id>）一次，再通过 include 方式将路径后面不同的部分进行分组。这样，就消除了 URLconf 模块中的冗余 url 路径。

4.2.8 传递额外参数给视图函数

在 Django 框架中，URLconf 模块还支持一种传递额外参数给视图函数的方式，该参数为 Python 字典类型。具体操作方法是，通过 path() 函数包含 Python 字典类型的参数，然后传递给视图函数。

下面看一个通过 URLconf 模块传递额外参数给视图函数的代码示例。

【代码 4-10】

```
01  from django.urls import path
02  from . import views
03
04  urlpatterns = [
05      path('article/<int:year>/', views.year_archive, {'foo': 'bar'}),
06  ]
```

【代码分析】

- 第 05 行代码中，通过 path() 函数包含了一个 Python 字典类型参数（{'foo': 'bar'}），该参数将会传递给视图函数（views.year_archive）。

● 基于这段代码，如果客户端发来一个 url 请求（/article/2020/），Django 服务器将会调用视图函数（views.year_archive(request, year=2020, foo='bar')）。这样，额外参数（{'foo': 'bar'}）就传递给视图函数了。

另外，通过 include 方式也可以实现传递额外参数给视图函数的操作。请看下面的代码示例。

【代码 4-11】

```
01  # main.py
02  from django.urls import include, path
03
04  urlpatterns = [
05      path('article/', include('inner'), {'article_id': 3}),
06  ]
07
08  # inner.py
09  from django.urls import path
10  from mysite import views
11
12  urlpatterns = [
13      path('archive/', views.archive),
14      path('about/', views.about),
15  ]
```

【代码分析】

● 第 05 行代码中，在 path()函数中通过 include 方式引入了 inner 模块，同时还包含了一个 Python 字典类型参数（{'article_id': 3}）。
● 第 12 ~ 15 行代码中，定义了 inner 模块的 url 路径模式。其中，第 13~14 行代码定义的 path()函数，将会自动获取 mian 模块传递过来的参数（{'article_id': 3}），效果等同于【代码 4-12】。

【代码 4-12】

```
01  # main.py
02  from django.urls import include, path
03  from mysite import views
04
05  urlpatterns = [
06      path('article/', include('inner')),
07  ]
08
09  # inner.py
10  from django.urls import path
11
```

```
12  urlpatterns = [
13    path('archive/', views.archive, {'article_id': 3}),
14    path('about/', views.about, {'article_id': 3}),
15  ]
```

【代码分析】

● 【代码 4-11】传递参数的效果，等价于本例第 13~14 行代码中定义的 path()函数。

4.2.9 反向解析

在 Django 项目实际开发中，经常需要获取某个具体对象的 URL，为生成的内容配置 URL 链接。

比如这个很常见的场景，在页面中要展示出一个文章标题列表，且每个标题都被设计成一个超链接，点击该链接就进入该文章的详细页面。通常情况下，我们会分为两步实现。

（1）简单地将 URLconf 模块设计成类似下面形式的代码：

【代码 4-13】

```
01  from django.urls import path
02  from . import views
03
04  urlpatterns = [
05    path('article/<int:pk>/', views.article_pk),
06  ]
```

【代码分析】

● 第 05 行代码中，通过 path()函数包含了一个 url 请求（'article/<int:pk>/'）对应的视图函数（views.article_pk）。

（2）在前端 HTML 页面中，超链接 <a> 标签的 href 属性将会定义为类似 "http://www.domain.com/article/1/" 的值。当然，其中的域名部分（www.domain.com）将会由 Django 框架负责处理，开发人员只需要关注路径（/article/1/）的部分。

上述这样的设计当然也行得通，但巨大隐患是将来既难以维护又难以修改。因为，当 URLconf 模块修改后，开发人员势必将手动地修改 HTML 页面中的每一个超链接<a>标签中硬编码的 href 属性值，其工作量可想而知。

因此，开发人员需要一种既安全又可靠，还能具有自适应功能的机制。该机制能够实现当修改 URLconf 模块中的代码后，无须在项目源码中大范围手动修改全部失效的硬编码 url 地址。

Django 框架恰好提供了一种解决方案，只需在 url 地址中提供一个 name 参数，并赋值一个自定义的、便于标记的字符串。通过配置这个 name 参数，就可以实现反向解析 url 链接、反向 url 链接匹配和反向 url 链接查询。

Django 框架在需要解析 url 链接地址的地方，对于不同层级提供了不同的工具，以用于 url 链接反查，其有以下三种方式：

- 写前端 HTML 网页时，在模板语言中使用 url 模板标签。
- 写视图函数时，使用 Python 语法的 reverse()函数。
- 写模型（model）实例时，使用 get_absolute_url()方法。

上面三种方式都依赖于首先在 path()函数中为 url 链接地址添加 name 属性。

下面，我们继续完善在页面中展示出一个文章标题列表的实例。

（1）首先，需要重新定义一下 URLconf 模块，具体代码如下：

【代码 4-14】

```
01  from django.urls import path
02
03  from . import views
04
05  urlpatterns = [
06      #...
07      path('articles/<int:year>/', views.year_archive,
name='article-year-archive'),
08      #...
09  ]
```

【代码分析】

- 第 07 行代码中，在 path()函数中新定义了一个 name 参数(name='article-year-archive')，该 name 参数主要用于模板中。

（2）然后，通过在模板（HTML 页面）中引用上面的 name 参数，实现对文章标题列表的获取，具体代码如下：

【代码 4-15】

```
01  <a href="{% url 'article-year-archive' 2020 %}">
02      2020 Archive
03  </a>
04
05  {# 或者使用 for 循环变量 #}
06  <ul>
07      {% for year in year_list %}
08          <li>
09              <a href="{% url 'article-year-archive' year %}">
10                  {{ year }} Archive
11              </a>
12          </li>
13      {% endfor %}
14  </ul>
```

【代码分析】

- 第 07 ~ 13 行代码中，通过在 HTML 页面中使用模板语法（for 循环语句），实现了文章标题列表的显示。
- 第 09 行代码中，在模板中通过引用上面定义的 name 参数（name='article-year-archive'），实现了文章标题链接的反向解析。

（3）在视图函数中，编写实现 url 链接地址反向解析的 Python 代码，具体如下：

【代码 4-16】

```
01  from django.http import HttpResponseRedirect
02  from django.urls import reverse
03
04  def redirect_to_year(request):
05      #...
06      year = 2020
07      #...
08      return HttpResponseRedirect(
09          reverse('article-year-archive', args=(year,))
10      )
```

【代码分析】

- 第 02 行代码中，首先引入反向解析模块（reverse）。
- 第 04 ~ 10 行代码中，定义了反向解析视图函数。其中关键是第 09 行代码，通过调用 reverse()方法实现了（name='article-year-archive'）与 URLconf 模块中的该 path 路径的反向解析操作。

在 url 链接地址中使用 name 参数时，可以包含任何自定义的字符串，但稍不注意可能就会出现重名冲突的问题。于是，为了解决这个重名冲突问题，又引出了下面"命名空间"的概念。

4.2.10 命名空间

1. 应用级别的命名空间

在 URLconf 模块中定义 path 路径时，通过添加 name 参数，可以实现反向 url 地址解析与软编码解耦。不过，当出现下面的情况时又会很麻烦。

- 应用（appA）定义有一条 path 路由（A），假设其 name 参数的值定义为"index"。
- 应用（appB）定义有一条 path 路由（B），假设其 name 参数的值定义为"index"。

当出现上述情况时，如果在某个视图中使用 reverse('index', args=(...))，或在模板中使用{% url 'index' ... %}，那么其最终生成的 URL 地址是到底路由（A）还是路由（B）呢？

造成上述情况出现的原因，根本上是各个应用 app 之间没有进行统一的路由管理（实际上也不可能有）。Django 框架设计了一个 app_name 属性用来解决上述问题，这就是应用级别的命名空间。

具体代码如下：

【代码 4-17】

```
01  from django.urls import path
02
03  from . import views
04
05  app_name = 'your_app_name'   # 关键代码
06
07  urlpatterns = [
08      ...
09  ]
```

【代码分析】

● 第 05 行代码中，引入的 app_name 属性就是关键代码，其属性值就是应用的命名空间。

● 具体添加方法很简单，只需要在 App 自身的 urls.py 文件内添加该 app_name 属性即可。

在实际项目中使用也很简单，具体代码如下：

【代码 4-18】

```
# 视图中
reverse('your_app_name:index',args=(...))

# 模板中
{% url 'your_app_name:index' ... %}
```

【代码分析】

● 无论是在视图中或模板中，将 app_name 属性值与对应的 name 参数值一起使用
　　（'your_app_name:index'）就可以了。

2. 实例命名空间

在 Django 框架中，除了应用级别的命名空间方式，还支持一种实例命名空间（namespace）的方式。下面通过示例介绍这个实例命名空间的方式。

（1）在 path() 函数中添加一个 namespace 属性，具体代码如下：

【代码 4-19】（项目根 urls.py 文件）

```
01  #--- 根 urls.py ---#
02
03  from django.urls import include, path
04
05  urlpatterns = [
```

```
06      path('author/', include('app.urls', namespace='author')),
07      path('article/', include('app.urls', namespace='article')),
08   ]
```

【代码分析】

● 第 06~07 行代码中，ptah()函数新定义了一个 namespace 属性，其属性值就是实例命名空间。

（2）在应用（app）级别的 urls.py 文件中定义具体路由，示例代码如下：

【代码 4-20】（应用 urls.py 文件）

```
01   #--- app/urls.py ---#
02
03   from django.urls import path
04
05   from . import views
06
07   app_name = 'app'              # 关键代码
08
09   urlpatterns = [
10      path('index/', views.index, name='index'),
11      path('detail/', views.detail, name='detail'),
12   ]
```

【代码分析】

● 第 07 行代码中，还是要添加 app_name 属性的定义。
● 第 10~11 行代码中，ptah()函数定义了 url 链接对应的视图函数及 name 参数。

（3）定义具体的视图函数，具体代码如下：

【代码 4-21】（应用 views.py 文件）

```
01   #--- app/views.py ---#
02
03   from django.shortcuts import render, HttpResponse
04
05   def index(request):
06      return HttpResponse('Current namespace is %s.' %
request.resolver_match.namespace)
07
08   def detail(request):
09      if request.resolver_match.namespace == 'author':
10         return HttpResponse('This is author page.')
11      elif request.resolver_match.namespace == 'article':
```

```
12            return HttpResponse('This is article page.')
13        else:
14            return HttpResponse('Hello, Django!')
```

【代码分析】

- 第 05 ~ 06 行代码中，定义了视图函数（index），根据 url 路径的不同会解析成不同的内容。比如：
  - ➤ 当访问 url 路径（author/index/）时，会得到字符串"时 urrent namespace is author."。
  - ➤ 当访问 url 路径（article/index/）时，会得到字符串"时 urrent namespace is article."。
- 第 08 ~ 14 行代码中，定义了视图函数（detail），同样也是根据 url 路径的不同，会解析成不同的内容。
  - ➤ 当访问 url 路径（author/detail/）时，会得到字符串"This is author page."。
  - ➤ 当访问 url 路径（article/detail/）时，会得到字符串"This is article page."。
  - ➤ 而当 url 路径无法匹配时，会得到字符串"Hello, Django!"。

另外，在使用实例命名空间（namespace）时，需要注意以下几点：

- 对于 namespace 属性参数，要定义在 include 之中。
- 整个项目中所有应用（App）中的所有 namespace 属性参数不能重名，也就是必须全局唯一。
- 使用实例命名空间（namespace）功能的前提是已经设置了 app_name 属性，如果不设置，则会弹出异常。
- 如要在视图中获取 namespace 属性值，则必须通过 request.resolver_match.namespace 参数。

4.3　视图函数

本节将介绍 Django 框架视图层中的视图函数，内容包括视图函数的基本概念、简单视图、映射 URL 至视图和异步视图等。视图函数是基于 Django 框架进行视图层开发的基础。

4.3.1　什么是视图函数

所谓视图函数（简称视图），本质上就是一个 Python 函数，用于接收 Web 请求并且返回 Web 响应。

Web 响应可以包含很多类型，比如常见的 HTML 网页、重定向和 404 错误，也可以是 XML 文档和图像文件等。另外，无论视图函数的具体处理逻辑如何定义，建议都返回某种类型的 Web 响应。

视图函数的代码可以写在项目的任何 Python 目录下。但是，对于基于 Django 框架的 Web 项目而言，通常约定将视图函数写在项目或应用目录下名称为 views.py 的文件中。

4.3.2 简单的视图函数

本小节设计一个基于 Django 框架的 Web 应用项目，实现了将当前日期和时间编码为 HTML 文档进行返回的简单视图函数。

（1）该 Web 应用名称定义为 ViewDjango，用于返回当前日期和时间的视图函数名称定义为 SimpleView，具体文件结构如图 4.2 所示。ViewDjango 为项目根目录，SimpleView 为具体的应用目录。

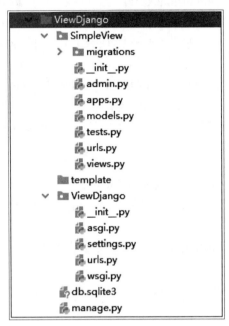

图 4.2　ViewDjango 应用项目结构

（2）重新定义 ViewDjango 项目根目录下的路由文件 urls.py，实现到 SimpleView 应用的路由路径。具体代码如下：

【代码 4-22】（ViewDjango\ViewDjango\urls.py 文件）

```
01  #---   root urls.py   ---#
02
03  from django.contrib import admin
04  from django.urls import include, path
05
06  # define URLconf
07  urlpatterns = [
08      path('simple/', include('SimpleView.urls')),
09      path('admin/', admin.site.urls),
10  ]
```

【代码分析】

- 第 07~10 行代码中，定义了 ViewDjango 应用项目的根 URLconf 模块。
- 第 08 行代码中，path()函数定义了一个路由路径（'simple/'），该路径对应通过 include 方式包括的 SimpleView 应用的 URLconf 模块（'SimpleView.urls'）。

（3）定义 SimpleDjango 应用目录中的路由文件 urls.py，具体代码如下：

【代码 4-23】（ViewDjango\SimpleView\urls.py 文件）

```
01  #---   SimpleView urls.py   ---#
02
03  from django.urls import include, path
04  from . import views
05
06  # define URLconf
07  urlpatterns = [
08      path("", views.index, name='index'),
09      path("curdatetime/", views.current_datetime),
10  ]
```

【代码分析】

- 第 07~10 行代码中，定义了 SimpleDjango 应用的 URLconf 模块。
- 第 08 行代码中，通过 path()函数将 SimpleDjango 应用的默认路径（""），解析为视图函数 views.index。
- 第 09 行代码中，通过 path()函数将路径（"curdatetime/"），解析为视图函数 views.current_datetime。

（4）最后，定义一下 SimpleDjango 应用中的视图函数文件 views.py。

【代码 4-24】（ViewDjango\SimpleView\views.py 文件）

```
01  #---   SimpleView views.py   ---#
02
03  from django.http import HttpResponse
04  from django.shortcuts import render
05
06  # Create your default views.
07
08  def index(request):
09      return HttpResponse("Hello, SimpleView App!")
10
11  # Create your datetime views.
12
13  import datetime
```

```
14
15  def current_datetime(request):
16      now = datetime.datetime.now()
17      html = "<html><body>It is now %s.</body></html>" % now
18      return HttpResponse(html)
```

【代码分析】

- 第 08~09 行代码中，定义了默认视图函数（views.index）。其中，第 09 行代码通过 HttpResponse()方法返回一行信息（"Hello, SimpleView App!"）。
- 第 13 行代码中，导入了日期和时间类型对象 datetime。
- 第 15~18 行代码中，定义了日期视图函数 views.current_datetime。
- 第 16 行代码中，通过日期和时间类型对象 datetime 调用 now()方法，获取当前时间（now）。
- 第 17 行代码中，定义了一段 HTML 页面代码（html），并将当前时间（now）传递到这段页面代码（html）中。
- 第 18 行代码中，通过 HttpResponse()方法返回页面代码（html）。

（5）使用浏览器测试 SimpleView 简单视图应用。首先，通过 Django 服务器运行 ViewDjango 应用项目，并在浏览器中输入 SimpleView 应用默认路由地址"http://localhost:8000/simple/"，如图 4.3 所示。页面中显示了第 09 行代码通过 HttpResponse()方法返回的一行信息"Hello, SimpleView!"。

图 4.3　SimpleView 应用默认路由

然后，继续在浏览器中输入 SimpleView 应用简单视图的路由地址"http://localhost:8000/simple/curdatetime/"，如图 4.4 所示。页面中显示了第 18 行代码通过 HttpResponse()方法返回的当前时间信息（now）。

图 4.4　SimpleView 简单视图路由

4.3.3　返回错误视图

在 Django 框架中，返回 HTTP 错误代码的方法非常简单。HttpResponse 类的许多子类对应着一些常用的 HTTP 状态码，比如 HTTP 404 错误对应的 HttpResponseNotFound 子类，当然这里面不包括 200 状态码（表示"OK"）。Django 为了标识一个错误，可以直接返回那些子类中的一个实例，而不是普通的 HttpResponse 对象。

下面通过 HttpResponseNotFound 子类设计一个返回错误视图的应用，用来模拟返回 404 错误状态。

（1）返回错误视图函数应用名称定义为 ErrorView，具体文件结构如图 4.5 所示。

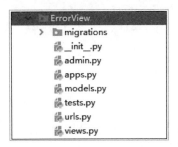

图 4.5　ErrorView 返回错误视图应用的结构

（2）重新定义 ViewDjango 项目根目录下的路由文件 urls.py，实现到 ErrorView 应用的路由路径。

【代码 4-25】（ViewDjango\ViewDjango\urls.py 文件）

```
01  #---   root urls.py   ---#
02
03  from django.contrib import admin
04  from django.urls import include, path
05
06  # define URLconf
07  urlpatterns = [
08      path('simple/', include('SimpleView.urls')),
09      path('error/', include('ErrorView.urls')),
10      path('admin/', admin.site.urls),
11  ]
```

【代码分析】

● 第 07～11 行代码中，重新定义了 ViewDjango 应用项目的根 URLconf 模块。
● 第 09 行代码中，通过 path() 函数新定义了一个路由路径（error/'），该路径对应通过 include 方式包括的 ErrorView 应用的 URLconf 模块（'ErrorView.urls'）。

（3）定义 ErrorView 应用目录中的路由文件 urls.py，具体代码如下：

【代码 4-26】（ViewDjango\ErrorView\urls.py 文件）

```
01  #---   ErrorView urls.py   ---#
02
03  from django.urls import include, path
04  from . import views
05
06  # define URLConf
07  urlpatterns = [
08      path("", views.index, name='index'),
09      path("pagenotfound/<int:p>/", views.error_view),
10  ]
```

【代码分析】

- 第 07～10 行代码中，定义了 ErrorView 应用的 URLconf 模块。
- 第 08 行代码中，通过 path()函数将 ErrorView 应用的默认路径（""），解析为视图函数（views.index）。
- 第 09 行代码中，通过 path()函数将路径（"pagenotfound/<int:p>/"），解析为视图函数（views.error_view）。其中，添加了一个路由参数（<int:p>），该参数值（p）用于选择不同的视图返回值。

（4）定义 ErrorView 应用中视图函数文件 views.py。

【代码 4-27】（ViewDjango\ErrorView\views.py 文件）

```
01  #---   ErrorView views.py   ---#
02
03  from django.http import HttpResponse, HttpResponseNotFound
04  from django.shortcuts import render
05
06  # Create your views here.
07
08  # default view
09  def index(request):
10      return HttpResponse("Hello, ErrorView App!")
11
12  # error view
13  def error_view(request, p):
14      print('p=', p)
15      if p:
16          return HttpResponse("Page not found!")
17      else:
18          return HttpResponseNotFound("HttpResponseNotFound --- Page not found!")
```

【代码分析】

● 第 09 ~ 10 行代码中，定义了默认视图函数（views.index）。
● 第 13 ~ 18 行代码中，定义了错误视图函数（views.error_view）。其中，第 15 ~ 18 行代码通过 if 条件语句判断参数（p）的布尔值，选择是使用 HttpResponse() 方法返回信息，还是使用 HttpResponseNotFound() 方法返回信息。

（5）使用浏览器测试 ErrorView 返回错误的视图应用。首先，通过 Django 服务器运行 ViewDjango 应用项目，并在浏览器中输入 ErrorView 应用默认的路由地址"http://localhost:8000/error/"，如图 4.6 所示。

图 4.6　"ErrorView"应用默认路由

然后，继续在浏览器中输入 ErrorView 应用返回错误视图的路由地址"error/pagenotfound/1/"，注意增加了整型路由参数（1），如图 4.7 所示。

图 4.7　ErrorView 返回错误视图路由（一）

打开路由地址"error/pagenotfound/1/"后，页面中显示了第 16 行代码通过 HttpResponse() 方法返回的信息。然后，再通过 FireFox 浏览器控制台查看一下返回 HTTP 状态码，如图 4.8 所示。HTTP 状态码显示为"Status：200 OK"。

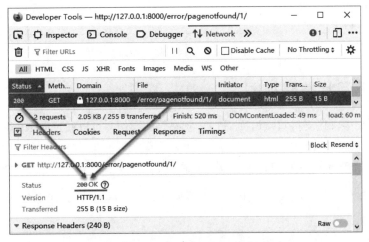

图 4.8　ErrorView 返回错误视图路由（二）

下一步，继续在浏览器中输入 ErrorView 应用返回错误视图的路由地址"error/pagenotfound/0/"，注意修改了整型路由参数（0），如图 4.9 所示。

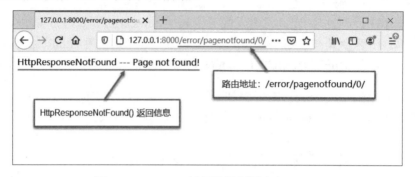

图 4.9　ErrorView 返回错误视图路由（三）

打 开 路 由 地 址 " error/pagenotfound/0/ " 后 ， 页 面 中 显 示 了 第 18 行 代 码 通 过 HttpResponseNotFound()方法返回的信息。然后，再通过 FireFox 浏览器控制台查看一下返回 HTTP 状态码，如图 4.10 所示。HTTP 状态码显示为"Status 404 Not Found"。这说明 HttpResponseNotFound 子类直接返回了 HTTP 404 错误。

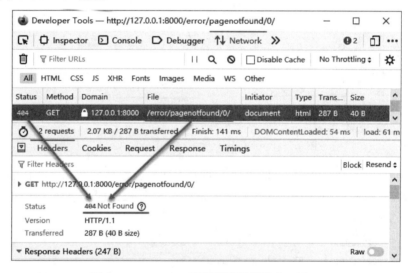

图 4.10　ErrorView 返回错误视图路由（四）

4.3.4　直接返回状态码视图

在 Django 框架中，还支持直接返回 HTTP 状态码的操作。可以通过向 HttpResponse 子类的构造器传递 HTTP 状态码，来创建任何想要的 HTTP 状态码的返回类。

本小节设计一个直接返回 HTTP 状态码视图的应用，用来模拟返回任意 HTTP 状态码。

（1）直接返回状态码视图函数应用名称定义为"StatusView"，具体文件结构如图 4.11 所示。

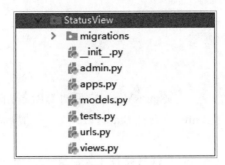

图 4.11 StatusView 直接返回状态码视图应用的结构

（2）重新定义 ViewDjango 项目根目录下的路由文件 urls.py，实现到 StatusView 应用的路由路径。

【代码 4-28】（ViewDjango\ViewDjango\urls.py 文件）

```
01  # ---  root urls.py  ---#
02
03  from django.contrib import admin
04  from django.urls import include, path
05
06  # define URLconf
07  urlpatterns = [
08      path('simple/', include('SimpleView.urls')),
09      path('error/', include('ErrorView.urls')),
10      path('status/', include('StatusView.urls')),
11      path('admin/', admin.site.urls),
12  ]
```

【代码分析】

● 第 07～12 行代码中，重新定义了 ViewDjango 应用项目的根 URLconf 模块。

● 第 10 行代码中，通过 path()函数新增定义了一个路由路径（status/），该路径对应通过 include 方式包括的 StatusView 应用的 URLconf 模块（'StatusView.urls'）。

（3）定义 StatusView 应用目录中的路由文件 urls.py。

【代码 4-29】（ViewDjango\StatusView\urls.py 文件）

```
01  #---  StatusView urls.py  ---#
02
03  from django.urls import include, path
04  from . import views
05
06  # define URLConf
07  urlpatterns = [
08      path("", views.index, name='index'),
```

```
09          path("statuscode/<int:scode>/", views.status_code_view),
10     ]
```

【代码分析】

● 第 07～10 行代码中，定义了 StatusView 应用的 URLconf 模块。

● 第 08 行代码中，通过 path()函数将 StatusView 应用的默认路径（""），解析为视图函数（views.index）。

● 第 09 行代码中，通过 path()函数将路径（"statuscode/<int:scode>/"），解析为视图函数（views.status_code_view）。其中，添加了一个路由参数（<int:scode>），该参数值（scode）用于选择不同的视图返回值。

（4）定义 StatusView 应用中的视图函数文件 views.py。

【代码 4-30】（ViewDjango\StatusView\views.py 文件）

```
01  #---   StatusView views.py   ---#
02
03  from django.http import HttpResponse
04  from django.shortcuts import render
05
06  # Create your views here.
07
08  # default view
09  def index(request):
10      return HttpResponse("Hello, StatusView App!")
11
12  # status code view
13  def status_code_view(request, scode):
14      print("status coce : ", scode)
15      # Return a http response code.
16      return HttpResponse(status=scode)
```

【代码分析】

● 第 09～10 行代码中，定义了默认视图函数（views.index）。

● 第 13～16 行代码中，定义了直接返回状态码视图函数（views.status_code_view）。其中，第 16 行代码通过在 HttpResponse()方法中添加参数（status=scode），直接返回通过 url 传递过来的 HTTP 状态码（scode）。

（5）使用浏览器测试 StatusView 直接返回状态码视图应用。首先，通过 Django 服务器运行 ViewDjango 应用项目，并在浏览器中输入 StatusView 应用默认的路由地址"http://localhost:8000/status/"，如图 4.12 所示。

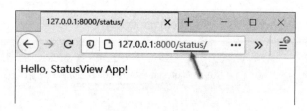

图 4.12 StatusView 应用默认路由

然后，继续在浏览器中输入 StatusView 应用直接返回状态码视图的路由地址"status/statuscode/201/"，注意增加了整型路由参数（201），如图 4.13 所示。

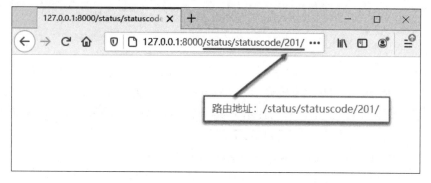

图 4.13 StatusView 直接返回状态码视图路由（一）

打开路由地址"status/statuscode/201/"后，再通过 FireFox 浏览器控制台查看一下返回 HTTP 状态码，如图 4.14 所示。HTTP 状态码显示为"Status：201 Created"，其状态码 201 与 url 地址中输入的数值是对应的。

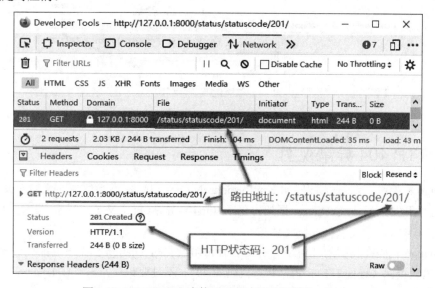

图 4.14 StatusView 直接返回状态码视图路由（二）

如果大家觉得状态码 201 比较常见，不具备一定的代表性。下面，我们尝试在浏览器中输入路由地址"status/statuscode/250/"。注意，这里的整型路由参数（250）不是常见的 HTTP 状态码。运行效果如图 4.15 所示。

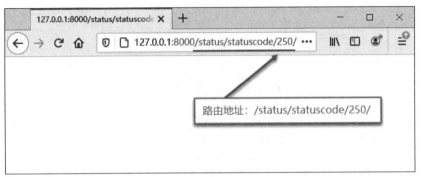

图 4.15　StatusView 直接返回状态码视图路由（三）

打开路由地址"status/statuscode/250/"后，再通过 FireFox 浏览器控制台查看一下返回 HTTP 状态码，如图 4.16 所示。HTTP 状态码显示为"Status：250 Unknown Status Code"，其状态码 250 与 url 地址中输入的数值是对应的，且还提示了该状态码为未知（无预定义）的 HTTP 状态码。

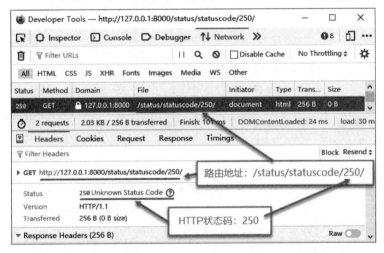

图 4.16　StatusView 直接返回状态码视图路由（四）

4.3.5　HTTP 404 异常视图

在 Django 框架中，当返回错误（如 HttpResponseNotFound）时，一般需要定义错误页面的 HTML 模板。为了方便开发人员开发，Django 框架内置了 Http404 异常（仅定义了该异常，没有类似 Http400、Http403 等这些异常）。

假如 Django 代码在视图的任何地方引发了 Http404 异常，Django 框架就会捕捉到该异常，并且返回标准的错误页面（连同 HTTP 错误状态代码 404）。不过要记住，只有在 Django 项目设置中将 DEBUG 参数设置为 False 才能实现上述功能，DEBUG 参数默认设置为 True。

下面设计一个 Http404 异常视图的应用，演示 HTTP 404 错误的异常捕捉。

（1）Http404 异常视图函数应用名称定义为 Http404View，具体文件结构如图 4.17 所示。

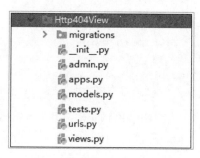

图 4.17　Http404View 异常视图应用的结构

（2）重新定义 ViewDjango 项目根目录下的路由文件 urls.py，实现到 Http404View 应用的路由路径。具体代码如下：

【代码 4-31】（ViewDjango\ViewDjango\urls.py 文件）

```
01  # ---   root urls.py   ---#
02
03  from django.contrib import admin
04  from django.urls import include, path
05
06  # define URLconf
07  urlpatterns = [
08      path('simple/', include('SimpleView.urls')),
09      path('error/', include('ErrorView.urls')),
10      path('status/', include('StatusView.urls')),
11      path('http404/', include('Http404View.urls')),
12      path('admin/', admin.site.urls),
13  ]
```

【代码分析】

● 第 07～13 行代码中，重新定义了 ViewDjango 应用项目的根 URLconf 模块。
● 第 11 行代码中，通过 path()函数新增定义了一个路由路径（http404/），该路径对应通过 include 方式包括的 Http404View 应用的 URLconf 模块（'Http404View.urls'）。

（3）定义 Http404View 应用目录中的路由文件 urls.py。

【代码 4-32】（ViewDjango\Http404View\urls.py 文件）

```
01  #---   Http404View urls.py   ---#
02
03  from django.urls import include, path
04  from . import views
05
06  # define URLconf
07  urlpatterns = [
```

```
08      path("", views.index, name='index'),
09      path("zeroexp/", views.zero_exp),
10  ]
```

【代码分析】

● 第 07~10 行代码中，定义了 Http404View 应用的 URLconf 模块。

● 第 08 行代码中，通过 path()函数将 Http404View 应用的默认路径（""），解析为视图函数（views.index）。

● 第 09 行代码中，通过 path()函数将路径（"zeroexp/"），解析为视图函数（views.zero_exp）。

（4）定义 Http404View 应用中的视图函数文件 views.py。

【代码 4-33】（ViewDjango\Http404View\views.py 文件）

```
01  #---   Http404View views.py   ---#
02
03  from django.http import HttpResponse
04  from django.http import Http404
05  from django.shortculs import render
06
07  # Create your default views.
08
09  # default view
10  def index(request):
11      return HttpResponse("Hello, Http404View App!")
12
13  #  view
14  def zero_exp(request):
15      try:
16          r = 1 / 0
17      except:
18          raise Http404("1 / 0 does not exist")  # 注意是 raise, 不是 return
19      return render(request, 'template/arithm.html', {'r': r})
```

【代码分析】

● 第 04 行代码中，导入了 Http404 模块。

● 第 10~11 行代码中，定义了默认的视图函数（views.index）。

● 第 14~19 行代码中，定义了直接返回状态码视图函数（views.zero_exp）。

● 第 15~18 行代码中，通过 try...except...语句块尝试捕获异常。其中，第 16 行代码定义了一个"除 0"算术异常，第 18 行代码通过 raise 语句（注意不是 return 语句）触发 Http404 异常。

● 第 19 行代码中，通过 render()方法将参数（r）导向了 HTML 模板（arithm.html）页面。

（5）使用浏览器测试 Http404 异常视图应用。首先，通过 Django 服务器运行 ViewDjango 应用项目，并在浏览器中输入 Http404View 应用默认路由地址"http://localhost:8000/http404/"，如图 4.18 所示。

图 4.18　Http404View 应用默认路由

继续在浏览器中输入 Http404View 应用异常视图的路由地址"http404/zeroexp/"，如图 4.19 所示。页面中显示出了第 18 行代码中通过 Http404()方法定义的异常信息。

图 4.19　Http404View 异常视图路由（一）

不过，图 4.19 中显示的是调试信息，主要用于在开发阶段。如果想显示标准的 404 错误页面，需要在 Django 项目设置中将 DEBUG 参数设置为 False，运行效果如图 4.20 所示。

图 4.20　Http404View 异常视图路由（二）

实际上，当通过 raise 语句触发了 Http404 异常后，会执行下面的流程：

（1）首先，Django 框架会读取 django.conf.urls.handler404 的值，默认为 django.views.defaults.page_not_found()视图。

（2）然后，执行 page_not_found()视图。

（3）判断是否自定义了 404.html，如果有，则输出该 HTML 文件。

（4）如果没有，则输出默认的 404 提示信息。

上面的流程就给开发人员留下了两个可以自定义 404 页面的钩子：

● 第 1 个是在 urls 中重新指定 handler404 的值，也就是使用哪个视图来处理 404 页面。

● 第 2 个是在 page_not_found()视图中，使用自定义的 404.html。

上面的两种方式，一个是自定义处理视图，另一个是自定义展示的 404 页面。自定义的 404.html 页面应当位于模板引擎可以搜索到的路径。

4.3.6 自定义错误页面

在 Django 框架中，当找不到与请求匹配的 url 路由地址时，或者当抛出一个异常时，将会调用一个错误处理视图。Django 框架默认自带的错误视图包括 400、403、404 和 500，分别表示请求错误、拒绝服务、页面不存在和服务器错误。

这几个错误视图分别位于 Django 框架的如下位置：

● handler400：django.conf.urls.handler400

● handler403：django.conf.urls.handler403

● handler404：django.conf.urls.handler404

● handler500：django.conf.urls.handler500

然后，这几个错误视图又分别对应下面的内置视图：

● handler400：django.views.defaults.bad_request()

● handler403：django.views.defaults.permission_denied()

● handler404：django.views.defaults.page_not_found()

● handler500：django.views.defaults.server_error()

开发人员可以在根 URLconf 模块中设置上面这些错误视图。不过需要注意，在其他二级应用（app）内部的 URLconf 模块中设置这些变量是无效的。

在 Django 框架中其实定义了内置的 HTML 模板，用于返回错误页面给用户，但是这些 403、404 页面实在丑陋，通常开发人员根据项目需要自定义错误页面。请看下面的代码示例。

（1）在根 URLconf 模块中额外增加下面的一组 handler 对象，并依次导入 views 视图模块。

【代码 4-34】（项目的根 urls.py 文件）

```
01  #---  root urls.py  ---#
02
03  from django.contrib import admin
04  from django.urls import path
05  from app import views
06
```

```
07  urlpatterns = [
08      path('admin/', admin.site.urls),
09  ]
10
11  # add handlerxxx to views
12  handler400 = views.bad_request
13  handler403 = views.permission_denied
14  handler404 = views.page_not_found
15  handler500 = views.error
```

【代码分析】

● 第 12～15 行代码中，添加了一组 handler 对象（分别为 handler400、handler403、handler404 和 handler500），并依次导入相对应的视图函数（views.bad_request、views.permission_denied、views.page_not_found 和 views.error）。

（2）在相应的应用（app）视图文件（app/views.py）中，依次增加相对应的视图处理函数。

【代码 4-35】（app/views.py 文件）

```
01  #---  app views.py  ---#
02
03  from django.shortcuts import render
04  from django.views.decorators.csrf import requires_csrf_token
05
06  @requires_csrf_token
07  def bad_request(request, exception):
08      return render(request, '400.html')
09
10  @requires_csrf_token
11  def permission_denied(request, exception):
12      return render(request, '403.html')
13
14  @requires_csrf_token
15  def page_not_found(request, exception):
16      return render(request, '404.html')
17
18  @requires_csrf_token
19  def error(request):
20      return render(request, '500.html')
```

【代码分析】

● 第 06～08 行、第 10～12 行、第 14～16 行和第 18～20 行代码中，分别实现了视图函数（bad_request、permission_denied、page_not_found 和 error）。在每一个视图函数中，

分别指向了各自的 HTML 模板文件（400.html、403.html、404.html 和 500.html）。

● 开发人员根据项目的实际需求，分别创建对应的 HTML 页面文件（400.html、403.html、404.html 和 500.html）即可。另外，要注意 HTML 模板文件的引用方式、视图文件的放置位置等。

在 Django 项目开发中，只有当项目配置文件的 DEBUG 参数设置为 False 时，这些错误视图才会被自动使用。而当 DEBUG 参数设置为 True 时（表示开发模式），Django 框架会展示详细的错误信息页面，而不是针对性的错误页面（这一点可以参考上一小节中应用的测试结果）。

4.3.7 异步视图初步

在 Django v3.1 版本后，已经开始支持异步视图函数的开发了。编写异步视图代码，只需要用 Python 语言中的 async def 关键字语法即可。Django 框架将在同一个异步上下文环境中自动探测和运行视图。

另外，为了让 Django 异步视图发挥其性能优势，开发人员需要启动一个基于 ASGI 的异步服务器。不过请放心，Django v3.0+ 版本的框架默认已经配置好了基于 ASGI 的异步功能。

请看下面这个简单的异步视图代码示例。

【代码 4-36】（ViewDjango\AsyncView\views.py 文件）

```
01  #---   AsyncView views.py   ---#
02
03  from django.http import HttpResponse
04  from django.shortcuts import render
05
06  # Create your views here.
07
08  # async view
09  async def async_current_datetime(request):
10      now = datetime.datetime.now()
11      html = "<html><body>It is now %s.</body></html>" % now
12      return HttpResponse(html)
```

【代码分析】

● 第 09～12 行代码中，定义了异步视图函数（async_current_datetime）。我们看到这个异步函数与普通函数的定义方法基本一致，关键是在通过 def 定义函数之前，通过 async 关键字来声明该函数为异步视图函数。

另外，关于异步函数还要说明以下几点：

● 异步功能同时支持 WSGI（同步）和 ASGI（异步）模式。
● 在 WSGI（同步）模式下，使用异步功能会有性能损失。
● 可以混用异步/同步视图或中间件，Django 框架会自动处理其上下文。

- 建议主要使用同步模式，在有特殊需求的场景才使用异步功能。
- 对于 Django 框架的 ORM 系统、缓存层和其他的一些需要进行长时间网络 IO 调用的代码，目前依然不支持异步访问，在未来的 Django 版本中将会逐步实现支持。
- 异步功能不会影响同步代码的执行速度，也不会对目前已有的项目产生明显的影响。

4.4 快捷函数

本节将介绍 Django 框架视图层中的快捷函数，包括基本概念、重定向及参数介绍等方面的内容。快捷函数是基于 Django 框架进行视图层开发的基础。

4.4.1 什么是快捷函数

所谓快捷函数（shortcut），其实是内置于 Django 框架中 django.shortcuts 模块的一组方便快捷的类和方法。因为其方便快捷的特性，在实际开发中的使用频率非常高。

快捷函数主要包括以下方法：

- render()方法：用于渲染视图。
- redirect()方法：用于重定向视图。
- get_object_or_404()方法：用于查询指定对象，根据查询结果选择继续执行或返回 404 页面。
- get_list_or_404()方法：上面 get_object_or_404()方法的多值列表版本。

4.4.2 render()快捷函数

本小节介绍 render()快捷函数的使用方法，包括语法和实例应用。

render()是结合一个给定的模板和一个给定的上下文字典，返回一个渲染后的 HttpResponse 对象。语法格式：

```
render(request, template_name, context=None, content_type=None, status=None,
using=None)
```

参数解析如下：

- request：必选参数，视图函数正在处理的当前请求，封装了请求头（Header）的所有数据，其实就是视图请求参数。
- template_name：必选参数，视图要使用模板的完整名称或者模板名称的列表。如果是一个列表，将使用其中能够查找到的第一个模板。
- context：可选参数，将要被添加到模板上下文中的字典类型值。默认情况下，这是一个空的字典值。如果字典中的值是可调用的，则视图将在渲染模板之前调用该参数。
- content_type：可选参数，设置结果文档的 MIME 类型值，默认设置为 text/html。具体设置方法为 "DEFAULT_CONTENT_TYPE=需要设置的值"。

- status: 可选参数，响应的状态代码，默认值为 200。
- using: 可选参数，用于加载模板的模板引擎名称。

render()快捷函数的使用方法，请参考下面使用 MIME 类型定义模板的示例。

【代码 4-37】

```
01  from django.shortcuts import render
02
03  def my_view(request):
04      # View code here...
05      return render(
06          request,
07          'app/index.html',
08          {
09              'foo': 'bar',
10          },
11          content_type='application/xhtml+xml'
12      )
```

【代码分析】

- 第 01 行代码中，通过调用 django.shortcuts 模块（快捷函数）导入 render 对象。
- 第 05～11 行代码中，通过调用 render()方法返回一个渲染后的 HttpResponse 对象。
- 第 06 行代码中，定义了视图函数的请求参数（request）。
- 第 07 行代码中，定义了视图模板名称（app/index.html）。
- 第 08～10 行代码中，定义了视图模板上下文中的字典类型值（'foo': 'bar'）。
- 第 11 行代码中，定义了用于结果文档的 MIME 类型值（content_type= 'application/xhtml+xml'）。

其实，上面【代码 4-37】中使用 render()快捷函数所实现的功能，相当于替代了传统方式中使用 HttpResponse 对象的方法。下面通过 HttpResponse 对象来实现相同的功能，具体代码如下：

【代码 4-38】

```
01  from django.http import HttpResponse
02  from django.template import loader
03
04  def my_view(request):
05      # View code here...
06      v_template = loader.get_template('app/index.html')
07      v_content = {'foo': 'bar'}
08      return HttpResponse(
09          v_template.render(v_content, request),
10          content_type='application/xhtml+xml'
```

```
11      )
```

【代码分析】

- 第 06 行代码中，定义了视图模板名称（app/index.html）。
- 第 07 行代码中，定义了视图模板上下文中的字典类型值（'foo': 'bar'）。
- 第 08 ~ 11 行代码中，通过返回 HttpResponse 对象实现了与【代码 4-37】相同的功能。

4.4.3　redirect()快捷函数

本小节介绍 redirect()快捷函数的使用方法，包括语法介绍和实例应用。

redirect()快捷函数将一个 HttpResponseRedirect 对象返回，并通过传递参数到适当 URL 地址上。语法格式如下：

```
redirect(to, *args, permanent=False, **kwargs)
```

参数说明如下：

- 一个模型：通过模型对象的 get_absolute_url()函数进行调用。
- 一个视图名称（可能带有参数）：通过 reverse()方法来进行反向解析的名称。
- 一个目前将要被使用重定向位置的绝对或相对 URL 地址。

注　意
默认情况下（permanent=False），该方法定义一个临时的重定向操作；而当通过定义参数（permanent=True）后，该方法定义一个永久的重定向操作。

关于 redirect()快捷函数的使用方法，请参考下面几个代码示例。

（1）在一些模型对象上调用 get_absolute_url()方法，获得重定向的 URL 地址。

【代码 4-39】

```
01  from django.shortcuts import redirect
02
03  def my_view(request):
04      # call object's get_absolute_url() method
05      obj = MyModel.objects.get_absolute_url(...)
06      return redirect(obj)
```

【代码分析】

- 第 05 行代码中，通过在模型对象（obj）上调用 get_absolute_url()方法，获得重定向的 URL 地址。
- 第 06 行代码中，通过调用 redirect()方法返回重定向地址对象。

（2）通过视图的名称和一些可选的关键字参数，结合 reverse()方法反向解析 URL 重定向地址。

【代码 4-40】

```
01  def my_view(request):
02      # return redirect url by view's name and some arguments
03      return redirect('some-view-name', foo='bar')
```

【代码分析】

● 第 03 行代码中，通过视图名称（some-view-name）和参数（foo = 'bar'），调用 redirect()
方法返回重定向地址对象。

（3）通过硬编码 URL 地址，返回重定向的 URL 地址。

【代码 4-41】

```
01  def my_view(request):
02      # return redirect url by hardcoded
03      return redirect('https://www.redirect-url.com/')
```

【代码分析】

● 第 03 行代码中，通过硬编码绝对 url 地址（https://www.redirect-url.com/），调用 redirect()
方法返回重定向地址对象。

（4）还可以通过硬编码相对 url 地址，返回重定向的 URL 地址。

【代码 4-42】

```
01  def my_view(request):
02      # return redirect url by hardcoded
03      return redirect('/page/content/detail/')
```

【代码分析】

● 第 03 行代码中，通过硬编码相对 url 地址（/page/content/detail/），调用 redirect()方法
返回重定向地址对象。

另外，redirect()方法默认返回一个临时的重定向地址。上面的几个代码示例均是返回一个临时
的重定向地址，如果想返回一个永久的重定向地址，则需要设置参数（permanent=True）。请看下
面的代码示例。

【代码 4-43】

```
01  from django.shortcuts import redirect
02
03  def my_view(request):
04      # call object's get_absolute_url() method
05      obj = MyModel.objects.get_absolute_url(...)
06      return redirect(obj, permanent=True)
```

【代码分析】

● 第 06 行代码中，通过添加定义参数（permanent=True），调用 redirect()方法返回一个永久的重定向地址对象。

4.4.4　get_object_or_404()快捷函数

本小节介绍 get_object_or_404()快捷函数的使用方法，包括语法介绍和实例应用。

get_object_or_404()在一个给定的模型管理对象上调用 get()方法，同时该方法会通过触发 Http404 异常来替代模型的 DoesNotExist 异常。语法格式：

```
get_object_or_404(klass, *args, **kwargs)
```

参数解析如下：

● 参数 klass：通过对象获取的一个模型类、一个管理对象或者一个"QuerySet"对象实例。

● 参数**kwargs：定义查询参数，格式必须是 get()方法和 filter()方法所能接受的。

下面的示例代码演示 get_object_or_404()的用法。

【代码 4-44】

```
01  from django.shortcuts import get_object_or_404
02
03  def my_view(request):
04      # get_object_or_404()
05      obj = get_object_or_404(MyModel, pk=1)
```

【代码分析】

● 第 05 行代码中，通过调用 get_object_or_404()方法，获取了 MyModel 模型中主键（pk=1）的对象。

上面【代码 4-44】的功能，等同于下面的示例代码。

【代码 4-45】

```
01  from django.http import Http404
02
03  def my_view(request):
04      try:
05          obj = MyModel.objects.get(pk=1)
06      except MyModel.DoesNotExist:
07          raise Http404("No MyModel matches the given query.")
```

【代码分析】

● 第 05 行代码中，通过调用 get()方法获取了 MyModel 模型中主键（pk=1）的对象。

● 第 07 行代码中，通过 raise 操作触发了 Http404 异常。

另外，还可以通过 QuerySet 对象实例来调用 get_object_or_404()方法，获取指定的模型对象。请看下面的示例代码。

【代码 4-46】

```
01  queryset = MyModel.objects.filter(title__startswith='M')
02  get_object_or_404(queryset, pk=1)
```

【代码分析】

● 第 01 行代码中，通过在 MyModel 对象上调用 filter()方法，获取了 queryset 查询结果。

● 第 02 行代码中，借助 queryset 对象来调用 get_object_or_404()方法，获取了 MyModel 模型中主键（pk=1）的对象。

上面【代码 4-46】的功能，等同于下面的代码示例。

【代码 4-47】

```
01  get_object_or_404(MyModel, title__startswith='M', pk=1)
```

【代码分析】

● 第 01 行代码中，先定义了 MyModel 对象、title__startswith='M'和 pk=1 参数，再通过调用 get_object_or_404()方法获取了指定的对象。

最后，还可以使用管理对象来调用 get_object_or_404()方法，获取指定的模型对象。请看下面的代码示例。

【代码 4-48】

```
01  get_object_or_404(MyModel, title_startswith='M', pk=1)
```

【代码分析】

● 第 01 行代码中，先定义了 MyModel 对象、title_startswith='M'和 pk=1 这几个参数，再调用 get_object_or_404()方法获取了指定的对象。

此外，还有一种使用关联管理对象来调用 get_object_or_404()方法，获取指定的模型对象。请看下面的代码示例。

【代码 4-49】

```
01  author = Author.objects.get(name='King Martin')
02  get_object_or_404(author.book_set, title='Dream-is-dream')
```

【代码分析】

- 第 01 行代码中，先通过 Author 对象的 get()方法获取了 name='King Martin'的对象（author）。
- 第 02 行代码中，先定义了 author.book_set 和 title='Dream-is-dream'参数，再调用 get_object_or_404()方法获取了指定的对象。

4.4.5　get_list_or_404()快捷函数

本小节介绍 get_list_or_404()快捷函数的使用方法，包括语法介绍和实例应用。

get_list_or_404()获取在一个给定的模型管理对象上通过调用 filter()方法返回的结果，当列表为空时会通过触发 Http404 异常。语法格式：

```
get_list_or_404(klass, *args, **kwargs)
```

参数解析如下：

- 参数 klass: 通过列表获取的一个模型类、一个管理对象或者一个 QuerySet 对象实例。
- 参数**kwargs: 定义查询参数，格式必须是 get()方法和 filter()方法所能接受的。

下面的代码示例演示 get_list_or_404()的用法。

【代码 4-50】

```
01  from django.shortcuts import get_list_or_404
02
03  def my_view(request):
04      # get_list_or_404()
05      objs = get_list_or_404(MyModel, published=True)
```

【代码分析】

- 第 05 行代码中，通过调用 get_list_or_404()方法，获取了 MyModel 模型中（published=True）的对象列表。

上面【代码 4-50】的功能，等同于下面的代码示例。

【代码 4-51】

```
01  from django.http import Http404
02
03  def my_view(request):
04      objs = list(MyModel.objects.filter(published=True))
05      if not objs:
06          raise Http404("No MyModel matches the given query.")
```

【代码分析】

● 第 04 行代码中，通过调用 filter()方法获取了 MyModel 模型中（published=True）的全部对象，并通过 list()方法返回了对象列表（objs）。

● 第 05～06 行代码中，通过 raise 操作触发了 Http404 异常。

4.5   视图装饰器

本节将介绍 Django 框架视图层中的装饰器，视图装饰器用来对视图函数进行控制操作，实现了对各种 HTTP 特性的支持。

4.5.1   允许 HTTP 方法

在 Django 框架中，装饰器位于 django.views.decorators.http 模块，被用来限制可以访问该视图的 HTTP 请求方法。如果请求的 HTTP 方法不是指定的方法之一，则返回 django.http.HttpResponseNotAllowed 响应。

● 装饰器语法：require_http_methods(request_method_list)。

● 功能描述：获取该视图仅能接受的独特请求方式。

关于 require_http_methods()装饰器的使用方法，请参考下面的代码示例。

【代码 4-52】

```
01  from django.views.decorators.http import require_http_methods
02
03  # Note that request methods should be in uppercase.
04  @require_http_methods(["GET", "POST"])
05  def my_view(request):
06      # I can assume now that only GET or POST requests make it this far
07      # ...
08      pass
```

【代码分析】

● 第 01 行代码中，通过调用 django.views.decorators.http 模块（装饰器）导入了 require_http_methods 对象。

● 第 04 行代码中，通过注入字符 "@" 拼接 require_http_methods 对象的操作，定义了请求方式参数（["GET", "POST"]）。需要注意，请求方式参数必须为大写字母。

● 第 05～08 行代码中，定义了一个视图方法（my_view()）。由于第 04 行代码中注入语法的定义，只有 GET 请求方式和 POST 请求方式可以访问该视图方法（my_view()）。

此外，在 django.views.decorators.http 模块中，还定义了几个装饰器 require_http_methods()方法的简化版本，具体说明如下：

- require_GET()方法：是 require_http_methods()的简化版本，功能上只允许 GET 请求方式的访问。在 django.views.decorators.http 模块中定义。
- require_POST()方法：是 require_http_methods()的简化版本，功能上只允许 POST 请求方式的访问。在 django.views.decorators.http 模块中定义。
- require_safe()方法：只允许安全的请求类型，也就是 GET 请求方式和 HEAD 请求方式的访问。在 django.views.decorators.http 模块中定义。

4.5.2　gzip_page()方法

在浏览器支持的情况下，gzip_page()装饰器方法用于对视图的响应内容进行 gzip 视图压缩，该方法在 django.views.decorators.gzip 模块中定义。

- 装饰器语法：gzip_page()，该方法依据不同的响应头（header）进行设置缓存，来保证基于在 Accept-Encoding 响应头（header）上的存储。

4.5.3　其他装饰器

Vary headers 装饰器用于控制基于特定请求头（header）上的缓存，该方法在 django.views.decorators.vary 模块中定义。具体包括以下两个方法：

- 装饰器语法：vary_on_cookie(func)。
- 装饰器语法：vary_on_headers(*headers)。

Caching 装饰器用于控制服务器端和客户端上的缓存，该方法在 django.views.decorators.cache 模块中定义。具体包括以下两个方法：

- 装饰器语法：cache_control(**kwargs)，该方法通过添加关键字参数来弥补 HTTP 响应的 Cache-Control 请求头（header）。
- 装饰器语法：never_cache(view_func)，该方法通过为 Cache-Control 请求头（header）添加一组参数（max-age=0, no-cache, no-store, must-revalidate, private），来表明视图页面永远不会被缓存。

Conditional view processing 装饰器用于控制特定视图函数的缓存行为，该方法在 django.views.decorators.cache 模块中定义。具体包括以下三个方法：

- 装饰器语法：condition(etag_func=None, last_modified_func=None)。
- 装饰器语法：etag(etag_func)。
- 装饰器语法：last_modified(last_modified_func)。

4.6　内置视图

本节将介绍 Django 框架视图层中的内置视图，包括 serve 视图文件和错误视图等方面的内容。

内置视图是基于 Django 框架进行视图层开发的基础。

4.6.1　serve 视图文件

在 Django 项目的开发阶段，有时可能会需要项目自身静态资源之外一些文件，为了方便本地开发，就要用到这个 serve 视图文件的功能了。这个 serve 视图文件的优势，就是其支持在服务器端的任何目录中使用文件。注意，serve 视图文件仅是用在开发阶段的辅助工具，不能用于实际的生产环境中。因为在项目实际发布阶段，应该使用真正的前端 Web 服务器发布视图文件。

serve 视图文件的语法如下：

```
static.serve(request, path, document_root, show_indexes=False)
```

参数说明：

- request：HTTP 请求。
- path：路径。
- document_root：Web 项目的根目录（绝对路径）。
- show_indexes=False：显示索引设置。

在 Django 框架中，django.contrib.staticfiles 模块适用于静态资源上传文件，而不适用于服务器内置处理文件上传操作。这时，可以通过 serve 视图文件在 URLconf 模块中配置 MEDIA_ROOT 参数，就可以解决上述问题。

下面是 serve 视图文件的使用方法，通过在 URLconf 模块配置 MEDIA_ROOT 参数，实现服务器内置资源上传功能。

【代码 4-53】

```
01  from django.conf import settings
02  from django.urls import re_path
03  from django.views.static import serve
04
05  # ... the rest of your URLconf goes here ...
06
07  if settings.DEBUG:
08      urlpatterns += [
09          re_path(
10              r'^media/(?P<path>.*)$',
11              serve,
12              {
13                  'document_root': settings.MEDIA_ROOT,
14              }
15          ),
16      ]
```

【代码分析】

- 第 01 行代码中，通过调用 django.conf 模块导入了 settings 对象。
- 第 02 行代码中，通过调用 django.urls 模块导入了 re_path 对象。
- 第 03 行代码中，通过调用 django.views.static 模块导入了 serve 对象。
- 第 07 行代码中，通过判断 settings 对象的 DEBUG 参数，查看当前项目是否处于开发调试阶段。
- 第 08～16 行代码中，通过调用 re_path()方法补充定义了 urlpatterns 对象参数的内容。
- 第 10 行代码，假定了 MEDIA_URL 参数值（'/media/'）。
- 第 11 行代码，调用了 serve()视图。
- 第 12～14 行代码，通过调用 settings 对象中的 MEDIA_ROOT 参数（settings.MEDIA_ROOT），定义了项目路径（document_root）。

4.6.2　404 错误视图

Django 框架为开发人员内置了一组用户自定义错误视图，其中最常用的就是 404 错误视图。所谓 HTTP 404 错误，就是页面未发现（page not found）错误，是一种最常见的 HTTP 请求错误。404 错误视图的语法：

```
defaults.page_not_found(request, exception, template_name='404.html')
```

参数说明：

- request：HTTP 请求。
- exception：HTTP 异常。
- template_name：HTML 模板路径设置（开发人员可以进行自定义）。

在 Django 框架中，在视图中通过 raise 操作触发 Http404 错误时，框架后台会加载一个特定的视图来处理 HTTP 404 错误。默认地，该特定的视图为 django.views.defaults 模块中的 page_not_found()视图。该 page_not_found()视图同时产生一个"Not Found"消息，并加载 404.html 模板页面（前提是已经在项目的根模板目录中配置了该页面）。

默认的 404 错误视图将传递两个变量给模板，第 1 个参数（request_path）通过 URL 地址导致的错误，第 2 个参数（exception）通过异常触发错误视图（例如：包含任意信息传递给一个特定的 Http404 实例）。

关于 404 错误视图还有以下三点说明：

- 当 Django 框架通过 URLconf 模块定义的正则表达式查询后，如果没有找到一个匹配的视图，会自动调用 404 错误视图。
- 404 错误视图被用来传递一个 RequestContext 对象和利用模板上下文提供的变量（例如：MEDIA_URL）。
- 当 DEBUG 参数被设置为 True 时，404 错误视图将永远不会被使用；同时，404 错误视图将被 URLconf 模块替代，显示一些相关的调试信息。

4.6.3 500 错误视图

除了 HTTP 404 错误视图，还有就是 500 错误视图。所谓 HTTP 500 错误，就是服务器错误（server error），也是一种常见的 HTTP 请求错误。500 错误视图的语法：

```
defaults.server_error(request, template_name='500.html')
```

参数说明：

- request：HTTP 请求。
- template_name：HTML 模板路径设置（开发人员可以进行自定义）。

同样地，Django 框架会在执行视图代码中遇到运行时错误（runtime errors）时，去执行特定情况行为。如果一个视图在一个异常中，Django 框架默认会调用 django.views.defaults 模块中的 server_error()视图，该视图会产生一个"Server Error"消息，并加载 500.html 模板页面（前提是在项目中配置了根模板路径目录）。

默认的 500 错误视图不会将任何参数传递到 500.html 模板，并会使用空的 Context 上下文参数以减少出现其他错误的可能性。

提 示
当 DEBUG 参数被设置为 True 时，错误 500 视图将永远不会被使用，而会被替换为显示一些回溯的相关调试信息。

4.6.4 403 错误视图

Django 框架的内置视图中，还定义了一个 HTTP 403 错误视图。所谓 HTTP 403 错误，就是服务器禁止（HTTP Forbidden），也是一种常见的 HTTP 请求错误。403 错误视图的语法：

```
defaults.permission_denied(request, exception, template_name='403.html')
```

参数说明：

- request：HTTP 请求。
- exception：HTTP 异常。
- template_name：HTML 模板路径设置（开发人员可以进行自定义）。

同样地，Django 框架会在执行视图代码中遇到运行时错误（runtime errors）时，会执行特定操作。如果一个视图出现异常，Django 框架默认会调用 django.views.defaults 模块中的 server_error()视图，该视图会产生一个"Server Error"消息，并加载 500.html 模板页面（前提是在项目中配置了根模板路径目录）。

另外，403 错误视图与 404 错误视图和 500 错误视图一样，Django 框架内置了该错误视图，以处理 HTTP 403 服务器禁止错误。假如有一个视图导致了一个 403 异常错误，Django 框架将会调用默认的 permission_denied()服务器拒绝访问视图，该视图位于 django.views.defaults 模块中。这个服务器拒绝访问视图会加载并渲染项目根模板目录中 403.html 模板页面，如果该模板页面文件不存在，则会显示类似"403 Forbidden"的文本。

上述的 django.views.defaults.permission_denied 视图由 PermissionDenied 异常触发。如果打算在一个视图中去拒绝访问，可以使用类似如下的代码示例。

【代码 4-54】

```
01  from django.core.exceptions import PermissionDenied
02
03  def edit(request, pk):
04      if not request.user.is_staff:
05          raise PermissionDenied
06      # ...
```

【代码分析】

- 第 01 行代码中，通过调用 django.core.exceptions 模块导入 PermissionDenied 对象。
- 第 04 ~ 05 行代码中，通过 if 条件语句判断 request 对象中的 user.is_staff 是否存在，如果不存在，则通过 raise 操作触发 PermissionDenied 异常。

4.6.5　400 错误视图

与 HTTP 404 错误视图类似，还有一个就是 400 错误视图。所谓 HTTP 400 错误，就是请求无效（bad request），也是一种常见的 HTTP 请求错误。400 错误视图的语法：

```
defaults.bad_request(request, exception, template_name='400.html')
```

参数说明：

- request：HTTP 请求。
- exception：HTTP 异常。
- template_name：HTML 模板路径设置（开发人员可以进行自定义）。

在 Django 框架中，当通过 raise 操作触发一个 SuspiciousOperation 异常时，将可能会被 Django 框架的一个相关组件处理（如：重置会话数据）。而如果这个异常没有被组件处理，Django 框架会考虑把当前请求定义为一个无效请求（bad request），来替代服务器错误异常。

在 Django 框架中，django.views.defaults.bad_request 视图类似于前面介绍的 django.views.defaults.server_error()视图。如果返回 HTTP 400 错误状态码，则表明错误是由客户请求引起的。默认情况下，在触发异常视图时，与之无关的信息不会传递给模板上下文，因为异常消息可能包含诸如文件系统路径的敏感内容。

说　明
bad_request 视图只有在 DEBUG 参数设置为 False 时，才能够被 Django 框架所使用。

4.7 请求与响应对象

本节将介绍 Django 框架视图层中的请求（request）对象与响应（response）对象，Django 框架通过请求（request）对象与响应（response）对象来实现 HTTP 状态信息的传递。请求与响应对象是 Django 框架中视图功能的核心部分。

4.7.1 HTTP 信息传递的根本

Django 框架使用请求（request）对象与响应（response）对象来完成 HTTP 状态信息传递操作。其中，请求（request）对象通过 HttpRequest 类来定义，响应（response）对象通过 HttpResponse 类来定义。

当服务器的一个视图页面被请求时，Django 框架会创建一个包含了元数据信息的 HttpRequest 对象。然后，Django 框架在加载适当的视图函数时，会将 HttpRequest 对象作为该视图函数的第一个参数（request）进行传递。相应地，每一个视图负责返回一个 HttpResponse 对象作为响应。

另外，HttpRequest 类和 HttpResponse 类均在 django.http 模块中定义。

4.7.2 请求对象

在 Django 框架中，HttpRequest 对象由 HttpRequest 类来定义。对于 HttpRequest 对象而言，其中包含了非常丰富、非常重要的信息和数据，是组成 HTTP 数据包的核心部件之一。

每当一个客户端请求发送过来，Django 框架负责将 HTTP 数据包中的相关内容打包成为一个 HttpRequest 对象，并传递给相关视图函数作为第一位置参数（request）以供调用。

HttpRequest 类的大部分属性均是只读（readonly）的，除非特别注明的属性。这里介绍几个常用的属性：

- HttpRequest.scheme: 字符串类型，表示请求的协议种类，通常为 "http" 或 "https"。
- HttpRequest.body: Bytes 类型，表示原始 HTTP 请求的正文。该属性对于处理非 HTML 形式的数据（例如：二进制图像、XML 等）非常有用。注意，如果要处理常规的表单数据，应该使用下面将要介绍的 HttpRequest.POST。
- HttpRequest.path: 字符串类型，表示当前请求页面的完整路径，但是不包括协议名和域名（例如："/article/authors/python/"）。该属性非常有用，常用于进行某项操作时，如果执行不通过，则返回用户先前浏览的页面。
- HttpRequest.path_info: 在某些 Web 服务器的配置中，主机名后的 url 部分会被分成脚本前缀和路径信息这两个部分。path_info 属性的作用是，不论使用的 Web 服务器是什么，该属性将始终包含路径信息。因此，使用该属性代替 path，可以保证代码在测试和开发环境中更容易地进行切换。举例来讲，如果 Web 服务器配置中的 WSGIScriptAlias 参数设置为 "/mydb"，当 HttpRequest.path 为 "/article/authors/python/" 时，HttpRequest.path_info 则为 "/mydb/article/authors/python/"。
- HttpRequest.method: 字符串类型，表示请求使用的 HTTP 方法，默认为大写。使用方法请见下面的代码示例。

【代码 4-55】

```
01  if request.method == 'GET':
02      do_something()
03  elif request.method == 'POST':
04      do_something_else()
```

- HttpRequest.encoding: 字符串类型，表示提交数据的编码方式（如果为 None，则表示使用 DEFAULT_CHARSET 设置）。
- HttpRequest.user: 该属性来自 AuthenticationMiddleware 中间件：表示当前登录用户的 AUTH_USER_MODEL 实例，该模型是 Django 框架内置的 Auth 模块下的 User 模型。如果用户当前未登录，则 user 将被设置为 AnonymousUser 对象的实例。在实际应用中，可以通过 is_authenticated 方法判断当前用户是否为合法用户，具体代码如下：

【代码 4-56】

```
01  if request.user.is_authenticated:
02      ... # Do something for logged-in users.
03  else:
04      ... # Do something for anonymous users.
```

- HttpRequest.get_host()方法: 该方法返回根据 HTTP_X_FORWARDED_HOST（前提为被允许）和 HTTP_HOST 头部信息获取请求的原始主机。如果这两个头部信息没有提供相应的值，则使用 SERVER_NAME 和 SERVER_PORT 头部信息。举例来讲，当主机位于多个代理的后面，get_host()方法将会失败。而解决办法之一就是使用中间件重写代理的头部，具体代码如下：

【代码 4-57】

```
01  class MultipleProxyMiddleware:
02      FORWARDED_FOR_FIELDS = [
03          'HTTP_X_FORWARDED_FOR',
04          'HTTP_X_FORWARDED_HOST',
05          'HTTP_X_FORWARDED_SERVER',
06      ]
07
08      def __init__(self, get_response):
09          self.get_response = get_response
10
11      def __call__(self, request):
12          """
13          Rewrites the proxy headers so that only the most
14          recent proxy is used.
15          """
16          for field in self.FORWARDED_FOR_FIELDS:
17              if field in request.META:
18                  if ',' in request.META[field]:
```

```
19                      parts = request.META[field].split(',')
20                      request.META[field] = parts[-1].strip()
21          return self.get_response(request)
```

● HttpRequest.__iter__()方法：可以将 HttpRequest 实例直接传递给 XML 解析器。解析 ElementTree（元素树）的代码示例如下：

【代码 4-58】

```
01  import xml.etree.ElementTree as ET
02  for element in ET.iterparse(request):
03      process(element)
```

4.7.3 查询字典对象

在 Django 框架中，一个 HttpRequest 对象中的 GET 属性和 POST 属性均是 django.http.QueryDict 模块的对象实例，这个 QueryDict 就被称为查询字典对象。

QueryDict 是一个类似字典样式的类，被用来处理一种复式"键值"（一键对应多值）数据。查询字典（QueryDict）对象对于一些 HTML 元素（例如：复选<select>标签）来说非常必要，因为其可能需要为同一个键传递多个键值。

对于 request.POST 和 request.GET 中的 QueryDict 对象，当位于"请求/响应（request/response）"周期中时是不可变的。如果想获得一个可变的 QueryDict 对象版本，开发人员需要使用 QueryDict.copy()方法获取其拷贝副本，然后去直接修改该副本即可。

另外补充一点，QueryDict 与 QuerySet 看起来是类似的两个类，实则二者区别很大。QueryDict 类是对 HTTP 请求数据包中携带的数据的封装，QuerySet 则是对从数据库中查询出来的数据进行的封装。

关于如何初始化 QueryDict 对象，请看下面的示例代码。

【代码 4-59】

```
>>>QueryDict('a=1&a=2&c=3')
<QueryDict: {'a': ['1', '2'], 'c': ['3']}>
```

这段代码表明，QueryDict 对象的键值是可以重复的。

4.7.4 响应对象

在 Django 框架中，HttpResponse 对象由 HttpResponse 类来定义，其中 HttpResponse 类同样定义在 django.http 模块中。

HttpRequest 对象是浏览器发送过来的请求数据的封装，HttpResponse 对象则是将要返回给浏览器数据的封装。HttpRequest 对象由 Django 自动解析 HTTP 数据包而创建，而 HttpResponse 对象则由程序员手动创建。

一般地，由开发人员负责编写的每个视图都要实例化，填充和返回一个 HttpResponse 对象。

使用 HttpResponse 类最典型的方式是：将一个 string、bytes 或者 memoryview（Python3.8+版本

新增的一种数据类型）类型的值作为页面的内容，传递给 HttpResponse 类的构造函数。请看下面的示例代码。

【代码 4-60】

```
>>> from django.http import HttpResponse
>>> response = HttpResponse("Here's the text of the Web page.")
>>> response = HttpResponse("Text only, please.", content_type="text/plain")
>>> response = HttpResponse(b'Bytestrings are also accepted.')
>>> response = HttpResponse(memoryview(b'Memoryview as well.'))
```

另外，还可以将 response 看作一个类文件对象，使用 write() 方法不断地往里面增加内容。请看下面的示例代码。

【代码 4-61】

```
>>> response = HttpResponse()
>>> response.write("<p>Here's the text of the Web page.</p>")
>>> response.write("<p>Here's another paragraph.</p>")
```

4.7.5 JsonResponse 对象

在 Django 框架中，还定义了一个 HttpResponse 类的子类——JsonResponse 类，它是用于创建 JSON 编码类型响应的快捷类。

JsonResponse 类的定义如下：

```
class JsonResponse(
data,
encoder=DjangoJSONEncoder,
safe=True,
json_dumps_params=None,
**kwargs
)
```

该类从父类 HttpResponse 中继承大部分行为，并增加了一部分功能，具体说明如下：

- Content-Type 头部：默认设置为 "application/json"。
- data 参数：应该为一个字典数据类型。如果后面的 safe 参数设置为 False，该参数可以为任意 JSON-serializable（序列化）对象。
- encoder 参数：默认设置为 django.core.serializers.json.DjangoJSONEncoder，用于序列化数据。
- safe 参数：只有将 safe 参数设置为 False，才可以将任何可 JSON 序列化的对象作为 data 参数的值。如果将 safe 参数设置为 True，同时将一个非字典型对象传递给第一个 data 参数，将会触发一个 TypeError 错误。
- json_dumps_params 参数：通过将一个字典类型关键字参数传递给 json.dumps() 方法，

来生成一个响应。

关于 JsonResponse 类的典型使用方法，请参看下面的代码示例。

```
>>> from django.http import JsonResponse
>>> response = JsonResponse({'foo': 'bar'})
>>> response.content
b'{"foo": "bar"}'
```

如果要序列化非 dict 对象，必须设置 safe 参数为 False，请参看下面的代码示例。

```
>>> response = JsonResponse([1, 2, 3], safe=False)
```

如果不传递 safe=False，将抛出一个 TypeError。

如果需要使用不同的 JSON 编码器类，可以传递 encoder 参数给构造函数，请参看下面的代码示例。

```
>>> response = JsonResponse(data, encoder=MyJSONEncoder)
```

4.7.6　StreamingHttpResponse 对象

在 Django 框架中，StreamingHttpResponse 类用来从 Django 响应一个流式对象到浏览器。如果生成的响应太长或者是占用的内存较大，这么做更有效率。它的一个典型的使用场景，就是生成大型的 CSV 文件。

StreamingHttpResponse 类不是 HttpResponse 的子类，而是一个兄弟类。但是，除了几个明显不同的地方，两者几乎完全相同。具体说明如下：

- StreamingHttpResponse 类接收一个迭代器作为参数。这个迭代器返回 bytes 类型的字符内容。
- StreamingHttpResponse 类的内容是一个整体的对象，不能直接访问修改。
- StreamingHttpResponse 类新增一个 streaming_content 属性。
- 开发人员不能在 StreamingHttpResponse 类上使用类似文件操作的 tell() 和 write() 方法。

由于 StreamingHttpResponse 类的内容无法访问，因此许多中间件无法正常工作。例如，不能为流式响应生成 ETag 和 Content-Length 头。

StreamingHttpResponse 对象具有下面的属性：

- streaming_content 属性：表示一个包含响应内容的迭代器，通过 HttpResponse.charset 编码为 bytes 类型。
- status_code 属性：响应的状态码。
- reason_phrase 属性：响应的原语。
- streaming 属性：总是设置为 True。

4.7.7　FileResponse 对象

在 Django 框架中，FileResponse 类定义为文件类型响应，通常用于给浏览器返回一个文件附件。FileResponse 类是 StreamingHttpResponse 的子类，为二进制文件专门做了优化。

FileResponse 类的定义如下：

```
class FileResponse(open_file, as_attachment=False, filename='', **kwargs)
```

对于 FileResponse 类而言，如果提供了 WSGI 服务器，则使用 wsgi.file_wrapper，否则会将文件以分成小块的方式进行。具体说明如下：

如果设置 as_attachment=True，则 Content-Disposition 被设置为 attachment，通知浏览器这是一个以文件形式下载的附件。否则 Content-Disposition 会被设置为"inline"（浏览器默认行为）。

如果 open_file 参数传递的类文件对象没有名字，或者名字不合适，那么可以通过 filename 参数为文件对象指定一个合适的名字。

FileResponse 对象接受任意以二进制格式定义的文件形式的对象，例如：下面这样以二进制方式打开文件的操作。

```
>>> from django.http import FileResponse
>>> response = FileResponse(open('myfile.png', 'rb'))
```

在上面的代码中，文件会被自动关闭，所以不需要在上下文管理器中打开。

4.8　模板响应对象

本节将介绍 Django 框架视图层中的模板响应对象，具体包括 TemplateResponse 对象与 SimpleTemplateResponse 对象。模板响应对象是 Django 框架中视图功能的核心部分。

4.8.1　HttpResponse 对象

在 Django 框架中，标准 HttpResponse 对象是一个静态结构，它由一大块预提交内容所构成。同时，HttpResponse 对象的内容虽然可以被修改，但是它的组成形式又不是很容易被修改。

不过在有些情况下，HttpResponse 对象会在视图构建之后，允许视图装饰器或视图中间件修改响应的内容。例如，打算修改使用的模板，或将其他数据放入上下文中。

Django 框架的 TemplateResponse 类提供了一种做到这一点的方法。TemplateResponse 对象与基本的 HttpResponse 对象不同，TemplateResponse 对象保留由视图提供的模板和上下文的详细信息，主要用以计算响应。在后期的响应过程中，响应的内容直到需要时才会被输出。

4.8.2　SimpleTemplateResponse 对象

在 Django 框架中，SimpleTemplateResponse 类用于定义简单模板响应对象。该类包含一组属性和方法，具体说明如下：

- SimpleTemplateResponse.template_name 属性：该属性表示将要被 SimpleTemplateResponse 对象渲染的模板名称。该属性接受一个后端依赖的模板对象（如 get_template()方法的返回值），该对象为一个模板类型名称或一组模板名称的列表。例如：['foo.html', 'path/to/bar.html']
- SimpleTemplateResponse.context_data 属性：该属性表示上下文数据，当渲染到模板时被使用。注意，该属性必须是字典类型。例如：{'foo': 123}
- SimpleTemplateResponse.rendered_content 属性：该属性表示使用当前模板和上下文数据（context_data）得到的当前响应内容的渲染值。
- SimpleTemplateResponse.is_rendered 属性：该属性为一个布尔类型的标记，用于判断响应内容是否已经被渲染。
- SimpleTemplateResponse.__init__(template,context=None,content_type=None,status=None,charset=None,using=None)方法：该方法表示实例化一个 SimpleTemplateResponse 对象，通过给定的模板、上下文、内容类型、HTTP 状态和字符集来实现。
- SimpleTemplateResponse.resolve_context(context)方法：该方法表示预处理将要被用于渲染模板的上下文数据。
- SimpleTemplateResponse.add_post_render_callback()方法：该方法添加一个回调函数，会在渲染操作发生时被调用。如果确定渲染操作已经发生了之后，该方法能被用于推迟某些操作过程（例如：缓存操作）。如果 SimpleTemplateResponse 已经被渲染，则回调函数会立即被调用。如果该方法被调用，则会传递一个 SimpleTemplateResponse 实例作为参数。如果该方法返回一个值（一定不能为 None），则该返回值将会替代原始的响应对象（同时该对象会被传递给下一个回调函数）。
- SimpleTemplateResponse.render()方法：该方法通过 SimpleTemplateResponse 类的 rendered_content 属性来设置 response.content 对象，运行所有渲染后的回调函数，然后返回响应对象的结果。注意，该方法只会在第一次调用时起作用。在随后的调用中，该方法将返回从第一次调用所获得的结果。

4.8.3 TemplateResponse 对象

在 Django 框架中，TemplateResponse 类被定义为 SimpleTemplateResponse 类的子类，用于获取当前的 HttpRequest 对象。该类仅有一个初始化方法：

```
TemplateResponse.__init__(request,template,context=None,content_type=None,status=None,charset=None,using=None)
```

该方法表示实例化一个 TemplateResponse 对象，通过给定的模板、上下文、内容类型、HTTP 状态和字符集来实现。

下面介绍如何使用 TemplateResponse 对象实现渲染操作。

在一个 TemplateResponse 实例返回给客户端之前，该实例必须先被渲染。渲染过程使用模板和上下文来表示，并最终转换为能为客户端服务的字节流。

在下面三种情况下，TemplateResponse 对象将会被渲染：

- 使用 SimpleTemplateResponse.render()方法显式地渲染 TemplateResponse 实例。
- 响应内容通过分配 response.content 属性显式地渲染 TemplateResponse 实例。
- 在通过模板响应中间件之后(但在通过响应中间件之前)渲染 TemplateResponse 实例。

TemplateResponse 实例只能被渲染一次，在第一次调用 SimpleTemplateResponse.render()方法设置响应内容时，随后的渲染调用将不会修改响应内容。但是，当显式地分配 response.content 属性时，该修改将始终被应用。如果要强制重新渲染内容，可以重新评估渲染的内容，然后手动配置响应的内容。请看下面的示例代码。

```
# Set up a rendered TemplateResponse
>>> from django.template.response import TemplateResponse
>>> t = TemplateResponse(request, 'original.html', {})
>>> t.render()
>>> print(t.content)
Original content

# Re-rendering doesn't change content
>>> t.template_name = 'new.html'
>>> t.render()
>>> print(t.content)
Original content

# Assigning content does change, no render() call required
>>> t.content = t.rendered_content
>>> print(t.content)
New content
```

对于渲染后的回调操作，一些类似缓存的回调操作是无法在未渲染的模板上执行的，这些操作必须在完整的渲染响应中执行。而如果使用的是中间件，则可以在未渲染的模板上执行一些类似缓存的回调操作。

中间件为处理视图退出时的响应提供了多种方式。如果设计时将行为放在响应中间件中，则可以确保在模板渲染已经完成后执行。然而，如果实际使用的是装饰器，则不会存在相同的方式。因为，在装饰器中定义的任何行为都将立即进行处理。

为了能够弥补上述问题（包括任何其他类似的用例），TemplateResponse 类允许在渲染完成时注册将被调用的回调函数。使用这个回调函数，可以将关键处理推迟到可以保证渲染的内容可用的时候。

如果要定义渲染后的回调函数，可以定义一个带有单个响应参数（response）的函数，并使用模板响应注册该函数，请看下面的代码示例。

【代码 4-62】

```
01  from django.template.response import TemplateResponse
02
03  def my_render_callback(response):
04      # Do content-sensitive processing
```

```
05      do_post_processing()
06
07  def my_view(request):
08      # Create a response
09      response = TemplateResponse(request, 'mytemplate.html', {})
10      # Register the callback
11      response.add_post_render_callback(my_render_callback)
12      # Return the response
13      return response
```

【代码分析】

● 在上面的代码中，my_render_callback()方法将在渲染模板（mytemplate.html）之后被调用，并将提供完整渲染的 TemplateResponse 实例作为参数。如果模板已经渲染，则回调函数将立即被调用。

4.8.4 使用 SimpleTemplateResponse 和 TemplateResponse

在 Django 框架中，TemplateResponse 对象可以在允许使用普通 django.http.HttpResponse 模块的任何地方使用。另外，TemplateResponse 也可以用作调用 render()的替代方法。

例如，下面代码示例中的视图返回一个 TemplateResponse 对象实例，其中包含一个模板和一个包含 queryset 的上下文。

【代码 4-63】

```
01  from django.template.response import TemplateResponse
02
03  def blog_index(request):
04      return TemplateResponse(
05          request,
06          'entry_list.html',
07          {
08              'entries': Entry.objects.all()
09          }
10      )
```

4.9 实现文件上传

本节将介绍 Django 框架视图层中的文件上传，具体包括简单文件上传、文件对象、存储 API 与管理文件等内容。

（1）在 Django 框架视图中，处理文件上传时的文件最终会位于 ":attr:request.FILES<django.http. HttpRequest.FILES>"。这里考虑使用一个简单的表单，表单中包含一个 ":class:`~django.forms.FileField`" 字段，具体代码如下：

【代码 4-64】（ViewDjango\FileUploadView\forms.py 文件）

```
01  from django import forms
02
03  class UploadFileForm(forms.Form):
04      title = forms.CharField(max_length=64)
05      file = forms.FileField()
```

【代码分析】

- 第 01 行代码中，通过 import 导入表单（forms）模块。
- 第 03~05 行代码中，定义了一个简单的文件上传类。
- 第 04 行代码中，定义了一个 CharField 字段。
- 第 05 行代码中，定义了一个 FileField 文件上传字段。

处理上面表单的视图将在 request.FILES 中收到文件数据，可以用 request.FILES['file']来获取上传文件的具体数据，其中的键值 file 是根据 file = forms.FileField()的变量名而来的。

注　意

request.FILES 只 有 在 请 求 方 法 为 POST，并 且 提 交 请 求 的 表 单 <form> 具 有 enctype="multipart/form-data"属性时才有效。否则，request.FILES 将为空。

（2）在大多数的情况下，只需要简单地将文件数据从 request 对象中传入给表单就可以了。下面是接受上传文件的视图代码示例：

【代码 4-65】（ViewDjango\FileUploadView\views.py 文件）

```
01  def upload_file(request):
02      if request.method == 'POST':
03          form = UploadFileForm(request.POST, request.FILES)
04          if form.is_valid():
05              handle_uploaded_file(request.FILES['file'])
06              return HttpResponseRedirect('#')
07      else:
08          form = UploadFileForm()
09      return render(request, 'upload.html', {'form': form})
10
11  def handle_uploaded_file(f):
12      with open('name.txt', 'wb+') as destination:
13          for chunk in f.chunks():
14              destination.write(chunk)
```

【代码分析】

- 第 05 行代码中，必须将 request.FILES 传入到表单的构造方法中，只有这样，文件数据才能绑定到表单中。
- 第 13 行代码中，使用 UploadedFile.chunks()方法而不是 File 类的 read()方法，是为了

确保在大文件的情况下也不会将系统的内存占满。

（3）最后，就是页面表单模板的代码示例：

【代码 4-66】（ViewDjango\FileUploadView\templates\upload.html 文件）

```
01  <!DOCTYPE html>
02  <html lang="en">
03  <head>
04      <meta charset="UTF-8">
05      <title>Upload File View</title>
06  </head>
07  <body>
08
09  <h3>Upload File Form</h3>
10  <form action="#" method="post">
11      {% csrf_token %}
12      {{ form.as_p }}
13      <input type="submit" value="Submit" /><br>
14  </form>
15
16  </body>
17  </html>
```

（4）在浏览器中输入 FileUploadView 文件上传应用的路由地址“http://localhost:8000/fileupload/upload/”，如图 4.21 所示。

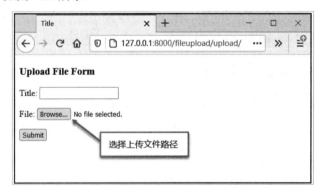

图 4.21　文件上传视图

4.10　本章小结

本章介绍了 Django 框架中的视图层，主要内容包括 URL 路由基础、路由转发、快捷方式、视图函数、异步视图、请求/响应对象、反向解析和命名空间、装饰器和简单文件上传等。本章介绍的 Django 框架视图层的知识点和业务代码，能够帮助读者进一步理解 Django 框架视图的原理与应用。

第 5 章

Django 框架模板

本章将介绍 Django 框架中的模板（模板层），主要内容包括模板基础、模板语法、内建标签、模板 API、自定义标签（tags）和过滤器（filters）等。Django 框架模板层提供了一个设计友好的语法，用于渲染向用户展现的信息。模板是开发基于 Django 框架的 Web 应用程序的重要基础。

通过本章的学习可以掌握以下内容：

- 模板的基础知识
- 模板的语法
- 模板的内建标签
- 模板 API
- 模板的自定义标签
- 模板过滤器

5.1 Django 框架模板基础

本节将介绍 Django 框架模板的基础知识。模板提供了一个设计友好的语法，用于渲染向用户展现的信息，是开发 Web 应用的重要组成部分。Django 框架模板的配置，通常写在根目录下的 settings.py 配置文件中。

Django 作为一个比较流行的 Web 框架，自然需要一种动态生成 HTML 页面的便捷方法（流行 Web 框架所必备功能）。动态生成 HTML 页面最常用的方法就是依赖于模板系统。模板（Template）通常包含有 HTML 所需输出的静态部分，以及通过插入方式所展现的动态内容（依赖于特有的模板语法）。简单来讲，模板就是如何往 HTML 文件中插入动态内容的工具。

基于 Django 框架的 Web 项目可以配置一个、多个或零个（不使用模板的情况）模板引擎，具有很强的灵活性。Django 框架后端内置了一个自己的模板系统，定义了自己的模板语言（语法），这个模板语言称为 DTL（Django Template Language）。另外，Django 框架后端还包含有一个流行

Jinja2 语言，作为 DTL 的替代品。同时，Django 框架后端也可以使用第三方提供的、其他可用的模板语言。

Django 框架定义了一个标准的 API，用于加载和渲染模板，而不用考虑后端的模板系统。加载包括查找给定标识符的模板，并对其进行预处理，通常将其编译的结果保存在内存中。渲染工具将上下文数据插入模板，并返回结果字符串。

DTL 作为 Django 框架原生的模板系统，是一个非常优秀的模板库。一直到 Django 1.8 版本，DTL 都是 Django 框架唯一的内置模板系统。如果没有特别重要理由（必须选择另外一种模板系统），都建议直接使用 DTL。特别是在编写可插拔的应用、并打算发布模板的时候，更是推荐使用 DTL 作为模板系统。在 Django 框架的很多内部组件中，都使用了 DTL 模板系统（比如，最常见的 django.contrib.admin 模块）。

由于历史原因，模板引擎的通用支持、Django 模板语言的实现都位于 django.template 模块的命名空间之中。

5.2 配置模板引擎

本节将介绍 Django 框架中的模板引擎配置，包括添加模板配置支持、使用方法、内置后端和自定义后台等方面的内容。模板引擎是基于 Django 框架进行模板层开发的基础。

5.2.1 添加模板引擎支持

Django 框架的模板引擎设置，可以使用 TEMPLATES 选项进行配置。该 TEMPLATES 选项是一个配置列表，每个模板引擎配置一个。在使用 startproject 命令创建的项目目录中，有一个自动生成的\名称为 settings.py 的设置文件，里面已经为开发人员默认配置好了一个 TEMPLATES 选项。

关于 TEMPLATES 选项的配置代码如下：

【代码 5-1】

```
01  TEMPLATES = [
02      {
03          'BACKEND': 'django.template.backends.django.DjangoTemplates',
04          'DIRS': [],
05          'APP_DIRS': True,
06          'OPTIONS': {
07              # ... some options here ...
08          },
09      },
10  ]
```

【代码分析】

● 第 01 行代码中，通过 TEMPLATES 定义了一个配置列表。

- 第 03 行代码中，BACKEND 配置参数定义了实现模板引擎类的后台路径。内置的模板引擎类后台路径为 django.template.backends.django.DjangoTemplates 和 django.template.backends.jinja2.Jinja。
- 第 04 行代码中，DIRS 配置参数定义了目录列表，引擎应在目录中按搜索顺序查找模板源文件。
- 第 05 行代码中，APP_DIRS 配置参数通知模板引擎是否应在已安装的应用程序内查找模板。每个后端应该为在内部存储其模板的应用程序中的子目录定义一个常规名称。还有一种不常见的情况，可能需要通过不同的选项为同一后端配置多个实例，此时应该为每个引擎定义一个唯一的名称。
- 第 06 行代码中，OPTIONS 配置参数包含了一些后台特殊的配置。

下面通过新建一个 Django 框架模板的项目（TmplSite），查看一下项目默认配置的 TEMPLATES 模板参数情况。

【代码 5-2】

```
01  TEMPLATES = [
02      {
03          'BACKEND': 'django.template.backends.django.DjangoTemplates',
04          'DIRS': [],
05          'APP_DIRS': True,
06          'OPTIONS': {
07              'context_processors': [
08                  'django.template.context_processors.debug',
09                  'django.template.context_processors.request',
10                  'django.contrib.auth.context_processors.auth',
11                  'django.contrib.messages.context_processors.messages',
12              ],
13          },
14      },
15  ]
```

【代码分析】

- 这段代码中 TEMPLATES 模板配置参数与【代码 5-1】基本吻合，区别就是在 OPTIONS 配置中添加了一些额外的参数。

5.2.2　模板引擎用法

在 Django 框架模板引擎的加载模块中，定义了两个函数用来实现模板的加载功能，具体介绍如下。

（1）get_template(template_name, using=None)函数

该函数通过给定的名称实现模板的加载，同时返回一个模板（Template）对象。其返回值的确切类型取决于加载模板的后端，每个后端都有自己的模板（Template）类。

该函数按顺序尝试每个模板引擎，直到成功为止。如果找不到模板，则会引发 TemplateDoesNotExist 异常。如果找到模板却包含了无效语法，则会引发 TemplateSyntaxError 异常错误。

该函数搜索和加载模板的方式，依赖于每个引擎的后端和配置。

如果想将搜索限制在特定的模板引擎中，需要在 using 参数中传递引擎的名称（NAME）。

（2）select_template(template_name_list, using=None)函数

该函数与 get_template()函数基本一样，只不过其需要一个模板名称列表。该函数将会按顺序尝试每个名称，然后返回存在的第一个模板。如果加载模板失败，则可能会引发 django.template 模块中定义的以下两个异常：TemplateDoesNotExist 和 TemplateSyntaxError(msg)。

通过 get_template()函数和 select_template()函数返回的模板对象，必须提供具有以下签名的 render()方法。

```
Template.render(context=None, request=None)
```

该方法使用给定的上下文渲染此模板。如果提供了上下文，则必须是一个字典类型。如果未提供上下文，则引擎将使用空的上下文呈现模板。如果提供了请求，则其必须是一个 HttpRequest 对象。然后，模板引擎必须使其自身以及 CSRF 令牌在模板中可用。至于如何实现这一点，则取决于每个后端。

下面看一个搜索算法的代码示例，注意该代码示例中 TEMPLATES 选项的设置。

【代码 5-3】

```
01  TEMPLATES = [
02     {
03        'BACKEND': 'django.template.backends.django.DjangoTemplates',
04        'DIRS': [
05           '/home/html/example.com',
06           '/home/html/default',
07        ],
08     },
09     {
10        'BACKEND': 'django.template.backends.jinja2.Jinja2',
11        'DIRS': [
12           '/home/html/jinja2',
13        ],
14     },
15  ]
```

【代码分析】

● 如果尝试这样调用 get_template('story_detail.html')方法，则 Django 框架模板引擎将按如下顺序查找的文件：

➢ /home/html/example.com/story_detail.html（'django' engine）

> ➤ /home/html/default/story_detail.html（'django' engine）
> ➤ /home/html/jinja2/story_detail.html（'jinja2' engine）
● 如果尝试这样调用 select_template(['story_123_detail.html', 'story_detail.html'])方法，则 Django 框架模板引擎将按如下顺序查找的文件：
> ➤ /home/html/example.com/story_123_detail.html（'django' engine）
> ➤ /home/html/default/story_123_detail.html（'django' engine）
> ➤ /home/html/jinja2/story_123_detail.html（'jinja2' engine）
> ➤ /home/html/example.com/story_detail.html（'django' engine）
> ➤ /home/html/default/story_detail.html（'django' engine）
> ➤ /home/html/jinja2/story_detail.html（'jinja2' engine）

当 Django 框架发现存在的模板时，将会停止继续往下查找。

在每个包含模板的目录内，在其子目录中组织模板是可能的，或许也是更好的选择。在设计架构时采用的常规做法是，为每个 Django 框架应用创建一个子目录，并根据需要在这些子目录内再创建下一级子目录。这样的做法其实是很明智的，因为将所有的模板存储在一个根目录中维护起来会很麻烦。

下面的代码示例演示加载子目录中的模板（注意请使用斜杠 '/'）。

【代码 5-4】

```
get_template('news/story_detail.html')
```

【代码分析】

● 使用与上述相同的 TEMPLATES 选项，将尝试加载以下模板：
> ➤ /home/html/example.com/news/story_detail.html（'django' engine）
> ➤ /home/html/default/news/story_detail.html（'django' engine）
> ➤ /home/html/jinja2/news/story_detail.html（'jinja2' engine）

另外，为了减少加载和渲染模板时的重复性，Django 框架提供了使该过程自动化的快捷功能，即使用 render_to_string()函数：

```
render_to_string(template_name, context=None, request=None, using=None)
```

关于 render_to_string()函数的使用方法，请看下面的代码示例。

【代码 5-5】

```
01  from django.template.loader import render_to_string
02
03  rendered = render_to_string(
04      'my_template.html',
05      {
06          'foo': 'bar'
07      }
08  )
```

【代码分析】

- 第 03 ~ 08 行代码中，使用了 render_to_string()函数加载了一个模板。
- 第 04 行代码中，定义了模板名称（'my_template.html'）。
- 第 05 ~ 07 行代码中，定义了一个字典类型的上下文参数。

另外，请读者参见 render()快捷方式。在该快捷方式中调用了 render_to_string()函数，并将结果反馈到适合从视图返回的 HttpResponse 对象中。

最后，还可以直接使用已配置的模板引擎，且该引擎在 django.template.engines 模块中可用。具体代码示例如下：

【代码 5-6】

```
01  from django.template import engines
02
03  django_engine = engines['django']
04  template = django_engine.from_string("Hello {{ name }}!")
```

【代码分析】

- 第 03 ~ 04 行代码中，查找了模板引擎的名称（NAME）关键字，其关键字定义为"django"。

5.2.3　内置后端

在 Django 框架中，默认设置了两个模板引擎的内置后端（Built-in backends），分别定义为 DjangoTemplates 和 Jinja2。

1. DjangoTemplates 内置后端

DjangoTemplates 内置后端，通过将 BACKEND 属性定义为 django.template.backends.django. DjangoTemplates，用于配置 Django 模板引擎。

当 APP_DIRS 属性为 True 时，DjangoTemplates 引擎会在已安装的应用程序的 templates 子目录中查找模板。这里请注意，保留 templates 这个通用名称，是为了向后进行兼容。

DjangoTemplates 引擎接受下面的 OPTIONS 参数：

- 'autoescape'参数：一个布尔值，用于控制是否启用 HTML 自动转义。其默认值为 True。
- 'context_processors'参数：一个指向可调用对象的 Python 路径列表，这些模板用于在使用请求展现模板时填充上下文。这些可调用对象以请求对象为参数，并返回要合并到上下文中项的字典。其默认值为一个空的列表。
- 'debug'参数：一个布尔值，用于开启/关闭模板调试模式的布尔值。如果其值为 True，则错误页面将显示有关模板渲染期间引发的任何异常的详细报告。此报告包含模板的相关摘要，并突出显示了相应的行。其默认值为 DEBUG 设置的值。
- 'loaders'参数：一个模板加载器类的 Python 路径列表。每个 Loader 类都知道如何从特定来源导入模板。此参数可选，还可以使用元组代替字符串。元组中的第一项应该是

Loader 类的名称，随后的项将在初始化期间传递给 Loader 类。其默认值取决于 DIRS 和 APP_DIRS 属性的值。

● 'string_if_invalid'参数：一个字符串输出，模板系统应将其以字符串形式使用无效（例如：拼写错误）变量。其默认值为一个空的字符串。

● 'file_charset'参数：用于读取磁盘上的模板文件的字符集。其默认值为 FILE_CHARSET。

● 'libraries'参数：一个字典类型，用于向模板引擎注册的标签和 Python 路径的模板标签模块。该参数能用于添加新库，或为现有库提供备用标签。

● 'builtins'参数：一个用于模板标记模块的 Python 路径列表，可以添加到内置模块中。

2. Jinja2 内置后端

Jinja2 内置后端，通过将 BACKEND 属性定义为 django.template.backends.jinja2.Jinja2，用以配置 Django 模板引擎。

当 APP_DIRS 属性为 True 时，Jinja2 引擎在已安装应用程序的 jinja2 子目录中查找模板。

在 OPTIONS 中最重要的入口是"环境"，这是返回 Jinja2 环境的可调用对象的 Python 路径，其默认值为"jinja2.Environment"。Django 框架调用该可调用对象，并将其他选项作为关键字参数传递。此外，Django 框架在一些选项中添加了如下与 Jinja2 不同的默认值：

● 'autoescape'：True。

● 'loader'：一个为 DIRS 和 APP_DIRS 属性配置的加载程序。

● 'auto_reload'：settings.DEBUG。

● 'undefined'：DebugUndefined if settings.DEBUG else Undefined。

另外，Jinja2 引擎还接受以下选项（OPTIONS）：

● 'context_processors'参数：一个指向可调用对象的 Python 路径列表，这些模板用于在使用请求展现模板时填充上下文。这些可调用对象以请求对象为参数，并返回要合并到上下文中项的字典。其默认值为一个空的列表。

默认配置被有意地保持为最小配置，如果模板是通过请求展现的（例如：使用 render()函数时），则 Jinja2 后端会将全局请求 csrf_input 和 csrf_token 添加到上下文中。除此之外，此后端不会创建 Django 风格的环境，且不了解 Django 过滤器和标签。为了使用特定于 Django 框架的 API，必须将其配置到环境中。

下面的例子代码参见 myproject/jinja2.py 文件。

【代码 5-7】

```
01  from django.contrib.staticfiles.storage import staticfiles_storage
02  from django.urls import reverse
03
04  from jinja2 import Environment
05
06  def environment(**options):
07      env = Environment(**options)
```

```
08        env.globals.update({
09            'static': staticfiles_storage.url,
10            'url': reverse,
11        })
12    return env
```

然后，将"环境"选项设置为 myproject.jinja2.environment，并在 Jinja2 模板中使用以下代码进行构造：

【代码 5-8】

```
01 <img src="{{ static('path/to/company-logo.png') }}" alt="Company Logo">
02 <a href="{{ url('admin:index') }}">Administration</a>
```

在 Django 框架中，标记和过滤器的概念在 Django 模板语言和 Jinja2 中都存在，但是用法不同。由于 Jinja2 支持将参数传递给模板中的可调用对象，因此，只需在 Jinja2 模板中调用一个函数，即可实现许多需要 Django 模板中的模板标签或过滤器的功能（如上例所示）。另外，Django 模板语言没有等效的 Jinja2 测试。

5.2.4　自定义后端

在 Django 框架中，还设置了一种自定义后端（Custom backends）。自定义模板后端用于使用另一个模板系统。一个模板后端是一个类，继承自 django.template.backends.base.BaseEngine 的类，必须实现 get_template()函数方法和可选的 from_string()函数方法。

下面是一个自定义的 foobar 模板库的示例。

【代码 5-9】

```
01 from django.template import TemplateDoesNotExist, TemplateSyntaxError
02 from django.template.backends.base import BaseEngine
03 from django.template.backends.utils import csrf_input_lazy,
csrf_token_lazy
04
05 import foobar
06
07 class FooBar(BaseEngine):
08
09     # Name of the subdirectory containing the templates for this engine
10     # inside an installed application.
11     app_dirname = 'foobar'
12
13     def __init__(self, params):
14         params = params.copy()
15         options = params.pop('OPTIONS').copy()
```

```
16          super().__init__(params)
17
18          self.engine = foobar.Engine(**options)
19
20      def from_string(self, template_code):
21          try:
22              return Template(self.engine.from_string(template_code))
23          except foobar.TemplateCompilationFailed as exc:
24              raise TemplateSyntaxError(exc.args)
25
26      def get_template(self, template_name):
27          try:
28              return Template(self.engine.get_template(template_name))
29          except foobar.TemplateNotFound as exc:
30              raise TemplateDoesNotExist(exc.args, backend=self)
31          except foobar.TemplateCompilationFailed as exc:
32              raise TemplateSyntaxError(exc.args)
33
34  class Template:
35
36      def __init__(self, template):
37          self.template = template
38
39      def render(self, context=None, request=None):
40          if context is None:
41              context = {}
42          if request is not None:
43              context['request'] = request
44              context['csrf_input'] = csrf_input_lazy(request)
45              context['csrf_token'] = csrf_token_lazy(request)
46          return self.template.render(context)
```

5.2.5　自定义模板引擎的集成调试

在 Django 框架中，调试页面上设置有钩子，可在发生模板错误时提供详细信息。自定义模板引擎可以使用这些钩子来增强向用户显示的返回信息。

下面是几个可用的钩子：

- Template postmortem：引发 TemplateDoesNotExist 异常后，便会显示事后检验。其列出了尝试查找给定模板时使用的模板引擎和加载程序。
- Contextual line information：如果在模板解析或渲染期间发生错误，则 Django 框架可以显示发生错误的行。

● Origin API and 3rd-party integration: Django 模板具有可通过 template.origin 属性使用的 Origin 对象。这样，调试信息可以显示在模板中以及第三方库（例如：Django Debug Toolbar）中。

5.3　模板引擎语法

本节将介绍 Django 框架中的模板引擎语法，包括模板、变量、过滤器、标签、注释和模板继承等方面的内容。模板引擎语法是基于 Django 框架进行模板层开发的基础。

5.3.1　模板引擎语法基础

Django 框架的模板引擎语法是设计模板的语言基础，Django 模板只是使用 Django 模板语言标记的文本文档或 Python 字符串。Django 模板语言的设计目标是在功能与便捷之间取得平衡。

Django 模板与上下文一起展现。在渲染时，用变量的值替换变量，并在上下文中查找变量并执行标签，其他所有内容均按原样进行输出。Django 模板的设计方式，会让那些熟悉使用 HTML 文档的人感到很方便。

Django 模板引擎可以识别和解释的内容，主要是变量和标签这类构造体。如果读者接触过其他基于文本的模板语言（例如：Smarty 或 Jinja2），会对 Django 模板语言的语法感到十分熟悉。

Django 模板语言的语法主要涉及四个构造：变量（Variables）、标签（Tags）、过滤器和注释（Comments）。下面我们逐一进行详细介绍。

5.3.2　变　量

在 Django 框架模板语言的语法中，变量（Variables）从上下文中输出一个值，这个值是一个类似字典类型的对象。当模板引擎遇到变量时，其将评估该变量并将其替换为对应的信息。

变量需要使用两对大括号"{{ }}"进行包裹，语法形式如下：

语法：{{ variables name }}

如上所示，变量名称由字母、数字、字符和下画线（"_"）的任意组合组成，但注意不能以下画线开头。另外，变量名称中还不能包含空格或标点符号（特殊符号"."除外，其具有特殊含义）。

下面演示一个如何在 Django 框架模板中使用变量（Variables）的示例，视图文件代码如下：

【代码 5-10】（详见源代码 TmplSite 项目的 gramapp/view.py 文件）

```
01  def grammar(request):
02      context = {}
03      context['title'] = "Django Template Grammar"
04      context['gram'] = "grammar"
05      template = loader.get_template('gramapp/grammar.html')
06      return HttpResponse(template.render(context, request))
```

【代码分析】

- 第 02～04 行代码中，定义了一个用于传递上下文对象的变量（context）。
- 第 03 行代码中，在变量（context）中添加了第一个属性 title，并进行了赋值。
- 第 04 行代码中，在变量（context）中添加了第二个属性 gram，并进行了赋值。
- 第 05 代码中，通过调用 get_template()函数加载了 HTML 模板（grammar.html），并保存在一个模板对象（template）中。
- 第 06 代码中，通过模板对象（template）调用了 render()函数，将上下文对象（context）传递到 HTML 模板（grammar.html）中进行渲染。

下面演示一下 HTML 模板的示例，具体代码如下：

【代码 5-11】（详见源代码 TmplSite 项目的 gramapp/template/grammar.html 模板文件）

```
01  <!DOCTYPE html>
02  <html lang="en">
03  <head>
04      <meta charset="UTF-8">
05      <link rel="stylesheet" type="text/css" href="/static/css/style.css"/>
06      <title>{{ title }}</title>
07  </head>
08  <body>
09
10  <p>
11      Hello, this is a <b>{{ gram }}</b> page!
12  </p>
13
14  </body>
15  </html>
```

【代码分析】

- 第 06 行代码中，通过双大括号 "{{ }}" 引用了【代码 5-10】中定义的第一个属性 "{{ title }}"。
- 第 11 行代码中，通过双大括号 "{{ }}" 引用了【代码 5-10】中定义的第二个属性 "{{ gram }}"。

接下来，使用浏览器测试 TmplSite 项目中定义的 gramapp 模板应用，如图 5.1 所示。HTML 模板（grammar.html）中显示了从视图文件 views.py 中传递过来上下文内容。

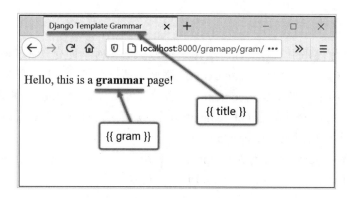

图 5.1　测试 gramapp 模板应用（一）

在 Django 框架模板语言的语法中，可以使用特殊符号（"."）来访问变量的属性。另外从语法上讲，当模板系统遇到特殊符号（"."）时，将会按以下顺序尝试进行查找：

（1）字典类型（Dictionary）查找。

（2）属性或方法查找。

（3）数值索引查找。

如果结果值是可调用的，则可不带参数调用它，调用的结果会成为模板值。

下面演示一个如何在 Django 框架模板中使用变量（Variables）对象属性的示例，在上面视图文件【代码 5-10】的基础上添加如下代码：

【代码 5-12】（详见源代码 TmplSite 项目的 gramapp/view.py 文件）

```
01  def grammar(request):
02      context = {}
03      context['title'] = "Django Template Grammar"
04      context['gram'] = "grammar"
05      context['author'] = {'first_name': 'King', 'last_name': 'Wang'}
06      template = loader.get_template('gramapp/grammar.html')
07      return HttpResponse(template.render(context, request))
```

【代码分析】

● 第 02～05 行代码中，定义了一个用于传递上下文对象的变量（context）。

● 第 05 行代码中，在变量（context）中追加了一个属性 author，并赋值为一个字典类型。

下面演示一下 HTML 模板的示例，具体代码如下：

【代码 5-13】（详见源代码 TmplSite 项目的 gramapp/template/grammar.html 模板文件）

```
01  <!DOCTYPE html>
02  <html lang="en">
03  <head>
04      <meta charset="UTF-8">
05      <link rel="stylesheet" type="text/css" href="/static/css/style.css"/>
```

```
06      <title>{{ title }}</title>
07  </head>
08  <body>
09
10  <p>
11      Hello, this is a <b>{{ gram }}</b> page!
12  </p>
13  <p>
14      Author: <b>{{ author.first_name }} {{ author.last_name }}</b>
15  </p>
16
17  </body>
18  </html>
```

【代码分析】

● 第 14 行代码中，通过特殊符号 "." 引用了【代码 5-12】中定义的属性{{ author.first_name }}和{{ author.last_name }}。

接下来，再次使用浏览器测试 TmplSite 项目中定义的 gramapp 模板应用，如图 5.2 所示。HTML 模板（grammar.html）中显示了从视图文件 views.py 中传递过来上下文内容。

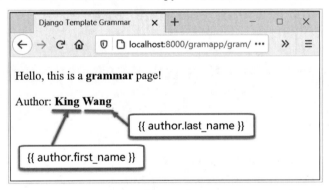

图 5.2　测试 gramapp 模板应用（二）

最后，再演示一个如何在 Django 框架模板中使用变量（Variables）显示列表的代码示例，在【代码 5-12】中继续添加如下代码：

【代码 5-14】（详见源代码 TmplSite 项目的 gramapp/view.py 文件）

```
01  def grammar(request):
02      context = {}
03      context['title'] = "Django Template Grammar"
04      context['gram'] = "grammar"
05      context['author'] = {'first_name': 'King', 'last_name': 'Wang'}
06      context['languages'] = ['Python', 'Django', 'Jinja2']
```

```
07      template = loader.get_template('gramapp/grammar.html')
08      return HttpResponse(template.render(context, request))
```

【代码分析】

- 第 02～06 行代码中，定义了一个用于传递上下文对象的变量（context）。
- 第 06 行代码中，在变量（context）中追加了一个属性 languages，并赋值为一个列表（List）类型。

下面演示一下 HTML 模板的示例，具体代码如下：

【代码 5-15】（详见源代码 TmplSite 项目的 gramapp/template/grammar.html 模板文件）

```
01  <!DOCTYPE html>
02  <html lang="en">
03  <head>
04      <meta charset="UTF-8">
05      <link rel="stylesheet" type="text/css" href="/static/css/style.css"/>
06      <title>{{ title }}</title>
07  </head>
08  <body>
09
10  <p>
11      Hello, this is a <b>{{ gram }}</b> page!
12  </p>
13  <p>
14      Author: <b>{{ author.first_name }} {{ author.last_name }}</b>
15  </p>
16  <p>
17      Languages:<br>
18      <ul>
19          {% for lang in languages %}
20              <li>{{ lang }}</li>
21          {% endfor %}
22      </ul>
23  </p>
24
25  </body>
26  </html>
```

【代码分析】

- 第 18～22 行代码中，定义了一个<ul>列表元素。
- 第 19～21 行代码中，通过在模板中嵌入 for 语句标签，遍历了列表（languages）属性。
- 第 20 行代码中，通过在<li>元素中插入列表项{{ lang }}，将列表（languages）属性的每一项值都显示在页面中。

再次使用浏览器测试 TmplSite 项目中定义的 gramapp 模板应用，如图 5.3 所示。HTML 模板（grammar.html）中显示了从视图文件 views.py 中传递过来上下文内容。

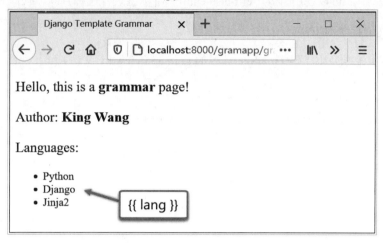

图 5.3　测试 gramapp 模板应用（三）

5.3.3　标　签

在 Django 框架模板语言的语法中，标签（Tags）在渲染过程中提供了任意语法逻辑。具体来讲，标签可以通过控制结构输出指定的内容。例如，通过 if 语句或 for 循环语句，从数据库中获取数据，甚至启用对其他模板标签的访问。

标签的使用如：{% tag %}。标签比变量在使用上更加复杂：一些用于在输出中创建文本，一些用于通过执行循环或逻辑来控制流，有些用于将外部信息加载到模板中以供以后的变量使用。而某些标签（例如：if 和 for）同时需要使用开头和结尾的标签，具体如下：

```
{%tag%} content {%endtag%}
```

关于 Django 模板中几个比较常用的语法标签，具体介绍如下：

- if 标签：逻辑条件判断。
- for 标签：循环对象。
- autoescape 标签：自动转义。
- cycle 标签：循环对象的值。
- ifchanged 标签：判断一个值是否在上一次的迭代中被改变了。
- regroup 标签：用于重组对象。
- resetcycle 标签：用于重置通过 cycle 标签操作的循环对象。
- url 标签：定义链接的标签。
- templatetag 标签：用于输出模板标签字符。
- widthratio 标签：用于计算比率。
- now 标签：用于显示当前时间。

下面介绍几个常用的标签及其示例。

1. {% if-elif-else %}标签

在一个在模板中，可以使用{% if-elif-else-endif %}标签进行选择判断，代码示例如下。

（1）视图文件代码如下：

【代码 5-16】（详见源代码 TmplSite 项目的 gramapp/view.py 文件）

```
01  def grammar(request):
02      context = {}
03      context['title'] = "Django Template Grammar"
04      context['gram'] = "grammar"
05      context['t'] = "true"
06      context['f'] = "false"
07      template = loader.get_template('gramapp/grammar.html')
08      return HttpResponse(template.render(context, request))
```

【代码分析】

- 第 02～06 行代码中，定义了一个用于传递上下文对象的变量（context）。
- 第 05 行代码中，在变量（context）中添加了第一个属性 t，并赋值为字符串 true。
- 第 06 行代码中，在变量（context）中添加了第二个属性 f，并赋值为字符串 false。

（2）HTML 模板的代码如下：

【代码 5-17】（详见源代码 TmplSite 项目的 gramapp/template/grammar.html 模板文件）

```
01  <!DOCTYPE html>
02  <html lang="en">
03  <head>
04      <meta charset="UTF-8">
05      <link rel="stylesheet" type="text/css" href="/static/css/style.css"/>
06      <title>{{ title }}</title>
07  </head>
08  <body>
09
10  <p>
11      Hello, this is a <b>{{ gram }}</b> page!
12  </p>
13  <p>
14      <b>if-elif-else-endif</b><br><br>
15      True:
16      {% if t == 'true' %}
17          This is a true condition.
18      {% elif t == 'false' %}
19          This is a false condition.
20      {% else %}
21          No condition.
22      {% endif %}
23      <br><br>
24      False:
```

```
25      {% if f == 'true' %}
26          This is a true condition.
27      {% elif f == 'false' %}
28          This is a false condition.
29      {% else %}
30          No condition.
31      {% endif %}
32      <br><br>
33      No Else:
34      {% if f == 'true' %}
35          This is a true condition.
36      {% elif t == 'false' %}
37          This is a false condition.
38      {% else %}
39          No condition.
40      {% endif %}
41      <br><br>
42  </p>
43
44  </body>
45  </html>
```

【代码分析】

● 第 16～22 行、第 25～31 行和第 34～40 行代码中，分别通过{% if-elif-else-endif %}标签进行选择判断，并根据判断结果选择输出不同的文本信息。

（3）使用浏览器测试 TmplSite 项目中定义的 gramapp 模板应用，如图 5.4 所示。HTML 模板（grammar.html）中显示了根据条件判断语句选择输出的不同内容。

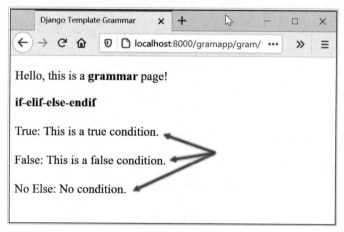

图 5.4 测试模板 if 标签

2. {% for-endfor %}标签

在一个模板中可以综合使用{% if-elif-else-endif %}标签和{% for-endfor %}标签进行输出，代码示例如下。

（1）视图文件代码如下：

【代码 5-18】（详见源代码 TmplSite 项目的 gramapp/view.py 文件）

```
01  def grammar(request):
02      context = {}
03      context['title'] = "Django Template Grammar"
04      context['gram'] = "grammar"
05      context['flag'] = "even"
06      context['even'] = [0, 2, 4, 6, 8]
07      context['odd'] = [1, 3, 5, 7, 9]
08      template = loader.get_template('gramapp/grammar.html')
09      return HttpResponse(template.render(context, request))
```

【代码分析】

● 第 02～07 行代码中，定义了一个用于传递上下文对象的变量（context）。
● 第 05 行代码中，在变量（context）中添加了第一个属性 flag，并赋值为 "even"。
● 第 06 行代码中，在变量（context）中添加了第二个属性 even，并赋值为一个偶数列表（数字 10 以内）。
● 第 07 行代码中，在变量（context）中添加了第三个属性 odd，并赋值为一个奇数列表（数字 10 以内）。

（2）HTML 模板的代码如下：

【代码 5-19】（详见源代码 TmplSite 项目的 gramapp/template/grammar.html 模板文件）

```
01  <!DOCTYPE html>
02  <html lang="en">
03  <head>
04      <meta charset="UTF-8">
05      <link rel="stylesheet" type="text/css" href="/static/css/style.css"/>
06      <title>{{ title }}</title>
07  </head>
08  <body>
09
10  <p>
11      Hello, this is a <b>{{ gram }}</b> page!
12  </p>
13  <p>
14      Numbers:
15      <ul>
16          {% if flag == 'even' %}
17              {% for num in even %}
18                  <li>{{ num }}</li>
```

```
19              {% endfor %}
20          {% elif flag == 'odd' %}
21              {% for num in odd %}
22                  <li>{{ num }}</li>
23              {% endfor %}
24          {% else %}
25              No print.
26          {% endif %}
27      </ul>
28  </p>
29
30  </body>
31  </html>
```

【代码分析】

● 第 16～26 行代码中，通过{% if-elif-else-endif %}标签进行选择判断，根据判断结果选择输出奇数数列或偶数数列。

● 第 17～19 行和第 21～23 行代码中，分别通过{% for-endfor %}标签循环对象（even 和 odd），输出奇数数列或偶数数列。

（3）使用浏览器测试 TmplSite 项目中定义的 gramapp 模板应用，如图 5.5 所示。HTML 模板（grammar.html）中显示了从视图文件 views.py 中传递过来的偶数数列。

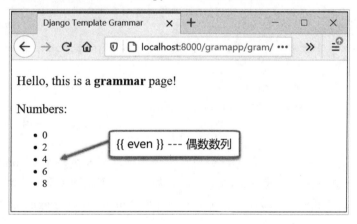

图 5.5　测试模板 for 标签（一）

下面尝试将【代码 5-18】中第 05 行代码的属性（flag）重新赋值为 odd，然后刷新一下页面，如图 5.6 所示。HTML 模板（grammar.html）中显示了从视图文件 views.py 中传递过来的奇数数列。

图 5.6　测试模板 for 标签（二）

3. {% autoescape-endautoescape %}标签

在一个模板中可以使用{% autoescape-endautoescape %}标签进行超链接地址自动转义，代码示例如下。

（1）视图文件代码如下：

【代码 5-20】（详见源代码 TmplSite 项目的 gramapp/view.py 文件）

```
01  def grammar(request):
02      context = {}
03      context['title'] = "Django Template Grammar"
04      context['gram'] = "grammar"
05      context['site'] = "<a href='https://www.djangoproject.com/'>Django Home
Page</a>"
06      template = loader.get_template('gramapp/grammar.html')
07      return HttpResponse(template.render(context, request))
```

【代码分析】

- 第 02～05 行代码中，定义了一个用于传递上下文对象的变量（context）。
- 第 05 行代码中，在变量（context）中添加了第一个属性 site，并赋值为一个超链接标签 "<a href='https://www.djangoproject.com/'>Django Home Page</a>"。

（2）HTML 模板的代码如下：

【代码 5-21】（详见源代码 TmplSite 项目的 gramapp/template/grammar.html 模板文件）

```
01  <!DOCTYPE html>
02  <html lang="en">
03  <head>
04      <meta charset="UTF-8">
05      <link rel="stylesheet" type="text/css" href="/static/css/style.css"/>
```

```
06        <title>{{ title }}</title>
07    </head>
08    <body>
09
10    <p>
11        Hello, this is a <b>{{ gram }}</b> page!
12    </p>
13    <p>
14        Escape Site:
15        <br><br>
16        output site:<br>
17        {{ site }}
18        <br><br>
19        autoescape on :<br>
20        {% autoescape on %}
21            {{ site }}
22        {% endautoescape %}
23        <br><br>
24        autoescape off :<br>
25        {% autoescape off %}
26            {{ site }}
27        {% endautoescape %}
28    </p>
29
30    </body>
31    </html>
```

【代码分析】

● 第 17 行代码中，通过双大括号 "{{ }}" 引用了【代码 5-20】中定义的属性{{ site }}，
直接在页面中进行输出。

● 第 20～22 行代码中，分别通过{% autoescape on %}-{% endautoescape %}自动转义标
签对属性（site）进行打开转义操作，在页面中进行输出。

● 第 25～27 行代码中，分别通过{% autoescape off %}-{% endautoescape %}自动转义标
签对属性（site）进行关闭转义操作，在页面中进行输出。

（3）使用浏览器测试 TmplSite 项目中定义的 gramapp 模板应用，如图 5.7 所示。HTML 模板
（grammar.html）中显示了打开转义标签和关闭转义标签的页面效果。在关闭转义标签后，超链接
标签<a>可以在模板中正常显示。

图 5.7　测试模板 autoescape 标签

4. {% cycle %}标签

在一个模板中可以使用{% cycle %}标签进行循环对象，代码示例如下。

（1）视图文件代码如下：

【代码 5-22】（详见源代码 TmplSite 项目的 gramapp/view.py 文件）

```
01  def grammar(request):
02      context = {}
03      context['title'] = "Django Template Grammar"
04      context['gram'] = "grammar"
05      context['num'] = (0, 1, 2, 3, 4, 5, 6, 7, 8, 9)
06      template = loader.get_template('gramapp/grammar.html')
07      return HttpResponse(template.render(context, request))
```

【代码分析】

● 第 02～05 行代码中，定义了一个用于传递上下文对象的变量（context）。
● 第 05 行代码中，在变量（context）中添加了一个属性 num，并赋值为一个元组类型的数组（用于计数）。

（2）HTML 模板的代码如下：

【代码 5-23】（详见源代码 TmplSite 项目的 gramapp/template/grammar.html 模板文件）

```
01  <!DOCTYPE html>
02  <html lang="en">
03  <head>
04      <meta charset="UTF-8">
05      <link rel="stylesheet" type="text/css"
href="/static/css/mystyle.css"/>
```

```
06      <title>{{ title }}</title>
07  </head>
08  <body>
09
10  <p class="middle">
11      Hello, this is a <b>{{ gram }}</b> page!
12  </p>
13  <p class="middle">
14      Cycle Obj:<br>
15      {% for i in num %}
16          {% cycle 'even' 'odd' %}
17      {% endfor %}
18  </p>
19
20  </body>
21  </html>
```

【代码分析】

● 第 15～17 行代码中，通过{% for-endfor %}循环标签对属性（num）进行循环计数操作。

● 第 16 行代码中，通过{% cycle %}循环对象标签，对一组字符串进行循环遍历操作，并在页面中进行输出。

（3）使用浏览器测试 TmplSite 项目中定义的 gramapp 模板应用，如图 5.8 所示。HTML 模板（grammar.html）中显示了通过{% cycle %}标签循环对象的页面效果。

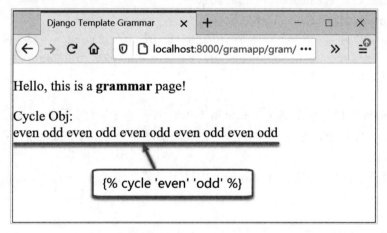

图 5.8　测试模板 cycle 标签（一）

5.3.4　过　滤　器

在 Django 框架模板语言的语法中，过滤器（Filters）实现转换变量和标记参数值的功能，可以使用过滤器修改变量以进行显示。

过滤器的格式如下：

```
{{ name | filter }}
```

其中，name 表示变量名称，filter 表示过滤器，"|"字符表示串联管道。

过滤器可以通过"|"串联管道来实现链式操作，一个过滤器的输出将应用于下一个过滤器。例如：过滤器{{ text | escape | upper }}表示先转义文本内容，然后再转换为大写字母。

另外，还一些过滤器可以接受参数，通过符号":"来实现。例如：过滤器参数{{ bio | truncatewords : 30}}表示将显示变量（bio）的前 30 个字符。对于包含空格的过滤器参数，则必须用引号引起来。例如：要使用逗号和空格加入列表，可以这样使用过滤器{{ list | join : ", "}}。

关于 Django 模板语法标签中的过滤器，下面简单介绍几个常用的例子。

1．default 过滤器

首先，介绍一下用于设置默认值的default过滤器的使用方法。default过滤器对于变量的作用是：如果变量为"false"或"空"，则使用给定的默认值，否则使用变量自己的值。

下面是一个使用 default 过滤器的代码示例。

（1）视图文件代码如下：

【代码 5-24】（详见源代码 TmplSite 项目的 gramapp/view.py 文件）

```
01  def filters(request):
02      context = {}
03      context['title'] = "Django Template Grammar"
04      context['filters'] = "filters"
05      context['default'] = "default"
06      context['default_nothing'] = ""
07      template = loader.get_template('gramapp/filters.html')
08      return HttpResponse(template.render(context, request))
```

【代码分析】

● 第 02～06 行代码中，定义了一个用于传递上下文对象的变量（context）。

● 第 05 行代码中，在变量（context）中添加了第一个属性 default，并赋值为字符串 "default"。

● 第 06 行代码中，在变量（context）中添加了第二个属性 default_nothing，并赋值为空字符串。

（2）HTML 模板的代码如下：

【代码 5-25】（详见源代码 TmplSite 项目的 gramapp/template/filters.html 模板文件）

```
01  <!DOCTYPE html>
02  <html lang="en">
03  <head>
04      <meta charset="UTF-8">
```

```
05        <link rel="stylesheet" type="text/css"
href="/static/css/mystyle.css"/>
06        <title>{{ title }}</title>
07 </head>
08 <body>
09
10 <p class="middle">
11        Hello, this is a template tag <b>{{ filters }}</b> page!
12 </p>
13 <p class="middle">
14        filters - default:<br>
15        {{ default | default:"nothing" }}<br>
16        {{ default_nothing | default:"nothing" }}<br>
17 </p>
18
19 </body>
20 </html>
```

【代码分析】

● 第 15～16 行代码中, 分别通过 default 过滤器对变量(default)和变量(default_nothing)
进行过滤操作。

● 第 15 行代码中, 对变量（default）使用了 default 过滤器（默认值为字符串"nothing"）。

● 第 16 行代码中, 对变量（default_nothing）再次使用了同样的 default 过滤器（默认值
为字符串"nothing"）。

（3）使用浏览器测试 TmplSite 项目中定义的 gramapp 模板应用, 如图 5.9 所示。变量（default）
经过 default 过滤器处理后, 仍旧输出了自身定义的值, 因为变量（default）的值不为空。而变量
（default_nothing）经过 default 过滤器处理后, 输出了过滤器定义的值（"nothing"）, 这是因为变量
（default_nothing）的值定义为空。

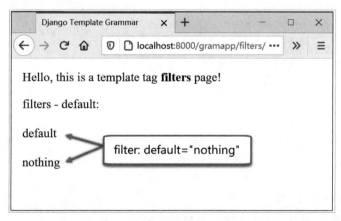

图 5.9　测试模板 default 过滤器

2．default_if_none 过滤器

default_if_none 过滤器对于变量的作用是：如果变量为 None，则使用给定的默认值，否则使用变量自己的值。

下面是一个使用 default_if_none 过滤器的代码示例。

（1）视图文件代码如下：

【代码 5-26】（详见源代码 TmplSite 项目的 gramapp/view.py 文件）

```
01  def filters(request):
02      context = {}
03      context['title'] = "Django Template Grammar"
04      context['filters'] = "filters"
05      context['default'] = "default"
06      context['defaultifnone'] = None
07      template = loader.get_template('gramapp/filters.html')
08      return HttpResponse(template.render(context, request))
```

【代码分析】

- 第 02～06 行代码中，定义了一个用于传递上下文对象的变量（context）。
- 第 05 行代码中，在变量（context）中添加了第一个属性 default，并赋值为字符串 "default"。
- 第 06 行代码中，在变量（context）中添加了第二个属性 defaultifnone，并赋值为 None。

（2）HTML 模板的代码如下：

【代码 5-27】（详见源代码 TmplSite 项目的 gramapp/template/filters.html 模板文件）

```
01  <!DOCTYPE html>
02  <html lang="en">
03  <head>
04      <meta charset="UTF-8">
05      <link rel="stylesheet" type="text/css"
href="/static/css/mystyle.css"/>
06      <title>{{ title }}</title>
07  </head>
08  <body>
09
10  <p class="middle">
11      Hello, this is a template tag <b>{{ filters }}</b> page!
12  </p>
13  <p class="middle">
14      filters - default_if_none:<br><br>
15      {{ default | default_if_none:"var is None!" }}<br><br>
```

```
16        {{ defaultifnone | default_if_none:"var is None!" }}<br><br>
17    </p>
18
19    </body>
20    </html>
```

【代码分析】

- 第 15～16 行代码中, 分别通过 default 过滤器对变量（default）和变量（default_nothing）进行过滤操作。
- 第 15 行代码中, 对变量（default）使用了 default_if_none 过滤器（默认值为字符串"var is None!"）。
- 第 16 行代码中, 对变量（defaultifnone）使用了同样的 default_if_none 过滤器（默认值同样为字符串"var is None!"）。

（3）使用浏览器测试 TmplSite 项目中定义的 gramapp 模板应用, 如图 5.10 所示。变量（default）经过 default_if_none 过滤器处理后, 仍旧输出了自身定义的值, 因为变量（default）的值不为 None。而变量（defaultifnone）经过 default_if_none 过滤器处理后, 输出了过滤器定义的值（"var is None!"）, 这是因为变量（defaultifnone）的值定义为 None。

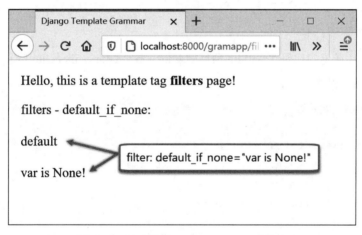

图 5.10　测试模板 default_if_none 过滤器

3. length 过滤器

length 可以获取一个字符串、列表、元组、和字典等对象类型的长度。

下面是一个使用 length 过滤器的代码示例。

（1）视图文件代码如下:

【代码 5-28】（详见源代码 TmplSite 项目的 gramapp/view.py 文件）

```
01  def filters(request):
02      context = {}
03      context['title'] = "Django Template Grammar"
```

```
04        context['filters'] = "filters"
05        context['lenAlpha1'] = "abcde"
06        context['lenAlpha2'] = ['a', 'b', 'c', 'd', 'e']
07        context['lenAlpha3'] = ('a', 'b', 'c', 'd', 'e')
08        context['lenAlphaDic'] = { 'a': 1, 'b': 2, 'c': 3, 'd': 4, 'e': 5 }
09        template = loader.get_template('gramapp/filters.html')
10        return HttpResponse(template.render(context, request))
```

【代码分析】

● 第 02～08 行代码中，定义了一个用于传递上下文对象的变量（context）。

● 第 05 行代码中，在变量（context）中添加了第一个属性 lenAlpha1，并赋值为字符串（"abcde"）。

● 第 06 行代码中，在变量（context）中添加了第二个属性 lenAlpha2，并赋值为一个列表（['a', 'b', 'c', 'd', 'e']）。

● 第 07 行代码中，在变量（context）中添加了第三个属性 lenAlpha3，并赋值为一个元组（('a', 'b', 'c', 'd', 'e')）。

● 第 08 行代码中，在变量（context）中添加了第四个属性 lenAlphaDic，并赋值为一个字典（{ 'a': 1, 'b': 2, 'c': 3, 'd': 4, 'e': 5 }）。

（2）HTML 模板的代码如下：

【代码 5-29】（详见源代码 TmplSite 项目的 gramapp/template/filters.html 模板文件）

```
01  <!DOCTYPE html>
02  <html lang="en">
03  <head>
04      <meta charset="UTF-8">
05      <link rel="stylesheet" type="text/css" href="/static/css/mystyle.css"/>
06      <title>{{ title }}</title>
07  </head>
08  <body>
09
10  <p class="middle">
11      Hello, this is a template tag <b>{{ filters }}</b> page!
12  </p>
13  <p class="middle">
14      filters - length:<br><br>
15      {{ lenAlpha1 }} length : {{ lenAlpha1 | length }}<br><br>
16      {{ lenAlpha2 }} length : {{ lenAlpha2 | length }}<br><br>
17      {{ lenAlpha3 }} length : {{ lenAlpha3 | length }}<br><br>
18      {{ lenAlphaDic }} length : {{ lenAlphaDic | length }}<br><br>
```

```
19  </p>
20
21  </body>
22  </html>
```

【代码分析】

● 第 15 ~ 18 行代码中，分别通过 length 过滤器对一组变量（字符串类型、列表类型、元组类型和字典类型）进行过滤操作。

（3）使用浏览器测试 TmplSite 项目中定义的 gramapp 模板应用，如图 5.11 所示。变量（lenAlpha1、lenAlpha2、lenAlpha3、lenAlphaDic）经过 length 过滤器处理后，输出的长度均为 5。

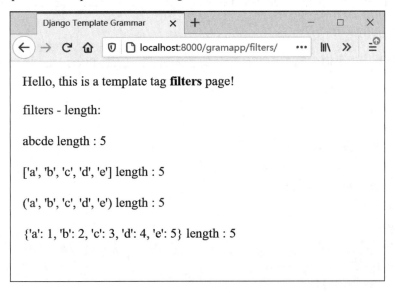

图 5.11　测试模板 length 过滤器

5.3.5　算术运算

在 Django 框架模板语言的语法中，没有定义专门关于算术运算的语法。不过，通过一些标签（Tags）和过滤器（Filters）的配合使用，可以模拟实现类似"加减乘除"的算术运算。

1. 加法运算

在 Django 模板中定义有一个 add 过滤器，通过该过滤器可以模拟实现加法运算。
下面是一个使用 add 过滤器进行加法运算的代码示例，视图文件代码如下：

【代码 5-30】（详见源代码 TmplSite 项目的 gramapp/view.py 文件）

```
01  def filters(request):
02      context = {}
03      context['title'] = "Django Template Grammar"
04      context['filters'] = "filters"
```

```
05        context['add_num_1'] = 1
06        context['add_num_2'] = 2
07        context['add_num_3'] = 3
08        template = loader.get_template('gramapp/filters.html')
09        return HttpResponse(template.render(context, request))
```

【代码分析】

● 第 02~07 行代码中，定义了一个用于传递上下文对象的变量（context）。
● 第 05 行代码中，在变量（context）中添加了第一个属性 add_num_1，并赋值为整数（1）。
● 第 06 行代码中，在变量（context）中添加了第二个属性 add_num_2，并赋值为整数（2）。
● 第 07 行代码中，在变量（context）中添加了第三个属性 add_num_3，并赋值为整数（3）。

HTML 模板的代码如下：

【代码 5-31】（详见源代码 TmplSite 项目的 gramapp/template/filters.html 模板文件）

```
01  <!DOCTYPE html>
02  <html lang="en">
03  <head>
04      <meta charset="UTF-8">
05      <link rel="stylesheet" type="text/css"
href="/static/css/mystyle.css"/>
06      <title>{{ title }}</title>
07  </head>
08  <body>
09
10  <p class="middle">
11      Hello, this is a template tag <b>{{ filters }}</b> page!
12  </p>
13  <p class="middle">
14      filters - add:<br><br>
15      A + B:<br>
16      {{ add_num_1 }} + {{ add_num_2 }} = {{ add_num_1 | add:add_num_2 }}<br><br>
17      A + B + C:<br>
18      {{ add_num_1 }} + {{ add_num_2 }} + {{ add_num_3 }} =
19      {{ add_num_1 | add:add_num_2 | add:add_num_3 }}<br><br>
20  </p>
21
22  </body>
23  </html>
```

【代码分析】

● 在第 15~19 行代码中，分别通过 add 过滤器模拟进行了加法算术运算。

- 第 16 行代码中，对变量（add_num_1）使用了 add 过滤器，其参数定义为变量（add_num_2）。这样，就相当于将变量（add_num_2）叠加到变量（add_num_1）上，实现了两个整数的加法运算。
- 第 18～19 行代码中，先对变量（add_num_1）使用了 add 过滤器，其参数定义为变量（add_num_2）。然后，通过"链接"方式再次使用了 add 过滤器，其参数定义为变量（add_num_3）。这样，就相当于将变量（add_num_1）、变量（add_num_2）和变量（add_num_3）进行了叠加，实现了三个整数的连加运算。

接下来，使用浏览器测试 TmplSite 项目中定义的 gramapp 模板应用，如图 5.12 所示。经过 add 过滤器处理后，成功实现了加法算术运算（包括连加运算）。

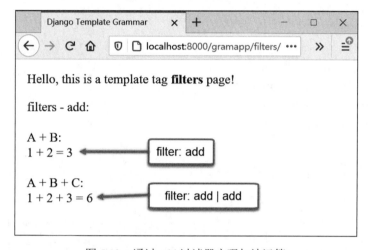

图 5.12　通过 add 过滤器实现加法运算

2. 减法运算

在 Django 模板中没有定义减法过滤器，不过通过 add 过滤器同样可以模拟实现减法运算。下面是一个使用 add 过滤器进行减法运算的代码示例，视图文件代码如下：

【代码 5-32】（详见源代码 TmplSite 项目的 gramapp/view.py 文件）

```
01  def filters(request):
02      context = {}
03      context['title'] = "Django Template Grammar"
04      context['filters'] = "filters"
05      context['minus_num_1'] = 10
06      context['minus_num_2'] = -5
07      context['minus_num_3'] = -3
08      template = loader.get_template('gramapp/filters.html')
09      return HttpResponse(template.render(context, request))
```

【代码分析】

- 第 02～07 行代码中，定义了一个用于传递上下文对象的变量（context）。

- 第 05 行代码中，在变量（context）中添加了第一个属性 minus_num_1，并赋值为整数（10）。
- 第 06 行代码中，在变量（context）中添加了第二个属性 minus_num_2，并赋值为负整数（-5）。
- 第 07 行代码中，在变量（context）中添加了第三个属性 minus_num_3，并赋值为负整数（-3）。

HTML 模板的代码如下：

【代码 5-33】（详见源代码 TmplSite 项目的 gramapp/template/filters.html 模板文件）

```
01  <!DOCTYPE html>
02  <html lang="en">
03  <head>
04      <meta charset="UTF-8">
05      <link rel="stylesheet" type="text/css"
href="/static/css/mystyle.css"/>
06      <title>{{ title }}</title>
07  </head>
08  <body>
09
10  <p class="middle">
11      Hello, this is a template tag <b>{{ filters }}</b> page!
12  </p>
13  <p class="middle">
14      filters - add:<br><br>
15      A - B:<br>
16      {{ minus_num_1 }}{{ minus_num_2 }} = {{ minus_num_1 |
add:minus_num_2 }}<br><br>
17      A - B - C:<br>
18      {{ minus_num_1 }}{{ minus_num_2 }}{{ minus_num_3 }} =
19      {{ minus_num_1 | add:minus_num_2 | add:minus_num_3}}<br><br>
20  </p>
21
22  </body>
23  </html>
```

【代码分析】

- 第 15~19 行代码中，分别通过 add 过滤器模拟进行了减法算术运算。
- 第 16 行代码中，对变量（minus_num_1）使用了 add 过滤器，其参数定义为变量（minus_num_2）。这样，就相当于将负整数（add_num_2）叠加到整数（add_num_1）上，实现了两个整数的减法运算。

- 第 18～19 行代码中，先对变量（minus_num_1）使用了 add 过滤器，其参数定义为变量（minus_num_2）。然后，通过"链接"方式再次使用了 add 过滤器，其参数定义为变量（minus_num_3）。这就相当于将整数（minus_num_1）、负整数（minus_num_2）和负整数（minus_num_3）进行了叠加，实现了 3 个整数的连减运算。

接下来，使用浏览器测试 TmplSite 项目中定义的 gramapp 模板应用，如图 5.13 所示。经过 add 过滤器处理后，成功实现了减法运算（包括连减运算）。

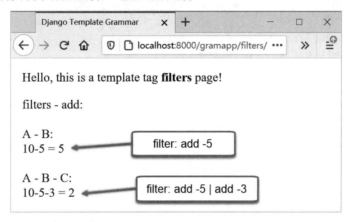

图 5.13　通过 add 过滤器实现减法运算

3．乘法与除法运算

在 Django 模板中没有定义专门的乘除法的标签或过滤器，不过利用前文中介绍过的{% widthratio %}标签的特性，可以模拟实现乘除法运算。

下面是一个使用{% widthratio %}标签进行乘除法运算的代码示例，视图文件代码如下：

【代码 5-34】（详见源代码 TmplSite 项目的 gramapp/view.py 文件）

```
01  def filters(request):
02      context = {}
03      context['title'] = "Django Template Grammar"
04      context['filters'] = "filters"
05      context['multi_div_1'] = 6
06      context['multi_div_2'] = 3
07      template = loader.get_template('gramapp/filters.html')
08      return HttpResponse(template.render(context, request))
```

【代码分析】

- 第 02～06 行代码中，定义了一个用于传递上下文对象的变量（context）。
- 第 05 行代码中，在变量（context）中添加了第一个属性 multi_div_1，并赋值为整数（6）。
- 第 06 行代码中，在变量（context）中添加了第二个属性 multi_div_2，并赋值为负整数（3）。

HTML 模板的代码如下：

【代码 5-35】（详见源代码 TmplSite 项目的 gramapp/template/filters.html 模板文件）

```
01  <!DOCTYPE html>
02  <html lang="en">
03  <head>
04      <meta charset="UTF-8">
05      <link rel="stylesheet" type="text/css"
href="/static/css/mystyle.css"/>
06      <title>{{ title }}</title>
07  </head>
08  <body>
09
10  <p class="middle">
11      Hello, this is a template tag <b>{{ filters }}</b> page!
12  </p>
13  <p class="middle">
14      filters - multiply & divide:<br><br>
15      A &times; B:<br>
16      {{ multi_div_1 }} &times; {{ multi_div_2 }} =
17      {% widthratio multi_div_1 1 multi_div_2 %}<br><br>
18      A &divide; B:<br>
19      {{ multi_div_1 }} &divide; {{ multi_div_2 }} =
20      {% widthratio multi_div_1 multi_div_2 1 %}<br><br>
21  </p>
22
23  </body>
24  </html>
```

【代码分析】

- 第 15～20 行代码中，分别通过{% widthratio %}标签模拟进行了乘除法运算。
- 第 16～17 行代码中，通过{% widthratio multi_div_1 1 multi_div_2 %}标签对变量（multi_div_1）和变量（multi_div_2）进行了乘法运算。
- 第 19～20 行代码中，通过{% widthratio multi_div_1 multi_div_2 1 %}标签对变量（multi_div_1）和变量（multi_div_2）进行了除法运算。

接下来，使用浏览器测试 TmplSite 项目中定义的 gramapp 模板应用，如图 5.14 所示。经过{% widthratio %}标签处理后，成功实现了乘除法运算。

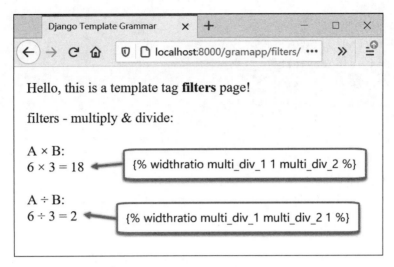

图 5.14　通过 widthratio 标签实现乘除法运算

4．四则运算

综合利用上面介绍的加减乘除法运算，可以实现复杂的四则运算。

下面是一个使用 add 过滤器和{% widthratio %}标签进行四则运算的代码示例，视图文件代码如下：

【代码 5-36】（详见源代码 TmplSite 项目的 gramapp/view.py 文件）

```
01  def filters(request):
02      context = {}
03      context['title'] = "Django Template Grammar"
04      context['filters'] = "filters"
05      context['alg_num_1'] = 10
06      context['alg_num_2'] = 5
07      context['alg_num_3'] = -2
08      template = loader.get_template('gramapp/filters.html')
09      return HttpResponse(template.render(context, request))
```

【代码分析】

- 第 02～07 行代码中，定义了一个用于传递上下文对象的变量（context）。
- 第 05 行代码中，在变量（context）中添加了第一个属性 alg_div_1，并赋值为整数（10）。
- 第 06 行代码中，在变量（context）中添加了第二个属性 alg_div_2，并赋值为整数（5）。
- 第 07 行代码中，在变量（context）中添加了第三个属性 alg_div_3，并赋值为整数（-2）。

HTML 模板的代码如下：

【代码 5-37】（详见源代码 TmplSite 项目的 gramapp/template/filters.html 模板文件）

```
01  <!DOCTYPE html>
02  <html lang="en">
```

```
03  <head>
04      <meta charset="UTF-8">
05      <link rel="stylesheet" type="text/css"
href="/static/css/mystyle.css"/>
06      <title>{{ title }}</title>
07  </head>
08  <body>
09
10  <p class="middle">
11      Hello, this is a template tag <b>{{ filters }}</b> page!
12  </p>
13  <p class="middle">
14      filters - add & minus & multiply & divide:<br><br>
15      ({{ alg_num_1 }}+{{ alg_num_2 }}{{ alg_num_3 }})^2=
16      {% widthratio
17          alg_num_1|add:alg_num_2|add:alg_num_3
18          1
19          alg_num_1|add:alg_num_2|add:alg_num_3 %}
20
({{ alg_num_1 }}+{{ alg_num_2 }})&divide;({{ alg_num_2 }}{{ alg_num_3 }})=
21      {% widthratio
22          alg_num_1|add:alg_num_2
23          alg_num_2|add:alg_num_3
24          1 %}
25  </p>
26
27  </body>
28  </html>
```

【代码分析】

- 第 15~24 行代码中，分别通过 add 过滤器和{% widthratio %}标签模拟进行了加减乘除四则运算。
- 第 16~19 行代码中，先通过 add 过滤器实现了连加、连减运算，然后再通过{% widthratio %}标签实现了平方运算。
- 第 21~24 行代码中，先通过 add 过滤器实现了加减运算，然后再通过{% widthratio %}标签实现了除法运算，相当于实现了"先加减、后乘除（括号内）"的四则运算。

接下来，使用浏览器测试 TmplSite 项目中定义的 gramapp 模板应用，如图 5.15 所示。通过 add 过滤器和{% widthratio %}标签，成功实现了复杂的四则运算。

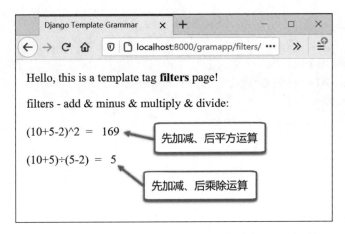

图 5.15 通过 add 过滤器和 widthratio 标签实现四则运算

5．整除运算

在 Django 模板中，提供了一个 divisibleby 过滤器可以实现整除运算，如果能整除，则返回 True，否则返回 False。

下面是一个使用 divisibleby 过滤器实现整除运算的代码示例，具体视图文件代码如下：

【代码 5-38】（详见源代码 TmplSite 项目的 gramapp/view.py 文件）

```
01  def filters(request):
02      context = {}
03      context['title'] = "Django Template Grammar"
04      context['filters'] = "filters"
05      context['divisibleby_1'] = 10
06      context['divisibleby_2'] = 5
07      context['divisibleby_3'] = 3
08      template = loader.get_template('gramapp/filters.html')
09      return HttpResponse(template.render(context, request))
```

【代码分析】

- 第 02～07 行代码中，定义了一个用于传递上下文对象的变量（context）。
- 第 05 行代码中，在变量（context）中添加了第一个属性 divisibleby_1，并赋值为整数（10）。
- 第 06 行代码中，在变量（context）中添加了第二个属性 divisibleby_2，并赋值为整数（5）。
- 第 07 行代码中，在变量（context）中添加了第三个属性 divisibleby_3，并赋值为整数（3）。

HTML 模板的代码如下：

【代码 5-39】（详见源代码 TmplSite 项目的 gramapp/template/filters.html 模板文件）

```
01  <!DOCTYPE html>
```

```
02  <html lang="en">
03  <head>
04      <meta charset="UTF-8">
05      <link rel="stylesheet" type="text/css"
href="/static/css/mystyle.css"/>
06      <title>{{ title }}</title>
07  </head>
08  <body>
09
10  <p class="middle">
11      Hello, this is a template tag <b>{{ filters }}</b> page!
12  </p>
13  <p class="middle">
14      filters - divisibleby:<br><br>
15      {{ divisibleby_1 }} % {{ divisibleby_2 }}:<br>
16      {% if divisibleby_1|divisibleby:divisibleby_2 %}
17          {{ divisibleby_1 }} &divide; {{ divisibleby_2 }} can divisibleby.
18      {% else %}
19          {{ divisibleby_1 }} &divide; {{ divisibleby_2 }} can not divisibleby.
20      {% endif %}
21      <br><br>
22      {{ divisibleby_1 }} % {{ divisibleby_3 }}:<br>
23      {% if divisibleby_1|divisibleby:divisibleby_3 %}
24          {{ divisibleby_1 }} &divide; {{ divisibleby_3 }} can divisibleby.
25      {% else %}
26          {{ divisibleby_1 }} &divide; {{ divisibleby_3 }} can not divisibleby.
27      {% endif %}
28  </p>
29
30  </body>
31  </html>
```

【代码分析】

● 第 15～27 行代码中，分别通过 divisibleby 过滤器判断两个除法算式是否能够整除。

● 第 16～20 行代码中，主要是通过 divisibleby 过滤器进行逻辑判断，检查整数（divisibleby_1）是否能够被整数（divisibleby_2）整除。然后，再通过{% if-else-endif %}标签根据 "divisibleby" 过滤器返回的布尔值（True 或 False）输出相应的结果。

● 第 22～27 行代码中，也是通过 divisibleby 过滤器进行逻辑判断，检查整数（divisibleby_1）是否能够被整数（divisibleby_3）整除。然后，再通过{% if-else-endif %}标签根据 divisibleby 过滤器返回的布尔值（True 或 False）输出相应的结果。

接下来，使用浏览器测试 TmplSite 项目中定义的 gramapp 模板应用，如图 5.16 所示。通过

divisibleby 过滤器成功，判断出了两个整数之间是否能够进行整除运算。

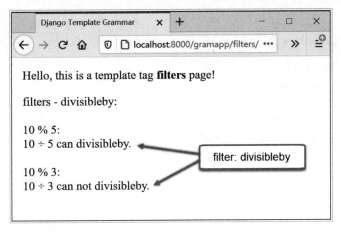

图 5.16　通过 divisibleby 过滤器实现整除运算

5.3.6　特殊的标签和过滤器

在 Django 框架模板语言的语法中，还定义有一些特殊的标签和过滤器，用于控制模板中的语言国际化。这些特殊的标签和过滤器允许对翻译、格式化和时区转换进行粒度控制。

（1）国际化标签和过滤器

- i18n 标签：此标签允许在模板中指定可翻译文本。要启用该标签，可将 USE_I18N 设置为 True，然后加载{% load i18n %}。
- l10n 标签：此标签提供对模板的本地化控制，需要使用{% load l10n %}来完成。通常将 USE_I18N 设置为 True，以便本地化默认处于活动状态。
- tz 标签：此标签对模板中的时区进行控制。该标签类似于 l10n 标签，需要使用{% load tz %}来完成。不过，通常还需要将 USE_TZ 设置为 True，以便在默认情况下转换为本地时间。

（2）其他标签和过滤器库

在 Django 框架中附带了一些其他模板标签，如果要使用这些标签，必须在 INSTALLED_APPS 设置中显式启用，并在模板中添加{% load %}标记。

- django.contrib.humanize：一组 Django 模板过滤器，用于向数据添加"人性化"，使之更加可读。
- static：由于在默认情况下，配置文件 settings.py 中的 INSTALL_APPS 项已经添加了 'django.contrib.staticfiles'，所以可以直接 load 加载 static 标签，然后在模板中使用它们。特别注意：早期版本中的{% load staticfiles %}已经作废。

我们看几个常用的例子。首先 static 标签用于链接保存在 STATIC_ROOT 中的静态文件。例如：

```
{% load static %}
<img src="{% static "images/hi.jpg" %}" alt="Hi!" />
```

可以像如下这样使用变量：

```
{% load static %}
<link rel="stylesheet" href="{% static user_stylesheet %}" type="text/css"
media="screen" />
```

还可以像下面这样使用变量：

```
{% load static %}
{% static "images/hi.jpg" as myphoto %}
<img src="{{ myphoto }}"></img>
```

5.3.7 注 释

在 Django 框架模板语言的语法中，注释（Comments）实现了注释掉模板中一行的功能，具体语法如下：

```
{# this won't be rendered #}
```

其中，"{#"表示注释开始标记，"#}"表示注释结束标记。

如果需要注释掉模板中的多行代码，可以使用 comment 过滤器来实现，具体语法如下：

```
{% comment %}
type code here…
{% endcomment %}
```

其中，{% comment %}表示注释开始标记，{% endcomment %}表示注释结束标记，在二者之间的内容被当作注释而忽略。

5.4 自定义模板标签和过滤器

本节将介绍 Django 框架模板层中的自定义模板标签和过滤器，包括前置配置基础、自定义标签和自定义过滤器等方面的内容。自定义模板标签和过滤器是基于 Django 框架进行模板层开发的基础。

5.4.1 前置配置基础

Django 框架模板虽然内置了二十多种标签和六十多种过滤器，但是还是无法满足广大开发人员品类繁多、功能复杂、需求多变的要求。因此，Django 框架为开发人员提供了自定义的机制，可以通过使用 Python 代码、自定义标签和过滤器来扩展模板引擎，然后使用{% load %}标签加载它们。

Django 框架模板对于自定义标签和过滤器是有前置要求的。在创建自定义标签和过滤器时，既可以在新建的 app 中，也可以在原有的 app 中进行添加，完全取决于项目需要或开发人员个人喜好。

但无论采取上述的哪种方式，首先第一步是要在 app 中新建一个名称为"templatetags"的包（注意：该名称是固定不能变的），且这个包一定要和 views.py、models.py 等文件处于同一级别目录下。

然后，一定不要忘记在 templatetags 包中创建__init__.py 初始化文件，这是 Python 包的特点。

最后，需要重新启动 Django 服务器，这样才可以在模板中使用 templatetags 包中的自定义标签或过滤器。

关于自定义标签或过滤器，还有以下两点需要说明：

● 最好将自定义的标签或过滤器放在 templatetags 包中的一个模块里。

● 这个模块的名称就是后面载入标签时将要使用的标签名，所以设计时要谨慎选择名称，以避免与其他应用下的自定义标签或过滤器名称冲突，当然更不能与 Django 模板内置的标签和过滤器冲突。

假设现在需要自定义一个名称为"my_tag"的标签，那么 templatetags 包的目录结构应该大致如图 5.17 所示。templatetags 包中包括一个__init__.py 文件（使用 PyCharm 开发工具时会自动创建该初始化文件），还有一个 my_tag.py 自定义标签模块文件。

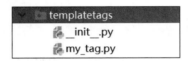

图 5.17　自定义标签 templatetags 包目录结构

在自定义标签模块文件 my_tag.py 中，开发人员需要自己编写自定义标签的业务代码，具体模式如下：

【代码 5-40】

```
01  # import module
02  from django import template
03
04  # 实例化 Library
05  register = template.Library()
06
07  # 注册自定义标签
08  @register.my_tag
09  # 定义自定义标签
10  def my_tag(arg):
11      return ...
```

如果需要自定义一个名称为"my_filter"的过滤器，那么 templatetags 包的目录结构应该大致如图 5.18 所示。templatetags 包中包括了一个__init__.py 文件（使用 PyCharm 开发工具时会自动创建该初始化文件），还有一个 my_filter.py 自定义过滤器模块文件。

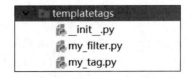

图 5.18　自定义过滤器 templatetags 包目录结构

在自定义过滤器模块文件 my_filter.py 中，开发人员需要自己编写自定义过滤器的业务代码，具体模式如下：

【代码 5-41】

```
01  # import module
02  from django import template
03
04  # 实例化 Library
05  register = template.Library()
06
07  # 注册自定义过滤器
08  @register.my_filter
09  # 定义自定义过滤器
10  def my_filter(value, arg):
11      return ...
```

在 templatetags 包中定义多少个模块（自定义标签和过滤器），是完全没有限制的。

如果要在模板中使用这些自定义标签和过滤器，只需要在使用前通过{% load my_tag %}或者{% load my_filter %}语句进行加载即可。该语句会载入给定模块名中的标签或过滤器，而不是 app 中所有的标签和过滤器。

5.4.2　自定义模板过滤器

本小节介绍自定义模板过滤器。比较而言，创建自定义过滤器比创建自定义标签简单一些。

Django 框架模板自定义过滤器其实就是一个带有一个或两个参数的 Python 函数。这个 Python 函数的第一个参数是想要过滤的对象，第二个参数才是自定义的参数。而且，这个 Python 函数最多只能有两个参数，因此相当于只能自定义一个参数，这也是自定义过滤器的限制。

关于自定义过滤器的这个 Python 函数，还有以下两点说明：

- 变量的值：不一定是字符串形式。
- 参数的值：可以有一个初始值，或者完全不要这个参数。

在前文中，我们介绍了通过 Django 模板内置标签和过滤器，模拟实现类似"加减乘除"的算术运算。虽然最终也完成了运算功能，但是看起来总是有点别扭。下面，我们尝试通过自定义过滤器来实现"加减乘除"的算术运算，领略一下 Django 模板中自定义过滤器的强大之处。

（1）在 app 中定义一个 templatetags 包，在该包中新建一个模块文件 calculator.py，在该文件中分别注册"加减乘除"共 4 个自定义过滤器函数，具体代码如下：

【代码 5-42】（详见源代码 TmplSite 项目的 gramapp/templatetags/calculator.py 文件）

```
01  # import module
02  from django import template
03
```

```
04  # 实例化 Library
05  register = template.Library()
06
07  # 注册自定义过滤器
08  @register.filter
09  # 定义自定义过滤器 cal_add
10  def cal_add(value, arg):
11      return value + arg
12
13  # 注册自定义过滤器
14  @register.filter
15  # 定义自定义过滤器 cal_minus
16  def cal_minus(value, arg):
17      return value - arg
18
19  # 注册自定义过滤器
20  @register.filter
21  # 定义自定义过滤器 cal_multiply
22  def cal_multiply(value, arg):
23      return value * arg
24
25  # 注册自定义过滤器
26  @register.filter
27  # 定义自定义过滤器 cal_divide
28  def cal_divide(value, arg):
29      if(arg != 0):
30          return int(value / arg)
31      else:
32          return "Err: divide number is zero."
```

【代码分析】

● 第 01 行代码中，通过 import 关键字导入了 template 模块。

● 第 05 行代码中，通过 template 对象调用 Library()方法实例化 Library，赋值给 register 变量。

● 第 08 行代码中，通过 register 变量注册 filter 自定义过滤器。

● 第 10～11 行代码中，定义了 cal_add 自定义过滤器，实现了加法运算。

● 第 16～17 行、第 22～23 行和第 28～32 行代码中，分别定义了 cal_minus 减法过滤器、cal_multiply 乘法过滤器和 cal_divide 除法过滤器，形式类似于 cal_add 加法过滤器。另外，对于 cal_divide 除法过滤器，增加了除数为零的判断，避免出现除 0 错误。

（2）测试"加减乘除"自定义过滤器得视图文件代码，具体如下：

【代码 5-43】（详见源代码 TmplSite 项目的 gramapp/view.py 文件）

```
01  def myfilters(request):
02      context = {}
```

```
03        context['title'] = "Django Customer Tag&Filters"
04        context['cal_num_1'] = 10
05        context['cal_num_2'] = 2
06        context['cal_num_zero'] = 0
07        template = loader.get_template('gramapp/myfilters.html')
08        return HttpResponse(template.render(context, request))
```

【代码分析】

- 第 02~06 行代码中，定义了一个用于传递上下文对象的变量（context）。
- 第 04 行代码中，在变量（context）中添加了第一个属性 cal_num_1，并赋值为整数（10），作为第一个运算数。
- 第 05 行代码中，在变量（context）中添加了第二个属性 cal_num_2，并赋值为整数（2），作为第二个运算数。
- 第 06 行代码中，在变量（context）中添加了第三个属性 cal_num_zero，并赋值为整数（0），用于测试除数为 0 的情况。

（3）HTML 模板的代码如下：

【代码 5-44】（详见源代码 TmplSite 项目的 gramapp/template/myfilters.html 模板文件）

```
01  <!DOCTYPE html>
02  <html lang="en">
03  <head>
04      <meta charset="UTF-8">
05      <link rel="stylesheet" type="text/css"
href="/static/css/mystyle.css"/>
06      <title>{{ title }}</title>
07  </head>
08  <body>
09
10  <p class="middle">
11      Hello, this is a template customer filters page!
12  </p>
13  {% load calculator %}
14  <p>
15      Customer filter:<br><br>
16      {{ cal_num_1 }} + {{ cal_num_2 }} = 
17      {{ cal_num_1 | cal_add:cal_num_2 }}<br><br>
18      {{ cal_num_1 }} - {{ cal_num_2 }} = 
19      {{ cal_num_1 | cal_minus:cal_num_2 }}<br><br>
20      {{ cal_num_1 }} &times; {{ cal_num_2 }} = 
21      {{ cal_num_1 | cal_multiply:cal_num_2 }}<br><br>
22      {{ cal_num_1 }} &divide; {{ cal_num_2 }} = 
23      {{ cal_num_1 | cal_divide:cal_num_2 }}<br><br>
24      {{ cal_num_1 }} &divide; {{ cal_num_zero }} = 
```

```
25    {{ cal_num_1 | cal_divide:cal_num_zero }}<br><br>
26  </p>
27
28  </body>
29  </html>
```

【代码分析】

- 第 13 行代码中,先通过{% load %}标签加载 calculator 自定义过滤器。
- 第 16～23 行代码中,分别通过 cal_add 自定义加法过滤器、cal_minus 自定义减法过滤器、cal_multiply 自定义乘法过滤器和 cal_divide 自定义除法过滤器模拟,进行了"加减乘除"运算。
- 第 24～25 行代码中,通过"cal_divide"自定义除法过滤器模拟了除数为零时的运算情况。

(4)使用浏览器测试 TmplSite 项目中定义的 gramapp 模板应用,如图 5.19 所示。经过自定义过滤器处理后,成功实现了"加减乘除"算术运算(包括除数为 0 情况下的处理)。

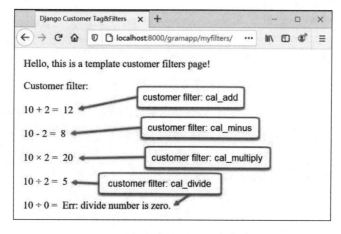

图 5.19 通过自定义过滤器实现算术运算

5.4.3 自定义模板标签

本小节介绍自定义模板标签。创建自定义标签相比于自定义过滤器要稍微复杂一些。

Django 框架模板提供了大量的快捷方式,使得编写自定义模板标签变得相对简单。对于一般的自定义标签来说,使用 simple_tag 简单标签是最方便的,其会将一个 Python 函数注册为一个简单的自定义模板标签。

简单标签原型如下:

```
django.template.Library.simple_tag()
```

这个simple_tag是Django框架模板提供的一个辅助函数,目的是为了简化创建标签类型的流程。从上面的原型方法可以看到,该函数实际是 django.template.Library 模块中的一个方法,该函数接受任意个数的参数,将其封装在一个 render 函数以及上述其他必要的位置,并用模板系统注册该函数。

该 simple_tag 简单模板标签允许接受多个参数（字符串或模板变量），并仅根据输入参数和一些额外信息进行处理并返回结果。

下面，我们就使用这个 simple_tag 简单标签设计一个自定义时间标签（current_time），该标签接受一个字符串类型的时间格式参数，并根据指定格式返回当前的日期和时间。

（1）在 app 中定义一个 templatetags 包，在该包中新建一个模块文件 current_time.py，然后在该文件中注册用于返回当前日期和时间的 current_time 自定义标签函数，具体代码如下：

【代码 5-45】（详见源代码 TmplSite 项目的 gramapp/templatetags/current_time.py 文件）

```
01  from django import template
02  from datetime import datetime, date
03
04  # 实例化 Library
05  register = template.Library()
06
07  # 注册自定义标签
08  @register.simple_tag
09  # 定义自定义标签 current_time
10  def current_time(format_string):
11      return datetime.now().strftime(format_string)
```

【代码分析】

- 第 01～02 行代码中，分别通过 import 关键字导入了 template、datetime 和 date 模块。
- 第 05 行代码中，通过 template 对象调用 Library()方法实例化 Library，赋值给 register 变量。
- 第 08 行代码中，通过 register 变量注册 simple_tag 自定义标签。
- 第 10～11 行代码中，定义了 current_time 自定义标签函数，包括一个时间格式参数。
- 第 11 行代码中，通过 datetime 对象调用 now()方法获取当前日期和时间，再通过 strftime()方法基于格式参数对时间进行格式化。

（2）这个 current_time 自定义标签可以直接在模板中使用，下面具体看一下 HTML 模板的代码示例。

【代码 5-46】（详见源代码 TmplSite 项目的 gramapp/template/mytags.html 模板文件）

```
01  <!DOCTYPE html>
02  <html lang="en">
03  <head>
04      <meta charset="UTF-8">
05      <link rel="stylesheet" type="text/css" href="/static/css/mystyle.css"/>
06      <title>{{ title }}</title>
07  </head>
08  <body>
09
10  <p class="middle">
11      Hello, this is a template customer tags page!
```

```
12  </p>
13  {% load current_time %}
14  <p>
15     simple tag:<br><br>
16     {% current_time "%Y-%m-%d %I:%M %p" as cur_time %}
17     The current time is {{ cur_time }}.<br><br>
18  </p>
19
20  </body>
21  </html>
```

【代码分析】

- 第 13 行代码中，先通过{% load %}标签加载名称为 current_time 的自定义标签模块。
- 第 16 行代码中，通过 current_time 自定义标签获取当前时间，并将时间格式作为参数传递给该标签。同时，通过 as 关键字将获取的当前时间定义为一个变量别名（cur_time），这样就可以在模板中的任意位置，通过调用该别名（cur_time）输出当前时间了。

（3）使用浏览器测试 TmplSite 项目中定义的 gramapp 模板应用，如图 5.20 所示。页面中成功输出了通过 current_time 自定义标签获取的、按照时间格式参数格式化的当前时间。

图 5.20　通过自定义标签实现时间输出

在前一小节中，我们实现了通过自定义过滤器进行模拟"加减乘除"的算术运算。下面介绍一下通过自定义标签如何实现模拟"加减乘除"算术运算的功能。

（1）在 app 中定义一个 templatetags 包，在该包中新建一个模块文件 calculator_tags.py，然后在该文件中注册用于"加减乘除"运算的 tag_add 自定义加法标签函数、tag_minus 自定义减法标签函数、tag_multiply 自定义乘法标签函数和 tag_divide 自定义除法标签函数，具体代码如下：

【代码 5-47】（详见源代码 TmplSite 项目的 gramapp/templatetags/calculator_tags.py 文件）

```
01  # import template
02  from django import template
03
04  # 实例化 Library
05  register = template.Library()
06
```

```
07  # 注册自定义标签
08  @register.simple_tag
09  # 定义自定义标签 tag_add
10  def tag_add(a, b, *args, **kwargs):
11      if isinstance(a, int) and isinstance(b, int):
12          return a + b
13      else:
14          return "Err: is not a number."
15
16  # 注册自定义标签
17  @register.simple_tag
18  # 定义自定义标签 tag_minus
19  def tag_minus(a, b, *args, **kwargs):
20      if isinstance(a, int) and isinstance(b, int):
21          return a - b
22      else:
23          return "Err: is not a number."
24
25  # 注册自定义标签
26  @register.simple_tag
27  # 定义自定义标签 tag_multiply
28  def tag_multiply(a, b, *args, **kwargs):
29      if isinstance(a, int) and isinstance(b, int):
30          return a * b
31      else:
32          return "Err: is not a number."
33
34  # 注册自定义标签
35  @register.simple_tag
36  # 定义自定义标签 tag_divide
37  def tag_divide(a, b, *args, **kwargs):
38      if isinstance(a, int) and isinstance(b, int):
39          if b != 0:
40              return int(a / b)
41          else:
42              return "Err: divide number is zero."
43      else:
44          return "Err: is not a number."
```

【代码分析】

● 第 02 行代码中，分别通过 import 关键字导入了 template 模块。

- 第 05 行代码中，通过 template 对象调用 Library() 方法实例化 Library，赋值给 register 变量。
- 第 08 行、第 17 行、第 26 行和第 35 行代码中，分别通过 register 变量注册了 simple_tag 自定义标签。
- 第 10～14 行代码中，定义了 tag_add 自定义加法标签函数，包括一组位置参数和关键字参数。
- 在第 11～14 行代码中，先通过 isinstance() 方法判断传入的参数是否为数字，满足条件后再返回加法运算结果。
- 在第 19～23 行代码中，定义了 tag_minus 自定义减法标签函数，包括一组位置参数和关键字参数。
- 在第 20～23 行代码中，先通过 isinstance() 方法判断传入的参数是否为数字，满足条件后再返回减法运算结果。
- 在第 28～32 行代码中，定义了 tag_multiply 自定义乘法标签函数，包括一组位置参数和关键字参数。
- 在第 19～32 行代码中，先通过 isinstance() 方法判断传入的参数是否为数字，满足条件后再返回乘法运算结果。
- 在第 37～44 行代码中，定义了 tag_divide 自定义除法标签函数，包括一组位置参数和关键字参数。
- 在第 38 行代码中，先通过 isinstance() 方法判断传入的参数是否为数字，满足条件后再继续执行。
- 在第 39 行代码中，在判断一下除数是否为 0，排除掉除 0 错误。
- 满足条件后，第 40 行代码再返回除法运算结果。

（2）测试"加减乘除"自定义过滤器的视图文件代码，具体如下：

【代码 5-48】（详见源代码 TmplSite 项目的 gramapp/view.py 文件）

```
01  def mytags(request):
02      context = {}
03      context['title'] = "Django Customer Tag&Filters"
04      context['cal_num_1'] = 10
05      context['cal_num_2'] = 2
06      context['cal_num_zero'] = 0
07      template = loader.get_template('gramapp/mytags.html')
08      return HttpResponse(template.render(context, request))
```

【代码分析】

- 第 02～06 行代码中，定义了一个用于传递上下文对象的变量（context）。
- 第 04 行代码中，在变量（context）中添加了第一个属性 cal_num_1，并赋值为整数（10），作为第一个运算数。
- 第 05 行代码中，在变量（context）中添加了第二个属性 cal_num_2，并赋值为整数（2），作为第二个运算数。

● 第 06 行代码中，在变量（context）中添加了第三个属性 cal_num_zero，并赋值为整数（0），用于测试除数为 0 的情况。

（3）HTML 模板的代码如下：

【代码 5-49】（详见源代码 TmplSite 项目的 gramapp/template/mytags.html 模板文件）

```
01  <!DOCTYPE html>
02  <html lang="en">
03  <head>
04      <meta charset="UTF-8">
05      <link rel="stylesheet" type="text/css"
href="/static/css/mystyle.css"/>
06      <title>{{ title }}</title>
07  </head>
08  <body>
09
10  <p class="middle">
11      Hello, this is a template customer tags page!
12  </p>
13  {% load calculator_tag %}
14  <p>
15      simple tag:<br><br>
16      tag_add : <br>
17      {{ cal_num_1 }} + {{ cal_num_2 }} = 
18      {% tag_add cal_num_1 cal_num_2 %}<br><br>
19      tag_minus : <br>
20      {{ cal_num_1 }} - {{ cal_num_2 }} = 
21      {% tag_minus cal_num_1 cal_num_2 %}<br><br>
22      tag_multiply : <br>
23      {{ cal_num_1 }} &times; {{ cal_num_2 }} = 
24      {% tag_multiply cal_num_1 cal_num_2 %}<br><br>
25      tag_divide : <br>
26      {{ cal_num_1 }} &divide; {{ cal_num_2 }} = 
27      {% tag_divide cal_num_1 cal_num_2 %}<br><br>
28      tag_divide : <br>
29      {{ cal_num_1 }} &divide; {{ cal_num_zero }} = 
30      {% tag_divide cal_num_1 cal_num_zero %}<br><br>
31  </p>
32
33  </body>
34  </html>
```

【代码分析】

● 第 13 行代码中，先通过{% load %}标签加载名称为 calculator_tag 自定义标签模块。

● 第 16~27 行代码中，分别通过 tag_add 自定义加法标签、tag_minus 自定义减法标签、tag_multiply 自定义乘法标签和 tag_divide 自定义除法标签，模拟进行了"加、减、乘、除"运算。

● 在第 28~30 行代码中，通过 tag_divide 自定义除法标签，模拟了除数为 0 时的运算情况。

（4）使用浏览器测试 TmplSite 项目中定义的 gramapp 模板应用，如图 5.21 所示。如图中的箭头和标识所示，经过自定义标签处理后，成功实现了"加、减、乘、除"算术运算（包括除数为 0 情况下的处理）。

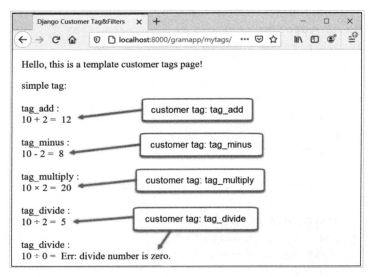

图 5.21　通过自定义标签实现算术运算（一）

上面通过定义 4 个自定义标签（tag_add、tag_minus、tag_multiply 和 tag_divide），实现了模拟"加减乘除"算术运算的功能。下面，我们尝试将这 4 个自定义标签整合成 1 个自定义标签，将运算符（加、减、乘、除，另外再增加一个取余运算）作为关键字参数进行传递，来完成"加、减、乘、除和取余"的算术运算。

首先，在模块文件 calculator_tags.py 中，注册用于"加、减、乘、除和取余"运算的 tag_calculator 自定义标签函数，具体代码如下：

【代码 5-50】（详见源代码 TmplSite 项目的 gramapp/templatetags/calculator_tags.py 文件）

```
01  # import template
02  from django import template
03
04  # 实例化 Library
05  register = template.Library()
06
07  # 注册自定义标签
```

```
08  @register.simple_tag
09  # 定义自定义标签 tag_calculate
10  def tag_calculate(a, b, *args, **kwargs):
11      if kwargs['opr'] == "add":
12          if isinstance(a, int) and isinstance(b, int):
13              return a + b
14          else:
15              return "Err: is not a number."
16      elif kwargs['opr'] == "minus":
17          if isinstance(a, int) and isinstance(b, int):
18              return a - b
19          else:
20              return "Err: is not a number."
21      elif kwargs['opr'] == "multiply":
22          if isinstance(a, int) and isinstance(b, int):
23              return a * b
24          else:
25              return "Err: is not a number."
26      elif kwargs['opr'] == "divide":
27          if isinstance(a, int) and isinstance(b, int):
28              if b != 0:
29                  return int(a / b)
30              else:
31                  return "Err: divide number is zero."
32          else:
33              return "Err: is not a number."
34      elif kwargs['opr'] == "residue":
35          if isinstance(a, int) and isinstance(b, int):
36              return a % b
37          else:
38              return "Err: is not a number."
39      else:
40          pass"
```

【代码分析】

- 第 02 行代码中，分别通过 import 关键字导入了 template 模块。

- 第 05 行代码中，通过 template 对象调用 Library() 方法实例化 Library，赋值给 register 变量。

- 第 08 行代码中，通过 register 变量注册了 simple_tag 自定义标签。

- 第 10～40 行代码中，定义了 tag_calculate 自定义标签函数，包括一组位置参数和关键字参数。区分"加"、"减"、"乘"、"除"和"取余"运算的关键，是通过 kwargs['opr'] 关键字参数获取运算符（add、minus、multiply、divide 和 residue）名称，根据运算符名称再进行相应计算、并返回运算结果。另外，在除法计算中还要判断一下除数是否为 0，排除掉除 0 错误。

测试 tag_calculate 自定义标签（加、减、乘、除和取余）的视图文件代码：

【代码 5-51】（详见源代码 TmplSite 项目的 gramapp/view.py 文件）

```
01  def mytags(request):
02      context = {}
03      context['title'] = "Django Customer Tag&Filters"
04      context['cal_num_1'] = 10
05      context['cal_num_2'] = 2
06      context['cal_num_zero'] = 0
07      context['cal_num_residue'] = 3
08      context['opr_add'] = "add"
09      context['opr_minus'] = "minus"
10      context['opr_multiply'] = "multiply"
11      context['opr_divide'] = "divide"
12      context['opr_residue'] = "residue"
13      template = loader.get_template('gramapp/mytags.html')
14      return HttpResponse(template.render(context, request))
```

【代码分析】

- 第 02～06 行代码中，定义了一个用于传递上下文对象的变量（context）。
- 第 04 行代码中，在变量（context）中添加了第一个属性 cal_num_1，并赋值为整数（10），作为第一个运算数。
- 第 05 行代码中，在变量（context）中添加了第二个属性 cal_num_2，并赋值为整数（2），作为第二个运算数。
- 第 06 行代码中，在变量（context）中添加了第三个属性 cal_num_zero，并赋值为整数（0），用于测试除数为 0 的情况。
- 第 07 行代码中，在变量（context）中添加了第四个属性 cal_num_residue，并赋值为整数（3），用于进行取余运算的情况。
- 第 09～12 行代码中，在变量（context）中分别添加了五个属性（opr_add、opr_minus、opr_multiply、opr_divide 和 opr_residue），分别用于"加、减、乘、除和取余"这五种运算。

HTML 模板的代码如下：

【代码 5-52】（详见源代码 TmplSite 项目的 gramapp/template/mytags.html 模板文件）

```
01  <!DOCTYPE html>
02  <html lang="en">
03  <head>
04      <meta charset="UTF-8">
05      <link rel="stylesheet" type="text/css"
href="/static/css/mystyle.css"/>
06      <title>{{ title }}</title>
```

```
07  </head>
08  <body>
09
10  <p class="middle">
11      Hello, this is a template customer tags page!
12  </p>
13  {% load calculator_tag %}
14  <p>
15      simple tag:<br><br>
16      tag_calculate : add<br>
17      {{ cal_num_1 }} + {{ cal_num_2 }} = 
18      {% tag_calculate cal_num_1 cal_num_2 opr=opr_add %}<br><br>
19      tag_calculate : minus<br>
20      {{ cal_num_1 }} - {{ cal_num_2 }} = 
21      {% tag_calculate cal_num_1 cal_num_2 opr=opr_minus %}<br><br>
22      tag_calculate : multiply<br>
23      {{ cal_num_1 }} &times; {{ cal_num_2 }} = 
24      {% tag_calculate cal_num_1 cal_num_2 opr=opr_multiply %}<br><br>
25      tag_calculate : divide<br>
26      {{ cal_num_1 }} &divide; {{ cal_num_2 }} = 
27      {% tag_calculate cal_num_1 cal_num_2 opr=opr_divide %}<br><br>
28      tag_calculate : divide<br>
29      {{ cal_num_1 }} &divide; {{ cal_num_zero }} = 
30      {% tag_calculate cal_num_1 cal_num_zero opr=opr_divide %}<br><br>
31      tag_calculate : residue<br>
32      {{ cal_num_1 }} % {{ cal_num_residue }} = 
33      {% tag_calculate cal_num_1 cal_num_residue opr=opr_residue %}<br><br>
34  </p>
35
36  </body>
37  </html>
```

【代码分析】

● 第 13 行代码中，先通过{% load %}标签加载名称为 calculator_tag 自定义标签模块。

● 第 16～33 行代码中，分别通过 tag_calculate 自定义标签，进行了"加、减、乘、除和取余"这五种算术运算（除法还包括了除数为 0 的情况）。

使用浏览器测试 TmplSite 项目中定义的 gramapp 模板应用，如图 5.22 所示。如图中的箭头和标识所示，经过自定义标签处理后，成功实现了"加、减、乘、除和取余"算术运算（包括除数为 0 情况下的处理）。

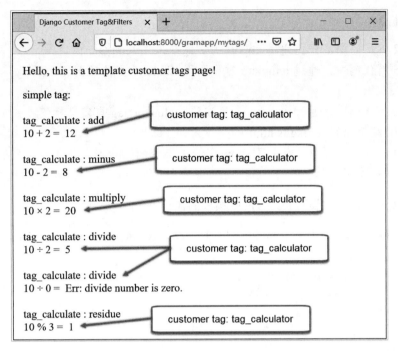

图 5.22 通过自定义标签实现算术运算（二）

Django 框架模板中还设计了一个 inclusion_tag 包含标签，相比于 simple_tag 简单标签在使用上略微麻烦一些，这个 inclusion_tag 包含标签会为另一个模板渲染数据。

包含标签原型如下：

```
django.template.Library.inclusion_tag()
```

inclusion_tag 同样是 Django 框架模板提供的一个辅助函数，目的是为了增强创建标签类型的流程。

为了介绍 inclusion_tag 包含标签，我们直接使用这个标签设计一个输出列表的代码示例，这样比较直观便于理解。

首先，在 app 中定义一个 templatetags 包，在该包中新建一个模块文件 inclusion_tag.py，然后在该文件中注册用于返回列表数据的 show_lists 自定义标签函数，具体代码如下：

【代码 5-53】（详见源代码 TmplSite 项目的 gramapp/templatetags/inclusion_tag.py 文件）

```
01  # import module
02  from django import template
03
04  # 实例化 Library
05  register = template.Library()
06
07  # Here, register is a django.template.Library instance, as before
08  @register.inclusion_tag('gramapp/results.html')
09  def show_lists(langs):
10      return {'choices': langs}
```

【代码分析】

● 第 02 行代码中，分别通过 import 关键字导入了 template 模块。

● 第 05 行代码中，通过 template 对象调用 Library()方法实例化 Library，赋值给 register 变量。

● 第 08 行代码中，通过 register 变量注册 inclusion_tag 自定义标签，并指定用于渲染的 HTML 模板路径（results.html）。

● 第 09~10 行代码中，定义了 show_lists 自定义标签函数，包含一个列表参数，并返回一个字典类型。

接下来，看一下用于渲染的 results.html 模板的代码定义。

【代码 5-54】（详见源代码 TmplSite 项目的 gramapp/template/results.html 模板文件）

```
01  <ul>
02  {% for choice in choices %}
03      <li> {{ choice }} </li>
04  {% endfor %}
05  </ul>
```

【代码分析】

● 这段 HTML 模板代码很简单，就是通过{% for %}循环生成了一个页面中的<ul><li>列表。

下面是测试 show_lists 自定义标签的视图文件代码，具体如下：

【代码 5-55】（详见源代码 TmplSite 项目的 gramapp/view.py 文件）

```
01  def myincstags(request):
02      context = {}
03      context['title'] = "Django Customer Tag&Filters"
04      context['list_lang'] = { "Python", "Django", "Flask"}
05      template = loader.get_template('gramapp/mytags.html')
06      return HttpResponse(template.render(context, request))
```

【代码分析】

● 第 02~04 行代码中，定义了一个用于传递上下文对象的变量（context）。

● 第 04 行代码中，在变量（context）中添加了一个属性 list_lang，并赋值为一个字符串列表（编程语言名称）。

下面是关于测试 show_lists 自定义标签的 HTML 模板代码，具体如下：

【代码 5-56】（详见源代码 TmplSite 项目的 gramapp/template/mytags.html 模板文件）

```
01  <!DOCTYPE html>
02  <html lang="en">
03  <head>
04      <meta charset="UTF-8">
05      <link rel="stylesheet" type="text/css"
```

```
    href="/static/css/mystyle.css"/>
06      <title>{{ title }}</title>
07  </head>
08  <body>
09
10  <p class="middle">
11      Hello, this is a template customer tags page!
12  </p>
13  {% load inclusion_tag %}
14  <p>
15      inclusion tag:<br><br>
16      {% show_lists list_lang %}
17  </p>
18
19  </body>
20  </html>
```

【代码分析】

● 第 13 行代码中，先通过{% load %}标签加载名称为"inclusion_tag"的自定义标签模块。

● 第 16 行代码中，通过 show_lists 自定义标签在页面中输出一个列表，并通过参数 list_lang 来传递列表内容。

使用浏览器测试 TmplSite 项目中定义的 gramapp 模板应用，如图 5.23 所示。如图中的箭头所示，页面中成功输出了通过 show_lists 自定义标签定义的列表内容。

图 5.23　通过自定义标签实现列表输出

5.5　本章小结

本章介绍了 Django 框架应用程序开发的模板技术，具体包括了模板基础知识的介绍、如何配置模板引擎、模板语法以及自定义标签和过滤器等方面的内容。本章内容是 Django 框架应用程序开发的基础，可以帮助读者理解使用 Django 框架开发应用程序的流程。

第 6 章

Django 框架表单

本章将介绍 Django 框架中的表单,主要包括表单基础、表单 API、内建字段、内建 widgets 和自定义验证等内容。Django 框架表单是用户与后台进行友好沟通的媒介,是开发基于 Django 框架的 Web 应用程序的重要基础。

通过本章的学习可以掌握以下内容:

- 表单的基础知识
- 表单 API
- 表单的内建字段
- 表单的内建 widgets
- 表单自定义验证

6.1 Django 框架表单基础

本节将介绍 Django 框架表单(Form)的基础知识,Django 框架提供了一系列的工具和库来帮助开发人员构建表单,通过表单来接收网站用户的输入,然后处理并响应用户的输入。

6.1.1 HTML 表单

Django 框架的表单是在 HTML 模板中设计完成的,其功能相当于 HTML 表单(Form)。在 HTML 页面中,表单由<form>...</form>标签来实现。设计人员通过在表单中添加一些如文本输入框、单选框、复选框、文本域、重置按钮和提交按钮这类的元素,以实现用户通过表单将相关数据发送到服务端(后台)的功能。Django 框架的表单也实现了相同的功能,只不过要遵循 Django 框架标准进行设计。

在实践中,有一些表单元素(比如:文本输入框)非常简单,且内置于 HTML 中。同时,也有一些表单元素（比如：日期选择控件、滑块控件）比较复杂，一般需要通过使用 JavaScript、CSS 以及<input>等元素来实现这些效果。

Django 框架表单同样如此，定义时需要满足以下两项常规标准：

● 负责响应用户输入数据的 URL 地址（action 属性）。
● 数据请求时使用的 HTTP 方法（method 属性：GET、POST）。

例如，在 Django 框架内置的 Admin（管理员）登录表单中，就包含如下一些常规的<input>元素类型：

● 用户名：type="text"。
● 密码：type="password"。
● 登录按钮：type="submit"。
● action 属性指定的 URL 地址："/admin/"。
● method 属性指定的 HTTP 方法："POST"。

当用户单击<input type="submit" value="Log in">按钮元素时，提交响应就会被触发，然后表单数据会发送到"/admin/"地址上去。

6.1.2　HTTP 方法：GET 和 POST

Django 框架处理表单时，只支持 GET 和 POST 这两种 HTTP 方法。Django 框架的登录表单需要使用 POST 方法传输数据，这是因为在使用 POST 方法发送数据到服务器端时，浏览器为了保证传输安全会对数据进行封装和编码。

相比之下，GET 方法会将提交的数据绑定到一个字符串中，并用该字符串来组成一个 URL 地址，而该 URL 地址包含的数据（键/值）会造成安全隐患。例如，在 Django 官方文档（https://docs.djangoproject.com）中进行一次搜索，就会生成一个类似"https://docs.djangoproject.com/search/?q=forms&release=1"的 URL 地址，这个就是 GET 方式。

关于 GET 和 POST 这两种 HTTP 方法的区别，主要体现在适用场景上。对于任何可能用于修改系统状态的请求（例如：一个修改数据库的请求），建议使用 POST 方法。而对于不会影响系统状态的请求，建议使用 GET 方法。

例如，GET 方法不适用于包含密码的表单。因为使用 GET 方法会让密码出现在 URL 地址字符串中，这样就会被记录在浏览器的历史记录以及服务器的日志中，而且都是纯文本的形式保存的，自然无法保证数据的安全性。另外，GET 方法也不适合处理大量的字符串数据或二进制数据，比如图片和视频等。

在 Web 应用的管理表单中，使用 GET 请求具有安全隐患。例如，攻击者很容易通过模拟请求来访问系统的敏感数据，因此 Django Admin（管理员）模块选择使用 POST 方法。在 Django 框架模板中，POST 方法通过与 CSRF protection 保护措施配合使用，能对访问提供更多的安全控制。

当然，GET 方法也不是完全无用武之地。GET 方法适用于网页搜索表单这样的场景，这时 GET 请求的 URL 地址很容易被保存为书签，便于用户分享或重新提交。所以，在 Django 官方文档中进行搜索，就使用了 GET 方法。

6.1.3 Django 在表单中的角色

Django 框架处理表单是一件挺复杂的事情。尝试研究一下 Django 框架的 Admin（管理员）模块，就会发现许多不同类型的数据可能需要在一张表单中完成，然后渲染到 HTML 模板中进行呈现，还需要使用便捷的界面进行编辑、上传到服务器、验证和清理数据，最后还要保存或跳过以便下一步的处理。

Django 框架的表单功能可以简化和自动化上述的大部分工作，并且也能比开发人员自己编写代码来实现会更安全一些。

Django 框架会处理涉及表单的三个不同部分：

● 准备并重组数据，以便下一步的渲染。
● 为数据创建 HTML 表单。
● 接收并处理客户端提交的表单及数据。

开发人员可以通过手动编写代码来实现上述功能，不过 Django 框架表单的内置功能可以完成所有的这些工作。

6.1.4 Form 类

Django 框架表单系统的核心组件是 Form 类，其与 Django 模型描述对象的逻辑结构、行为以及呈现内容的方式大致相同。Form 类描述了表单并决定其如何工作以及如何呈现。

类似于模型类通过字段映射到数据库字段的方式，ModelForm 模型类的字段会通过表单类的字段映射到 HTML 表单的<input>元素中。Django 框架的 Admin（管理员）模块就是基于此实现的。

表单字段本身也是类，其负责管理表单数据并在提交表单时执行验证。在浏览器中，表单字段以 HTML 元素（控件类）的形式展现给用户。每个字段类型都有与之相匹配的控件类，但必要时可以进行覆盖。

6.1.5 实例化、处理和渲染表单

在 Django 框架表单中渲染一个对象的时候，通常需要做如下步骤：

（1）在视图中获取对象（例如：从数据库中取出）。
（2）将对象传递给模板上下文。
（3）使用模板变量将对象扩展为 HTML 标签。

在模板中渲染表单，几乎与渲染任何其他类型的对象的一样，但是存在一些关键性的差异。

如果模型实例不包含数据，在模板中对其做任何处理几乎没什么用。但完全有理由用来渲染一张空表单，当我们希望用户来填充的时候就会这么做。所以，当在视图中处理模型实例时，一般从数据库中获取这些对象；当处理表单时，一般在视图中实例化这些对象。

实例化表单时，可以选择让其为空或对其预先填充，例如：

● 已保存的模型实例数据（如在编辑表单的情况下）。
● 从其他来源获取的数据。

- 从前面一个 HTML 表单提交过来的数据。

6.1.6 创建一个表单

如果希望在网站上创建一个最简单的表单，仅仅用来获取用户的名字，通常只需要在模板中使用类似如下的代码：

【代码 6-1】

```
01  <form action="/get-name/" method="get">
02      <label for="your_name">Your name: </label>
03      <input id="your_name" type="text" name="your_name"
value="{{ current_name }}">
04      <input type="submit" value="OK">
05  </form>
```

【代码分析】

- 第 01 行代码中，action 属性通知浏览器将表单数据提交到 URL 地址（"/get-name/"）上，method 属性定义了使用 POST 方法。
- 第 03 行代码中，定义了一个<input type="text" />的文本输入框，用于用户输入姓名。同时，value 属性定义为一个上下文变量（current_name），如果该变量存在，则其值将会预填充到表单中显示。
- 第 04 行代码中，定义了一个<input type="submit" />提交按钮。

对于上面【代码 6-1】中定义的表单，需要一个视图来渲染这个包含 HTML 表单的模板，并能提供适当的{{ current_name }}字段。提交表单时，发送给服务器的 GET 请求将包含表单数据。

然后，还需要一个与该 URL 地址（"/get-name/"）相对应的视图，该视图将在请求中找到相应的"键/值"对，然后对其进行处理。

另外，可能还需要浏览器在表单提交之前进行一些字段验证，或者是使用更复杂的字段以允许用户做类似日期选择的操作等。这时，通过 Django 框架可以很容易地完成大部分的工作。

6.2 使用 Django 框架表单

本节将介绍一个使用 Django 框架表单（Form）构建 Web 应用的实例。使用 Django 框架表单实现内容提交，主要通过表单 Form 类来完成，这与传统 HTML 表单的提交方式不同。

6.2.1 使用 Form 类构建表单

Django 框架内置的 Form 类可以自动生成模板表单，这样就无须以手动方式在 HTML 模板中定义表单。Form 类就是表单类，继承自 django.forms.Form 模块，是适用于构建 Django 框架表单的基础类。

下面，我们通过 Form 类构建一个简单的、用于提交用户信息的表单。使用 Form 类定义表单，通常需要在 app 中新建一个表单模块 forms.py，该模块一般要与视图模块 views.py 和模型模块 models.py 放置于同一级别目录下。

表单模块的具体代码如下：

【代码 6-2】（详见源代码 FormSite 项目的 formapp/forms.py 文件）

```
01  from django import forms
02
03  # Form Class
04  class UserInfoForm(forms.Form):
05      username = forms.CharField(label='Your name', max_length=32)
06      dep = forms.CharField(label='Your department', max_length=8)
07      email = forms.EmailField(label='Your email', max_length=64)
```

【代码分析】

- 第 01 行代码中，通过 import 关键字引入 forms 模块。
- 第 04 ~ 07 行代码中，通过 class 定义表单类 UserInfoForm，其中内置了相关的表单字段。注意，所有自定义的表单类均继承自 forms.Form 类。
- 第 05 行代码中，通过 CharField 字段类型定义了一个表单字段（username），对应于 HTML 表单<form>标签中的"用户名"文本输入框。
- 第 06 行代码中，通过 CharField 字段类型定义了一个表单字段（dep），对应于 HTML 表单<form>标签中的"部门"文本输入框。
- 第 07 行代码中，通过 EmailField 字段类型定义了一个表单字段（email），对应于 HTML 表单<form>标签中的"电子邮件"输入框。

另外，这段 Form 类代码没有定义提交按钮，需要开发人员自行在 HTML 模板表单中添加。这样做的好处是，开发人员可以在 HTML 模板中为表单定义脚本行为、添加 CSS 样式以及嵌入第三方框架。

6.2.2 视图处理

在 Django 框架表单中，表单 Form 类的渲染工作需要视图来处理。在视图中，需要实例化定义好的 Form 类，并进行必要的表单验证工作。

每个 Django 框架表单的实例都有一个内置的 is_valid()方法，用来验证接收的数据是否合法。如果所有数据都合法，那么该方法将返回 True，并将所有的表单数据转存到一个称为 cleaned_data 的属性中，该属性是一个字典类型数据。

Django 框架表单的实例化代码一般放在 views.py 视图文件中，views.py 视图文件与 forms.py 表单文件一般处于同一级目录。

表单类 UserInfoForm 的实例化代码如下：

【代码 6-3】（详见源代码 FormSite 项目的 formapp/views.py 文件）

```
01  from .forms import UserInfoForm
02  # Create form view
03  def userinfo(request):
04      # if this is a POST request we need to process the form data
05      if request.method == 'POST':
06          # create a form instance and populate it with data from the request:
07          form = UserInfoForm(request.POST)
08          # check whether it's valid:
09          if form.is_valid():
10              # process the data in form.cleaned_data as required
11              context = {}
12              context['uname'] = request.POST['username']
13              context['udep'] = request.POST['dep']
14              context['uemail'] = request.POST['email']
15              # redirect to a new URL:
16              return render(request, 'show_info.html', {'userinfo': context})
17      # if a GET (or any other method) we'll create a blank form
18      else:
19          form = UserInfoForm()
20      # render form in HTML template
21      return render(request, 'userinfo.html', {'form': form})
```

【代码分析】

- 第 01 行代码中，通过 import 关键字引入 UserInfoForm 表单类。
- 第 03～21 行代码中，定义了一个视图函数 userinfo，对表单类 UserInfoForm 进行实例化。
- 第 05 行代码中，通过 if 条件语句判断 HTTP 请求方法，如果为 POST 方法，则继续执行后面代码去接受用户提交的数据。如果为 GET 方法，则直接跳转到第 18 行代码，执行第 19 行代码返回空的表单实例（form），让用户录入数据后再提交。
- 第 07 行代码中，通过 request 获取表单数据，在通过 UserInfoForm 表单类创建表单实例（form）。
- 第 09 行代码中，通过 if 条件语句对表单实例（form）进行验证，如果所有的表单字段均有效，则继续执行下面的代码。
- 第 11～14 行代码，通过 request 获取表单获取表单字段数据，并保存在上下文变量（context）中。
- 第 16 行代码中，将上下文变量（context）保存为字典类型变量（userinfo），通过 render() 方法传递表单数据（userinfo）到新的页面中进行显示。
- 第 21 行代码中，将表单实例（form）渲染到表单模板（'userinfo.html'）中。

6.2.3　模板处理

在 Django 框架表单中，HTML 模板的处理就相对简单得多。表单类 UserInfoForm 的模板代码如下：

【代码 6-4】（详见源代码 FormSite 项目的 formapp/templates/userinfo.html 文件）

```
01  <form action="#" method="post">
02      {% csrf_token %}
03      {% for f in form %}
04          {{ f.label }}:  {{ f }}<br><br>
05      {% endfor %}
06      <input type="submit" value="Submit" /><br>
07  </form>
```

【代码分析】

- 第 01～07 行代码中，通过<form>标签定义了一个表单模板。
- 第 02 行代码中，通过{% csrf_token %}模板标签为表单增加防护功能。Django 框架自带一个简单易用的"跨站请求伪造防护"，当通过 POST 方法提交一个启用了 CSRF 防护（参见 setting.py 模块）的表单时，必须在表单中使用模板标签（csrf_token）。
- 第 03～05 行代码中，通过{% for-endfor %}模板标签，遍历表单实例（form）的每一项，并在页面模板中显示。
- 第 06 行代码中，定义了表单的提交按钮（<input type="submit" />）。

【代码 6-4】为我们定义了一个可以工作的 Web 表单，其通过 Django 框架的 Form 类来描述，由一个视图来处理，并渲染成一个 HTML 模板中的表单（<form>）元素。

另外，再介绍一下 HTML5 输入类型和浏览器验证这方面的内容。如果表单中包含类似 URLField、EmailField 或其他整数字段的类型，Django 模板表单将使用 url、email 和 number 这类 HTML5 输入类型。

默认情况下，浏览器可能会在这些字段上应用自己的验证方式，可能也会比 Django 框架的验证更加严格。如果想禁用这个行为，可以在<form>标签上设置 novalidate 属性，或者在字段上指定一个不同的控件（比如：TextInput）。

6.2.4　提交模板

在前面的视图代码中，我们定义了一个用于显示表单提交数据的 HTML 模板（userinfo.html），该模板的具体代码如下：

【代码 6-5】（详见源代码 FormSite 项目的 formapp/templates/show_info.html 文件）

```
01  <!DOCTYPE html>
02  <html lang="en">
03  <head>
04      <meta charset="UTF-8">
```

```
05       <link rel="stylesheet" type="text/css"
href="/static/css/myclass.css"/>
06       <title>Show Userinfo</title>
07   </head>
08   <body>
09   <p>
10       userinfo (total):<br>
11       {{ userinfo }}<br>
12   </p>
13   <p>
14       userinfo (items):<br>
15       {% for key,value in userinfo.items %}
16          {{ key }} : {{ value }}<br>
17       {% endfor %}
18   </p>
19   </body>
20   </html>
```

【代码分析】

- 第 11 行代码中，直接通过字典类型的上下文变量（userinfo），在页面模板中输出表单提交的数据信息。
- 第 15～17 行代码中，通过{% for-endfor %}模板标签，遍历字典类型的上下文变量（userinfo）中的每一项，并依次在页面模板中显示。

6.2.5　测试表单应用

现在，我们测试一下上面基于 Django 框架表单 Form 类构建的"用户信息"Web 应用。

（1）在 FireFox 浏览器中打开 FormSite 项目中定义的 formapp 表单应用地址，如图 6.1 所示。HTML 模板（userinfo.html）中显示了从表单模块 forms.py 和视图模块 views.py 中传递过来的空白的"用户信息"表单。

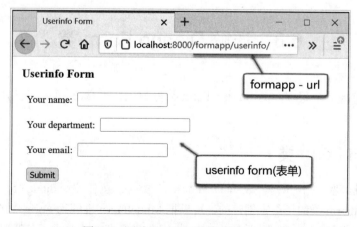

图 6.1　测试 formapp 表单应用（一）

（2）在空白表单中录入用户信息，如图 6.2 所示。

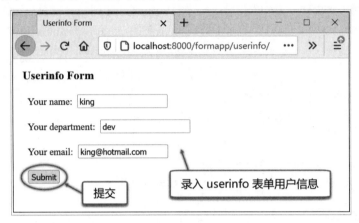

图 6.2   测试 formapp 表单应用（二）

（3）录入相关用户信息后，直接单击 Submit 按钮提交。表单提交后的页面效果如图 6.3 所示。页面中分别显示了两种格式的字典对象的内容，与图 6.2 中录入的用户信息是一致的。

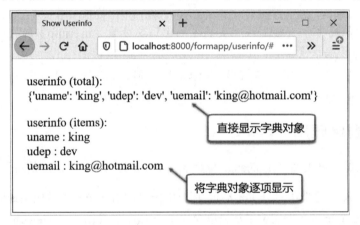

图 6.3   测试 formapp 表单应用（三）

6.3 详解 Django Form 类

本节将介绍 Django 框架中的 Form 类。Form 类与 Model 类紧密关联，是构建 Web 应用的内部核心部件。

6.3.1 模型与 Form 类

在 Django 框架中，所有表单（Form）类均是作为 django.forms.Form 类或者 django.forms.ModelForm 类的子类来创建的，可以把 ModelForm 理解为 Form 类的子类。

实际上，Form 类和 ModelForm 类是从 BaseForm 类以私有方式继承了其通用功能，我们在使用时一般不用需要关心这个实现细节。感兴趣的读者可以研究一下 Django 框架模板的源码，相信会学习到不少知识。

如果需要表单直接用来添加或编辑 Django 模型，应该使用 ModelForm 类，这样可以省时、省力、省代码。因为 ModelForm 类会根据 Model 类构建一张对应其字段和属性的表单。

6.3.2　绑定的和未绑定的表单实例

在 Django 框架表单中，绑定的和未绑定的表单实例之间的区别如下：

- 未绑定的表单没有与其关联的数据。当渲染到页面模板的时候，其可能是空的或者包含默认值。
- 绑定的表单拥有已提交的数据，因此可以用来判断数据是否合法。如果渲染了一个非法绑定的表单，其将会包含内联的错误信息，告知开发人员需要纠正哪些数据。

实际开发中，开发人员可以通过 Form 表单的 is_bound 属性，了解一个表单是否具有绑定的数据。

6.3.3　表单字段与 Widget 控件

Django 框架表单为开发人员内置了许多表单字段，提供了非常完整的表单设计功能。下面列举了比较完整的表单字段。

- BooleanField
- CharField
- ChoiceField
- TypedChoiceField
- DateField
- DateTimeField
- DecimalField
- DurationField
- EmailField
- FileField
- FilePathField
- FloatField
- ImageField
- IntegerField
- JSONField
- GenericIPAddressField
- MultipleChoiceField
- TypedMultipleChoiceField
- NullBooleanField

- RegexField
- SlugField
- TimeField
- URLField
- UUIDField
- ComboField
- MultiValueField
- SplitDateTimeField
- ModelChoiceField
- ModelMultipleChoiceField

其中，每一个表单字段的类型都对应一种 Widget 控件。这个 Widget 控件是一种内建于 Django 框架中的类，每一种 Widget 类均对应 HMTL 语言中一种<input>元素类型。例如，CharField 字段对应于<input type="text">元素类型。

开发人员需要在 HTML 模板中使用什么类型的<input>元素，就可以在 Django 表单字段中选择相应的"XXXField"。比如：如果需要一个<input type="text">元素，就可以选择一个 CharField。

下面，我们通过多种 Form 类字段构建一个"联系人邮件信息"的表单。

（1）表单 Form 类还是定义在表单模块 forms.py 中，具体代码如下：

【代码 6-6】（详见源代码 FormSite 项目的 formapp/forms.py 文件）

```
01  from django import forms
02
03  # Form Class : ContactForm
04  class ContactForm(forms.Form):
05      subject = forms.CharField(label='Subject', max_length=64)
06      message = forms.CharField(label='Message', widget=forms.Textarea)
07      sender = forms.EmailField(label='Sender', max_length=64)
08      cc_myself = forms.BooleanField(required=False)
```

【代码分析】

- 第 01 行代码中，通过 import 关键字引入 forms 模块。
- 第 04～08 行代码中，通过 class 定义表单类 ContactForm，其中内置了多种类型的表单字段。
- 第 05 行代码中，通过 CharField 字段类型定义了一个表单字段（subject），对应于 HTML 表单<form>标签中的"标题"文本输入框。
- 第 06 行代码中，通过 CharField 字段类型定义了一个表单字段（message），表单控件（widget）定义为 Textarea 控件，对应于 HTML 表单<form>标签中的"邮件信息"文本输入域。
- 第 07 行代码中，通过 EmailField 字段类型定义了一个表单字段（sender），对应于 HTML 表单<form>标签中的"邮件目标发送地址"邮件类型的文本输入框。

- 第 08 行代码中，通过 BooleanField 字段类型定义了一个表单字段（cc_myself），对应于 HTML 表单<form>标签中的"抄送自己"单选类型控件。

无论用表单提交了什么数据，一旦通过调用 is_valid()方法验证成功（返回 True），已验证的表单数据将被放到 form.cleaned_data 字典中，而且这些数据已经转化为可直接调用的 Python 类型。

（2）Django 框架表单的实例化代码还是放在 views.py 视图文件中，且与 forms.py 表单文件处于同一级目录。表单类 ContactForm 的实例化代码如下：

【代码 6-7】（详见源代码 FormSite 项目的 formapp/views.py 文件）

```
01  from .forms import ContactForm
02  # Create form view
03  def contact(request):
04      # if this is a POST request we need to process the form data
05      if request.method == 'POST':
06          # create a form instance and populate it with data from the request:
07          form = ContactForm(request.POST)
08          # check whether it's valid:
09          if form.is_valid():
10              # process the data in form.cleaned_data as required
11              context = {}
12              subject = form.cleaned_data['subject']
13              message = form.cleaned_data['message']
14              sender = form.cleaned_data['sender']
15              cc_myself = form.cleaned_data['cc_myself']
16              context['subject'] = subject
17              context['message'] = message
18              context['sender'] = sender
19              context['cc_myself'] = cc_myself
20              # redirect to a new URL:
21              return render(request, 'show_contact.html', {'contact': context})
22      # if a GET (or any other method) we'll create a blank form
23      else:
24          form = ContactForm()
25      # render form in HTML template
26      return render(request, 'contact.html', {'form': form})
```

【代码分析】

- 第 01 行代码中，通过 import 关键字引入 ContactForm 表单类。
- 第 03～26 行代码中，定义了一个视图函数 contact，对表单类 ContactForm 进行了实例化。

- 第 05 行代码中，通过 if 条件语句判断 HTTP 请求方法，如果为 POST 方法，则继续执行后面代码去接受用户提交的数据。如果为 GET 方法，则直接跳转到第 23 行代码，执行第 24 行代码返回空的表单实例（from），让用户录入数据后再提交。
- 第 07 行代码中，通过 request 获取表单数据，再通过 ContactForm 表单类创建表单实例（form）。
- 第 09 行代码中，通过 if 条件语句对表单实例（form）进行验证，如果所有的表单字段均有效，则继续执行下面的代码。
- 第 12～15 行代码中，通过表单实例（form）对象的 cleaned_data 属性获取表单字段数据，然后保存在上下文变量（context）中。
- 第 16～19 行代码中，将获取的字段数据保存在上下文变量（context）中。
- 第 21 行代码，将上下文变量（context）保存为字典类型变量（contact），通过 render() 方法传递表单数据（contact）到新的页面中进行显示。
- 第 26 行代码中，将表单实例（form）渲染到表单模板（contact.html）中。

（3）对于模板的处理就相对简单得多。表单类 ContactForm 的模板代码如下：

【代码 6-8】（详见源代码 FormSite 项目的 formapp/templates/contact.html 文件）

```
01  <!DOCTYPE html>
02  <html lang="en">
03  <head>
04      <meta charset="UTF-8">
05      <link rel="stylesheet" type="text/css"
href="/static/css/mystyle.css"/>
06      <title>Contact Form</title>
07  </head>
08  <body>
09
10  <h3>Contact Form</h3>
11
12  <form action="#" method="post">
13      {% csrf_token %}
14      {% for f in form %}
15          {{ f.label }}:  {{ f }}<br><br>
16      {% endfor %}
17      <input type="submit" value="Submit" /><br>
18  </form>
19
20  </body>
21  </html>
```

【代码分析】

- 第 12～18 行代码中，通过<form>标签定义了一个表单模板，method 属性定义为 POST 方法。
- 第 13 行代码中，通过{% csrf_token %}模板标签为表单增加防护功能。
- 第 14～16 行代码中，通过{% for-endfor %}模板标签遍历表单实例（form）的每一项，并在页面模板中显示。
- 第 17 行代码中，定义了表单的提交按钮（<input type="submit" />）。

（4）在前面的视图处理中，定义了一个用于显示表单提交数据的 HTML 模板，具体代码如下：

【代码 6-9】（详见源代码 FormSite 项目的 formapp/templates/show_contact.html 文件）

```
01  <!DOCTYPE html>
02  <html lang="en">
03  <head>
04      <meta charset="UTF-8">
05      <link rel="stylesheet" type="text/css"
href="/static/css/mystyle.css"/>
06      <title>Show Userinfo</title>
07  </head>
08  <body>
09
10  <h3>Contact Info</h3>
11  <p>
12      contact (items):<br>
13      {% for key,value in contact.items %}
14          {{ key }} : {{ value }}<br>
15      {% endfor %}
16  </p>
17
18  </body>
19  </html>
```

【代码分析】

- 第 13～15 行代码中，通过{% for-endfor %}模板标签遍历字典类型的上下文变量（contact）中的每一项，并依次显示在页面模板中。

（5）测试上面基于 Django 框架表单 Form 类构建的"联系人邮件信息"Web 应用。

首先，通过 FireFox 浏览器打开 FormSite 项目中定义的"contact"表单应用地址，如图 6.4 所示。HTML 模板（contact.html）中显示了从表单模块 forms.py 和视图模块 views.py 中传递过来的空白的"用户信息"表单。

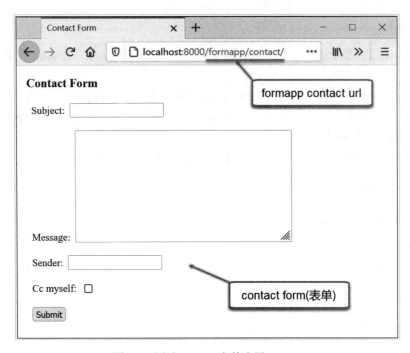

图 6.4　测试 contact 表单应用（一）

在空白表单中录入用户信息，如图 6.5 所示。

图 6.5　测试 contact 表单应用（二）

录入相关邮件信息后，直接点击"Submit"按钮进行提交。表单提交后的页面效果如图 6.6 所示。页面中显示了 contact 字典对象的内容，与图 6.5 中录入的邮件信息是一致的。

图 6.6 测试 contact 表单应用（三）

6.3.4 使用表单模板

在 Django 框架表单中，还支持使用表单模板样式，设计时只需将表单实例放到模板的上下文中即可。因此，如果设计的表单在上下文中为<form>，那么{{ form }}变量将自动渲染其相应的<label>标签和<input>元素。

使用表单模板时，Form 类中定义的<label><input>元素对还有其他的输出选项，具体说明如下：

- {{ form.as_table }}：将会渲染成为一个表格，自动将<tr>标签元素填充到表格<table>元素中。
- {{ form.as_ul }}：将会渲染成为一个列表，自动将<li>标签元素填充到列表<ul>元素中。
- {{ form.as_p }}：将会渲染成为段落，自动使用<p>标签元素包裹每一个表单字段。

注意，对于{{ form.as_table }}选项和{{ form.as_ul }}选项，必须自行添加外层的<table>和<ul>元素。

接下来，我们尝试将【代码 6-8】中定义的表单使用表单模板样式进行改写，看一下页面效果会变成什么样。

1．使用{{ form }}方式输出表单

直接使用{{ form }}方式输出表单，具体代码如下：

【代码 6-10】（详见源代码 FormSite 项目的 formapp/templates/contact.html 文件）

```
01  <!DOCTYPE html>
02  <html lang="en">
03  <head>
04      <meta charset="UTF-8">
05      <link rel="stylesheet" type="text/css"
```

```
     href="/static/css/mystyle.css"/>
06       <title>Contact Form</title>
07   </head>
08   <body>
09
10   <h3>Contact Form (as form)</h3>
11   <form action="#" method="post">
12       {% csrf_token %}
13       {{ form }}
14       <input type="submit" value="Submit" /><br>
15   </form>
16
17   </body>
18   </html>
```

【代码分析】

● 第 13 行代码中，直接通过{{ form }}变量输出表单。

（2）打开 FireFox 浏览器，查看一下表单提交后的页面效果，如图 6.7 所示。直接通过{{ form }}变量输出的 contact 表单，在页面中显示为一个整行，没有呈现出换行格式。

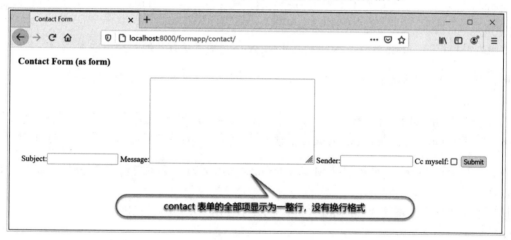

图 6.7　测试{{ form }}表单效果

2. 使用{{ form.as_table }}方式输出表单

下面尝试使用{{ form.as_table }}方式输出表单，具体代码如下：

【代码 6-11】（详见源代码 FormSite 项目的 formapp/templates/contact.html 文件）

```
01   <!DOCTYPE html>
02   <html lang="en">
03   <head>
04       <meta charset="UTF-8">
```

```
05      <link rel="stylesheet" type="text/css"
href="/static/css/mystyle.css"/>
06      <title>Contact Form</title>
07  </head>
08  <body>
09
10  <h3>Contact Form (as table)</h3>
11  <form action="#" method="post">
12      {% csrf_token %}
13      <table>
14          {{ form.as_table }}
15      </table>
16      <input type="submit" value="Submit" /><br>
17  </form>
18
19  </body>
20  </html>
```

【代码分析】

● 第 13 ~ 15 行代码中，通过<table>标签元素定义了一个表格。

● 第 14 行代码中，通过{{ form.as_table }}方式将表单输出为表格样式。

打开 FireFox 浏览器，查看表单提交后的页面效果，如图 6.8 所示。通过{{ form.as_table }}方式输出的 contact 表单，在页面中呈现出了一个表格样式，整体效果非常不错。

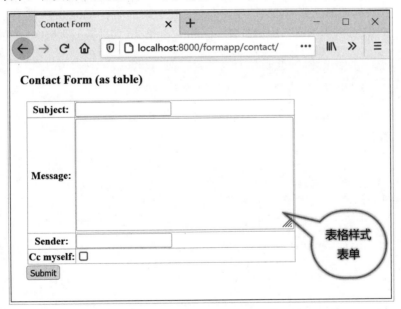

图 6.8　测试{{ form.as_table }}表单效果

使用 FireFox 浏览器控制台查看生成的 HTML 源码，如图 6.9 所示。在 HTML 源码中可以看到，通过{{ form.as_table }}方式，为表单自动生成了<table>标签元素。

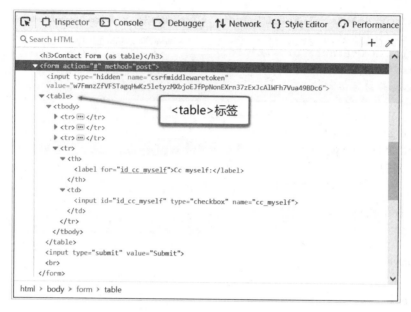

图 6.9　查看{{ form.as_table }}表单源码

3. 使用{{ form.as_ul }}方式输出表单

下面再尝试使用{{ form.as_ul }}方式输出表单，具体代码如下：

【代码6-12】（详见源代码 FormSite 项目的 formapp/templates/contact.html 文件）

```
01  <!DOCTYPE html>
02  <html lang="en">
03  <head>
04      <meta charset="UTF-8">
05      <link rel="stylesheet" type="text/css"
href="/static/css/mystyle.css"/>
06      <title>Contact Form</title>
07  </head>
08  <body>
09
10  <h3>Contact Form (as table)</h3>
11  <form action="#" method="post">
12      {% csrf_token %}
13      <ul>
14          {{ form.as_ul }}
15      </ul>
16      <input type="submit" value="Submit" /><br>
17  </form>
18
19  </body>
20  </html>
```

【代码分析】

● 第 13～15 行代码中，通过<ul>标签元素定义了一个表格。

● 第 14 行代码中，通过{{ form.as_ul }}方式将表单输出为表格样式。

使用 FireFox 浏览器查看表单提交后的页面效果，如图 6.10 所示。通过{{ form.as_ul }}方式输出的 contact 表单，在页面中呈现出了一个列表样式，感觉效果不如表格样式。

图 6.10　测试{{ form.as_ul }}表单效果

使用 FireFox 浏览器控制台查看生成的 HTML 源码，如图 6.11 所示。在 HTML 源码中可以看到，通过{{ form.as_ul }}方式，为表单自动生成了<ul><li>标签元素组合。

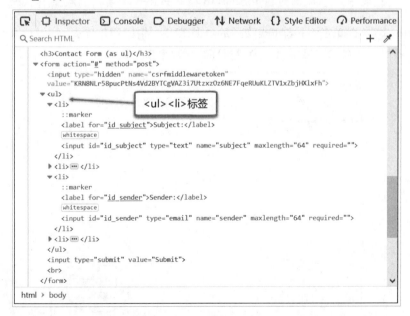

图 6.11　查看{{ form.as_ul }}表单源码

4. 使用{{ form.as_p }}方式输出表单

最后再尝试使用{{ form.as_p }}方式输出表单，具体代码如下：

【代码 6-13】（详见源代码 FormSite 项目的 formapp/templates/contact.html 文件）

```
01  <!DOCTYPE html>
02  <html lang="en">
03  <head>
04      <meta charset="UTF-8">
05      <link rel="stylesheet" type="text/css"
href="/static/css/mystyle.css"/>
06      <title>Contact Form</title>
07  </head>
08  <body>
09
10  <h3>Contact Form (as p)</h3>
11  <form action="#" method="post">
12      {% csrf_token %}
13      {{ form.as_p }}
14      <input type="submit" value="Submit" /><br>
15  </form>
16
17  </body>
18  </html>
```

【代码分析】

● 使用{{ form.as_p }}的方式不同于{{ form.as_table }}和{{ form.as_ul }}方式，无序先通过<p>标签元素定义一个段落。

● 第 13 行代码中，直接通过{{ form.as_p }}方式将表单输出为段落样式。

使用 FireFox 浏览器查看一下表单提交后的页面效果，如图 6.12 所示。通过{{ form.as_p }}方式输出的 contact 表单，在页面中呈现出一个段落样式，效果很不错。

图 6.12　测试{{ form.as_p }}表单效果

使用 FireFox 浏览器控制台查看生成的 HTML 源码，如图 6.13 所示。在 HTML 源码中可以看到，通过{{ form.as_p }}方式，为表单自动生成了一组<p>标签元素。

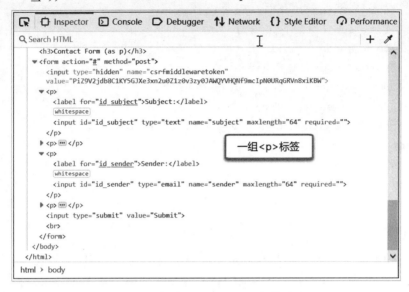

图 6.13　查看{{ form.as_p }}表单源码

6.3.5　手动渲染表单字段

对于 Django 框架表单的渲染操作，不一定非要让 Django 框架来自动解析表单字段，还可以通过手动渲染来处理。如果打算为表单添加脚本代码、CSS 样式，或者是对表单字段进行重新排序再输出，手动渲染方式是最合理的选择。

Django 框架表单中的每一个表单字段，都可以通过{{ form.name_of_field }}将字段渲染在 Django 模板中。

下面，我们尝试使用{{ form.name_of_field }}以手动方式输出【代码 6-6】定义的表单，并对表单字段进行重新排序，具体代码如下：

【代码 6-14】（详见源代码 FormSite 项目的 formapp/templates/contact.html 文件）

```
01  <!DOCTYPE html>
02  <html lang="en">
03  <head>
04      <meta charset="UTF-8">
05      <link rel="stylesheet" type="text/css"
href="/static/css/mystyle.css"/>
06      <title>Contact Form</title>
07  </head>
08  <body>
09
10  <h3>Manual Render Form</h3>
```

```
11  <form action="#" method="post">
12      {% csrf_token %}
13      {{ form.subject.label_tag }}
14      {{ form.subject }}<br><br>
15      {{ form.sender.label_tag }}
16      {{ form.sender }}<br><br>
17      {{ form.message.label_tag }}
18      {{ form.message }}<br><br>
19      <input type="submit" value="Submit" /><br><br>
20  </form>
21
22  </body>
23  </html>
```

【代码分析】

● 第 13 ~ 14 行代码中，通过{{ form.subject }}输出了【代码 6-6】表单中定义的 subject 字段，并通过{{ form.subject.label_tag }}输出了该字段定义的 Label 标签内容。

● 第 15 ~ 16 行代码中，通过{{ form.sender }}输出了【代码 6-6】表单中定义的 sender 字段，并通过{{ form.sender.label_tag }}输出了该字段定义的 Label 标签内容。

● 第 17 ~ 18 行代码中，通过{{ form.message }}输出了【代码 6-6】表单中定义的 message 字段，并通过{{ form.message.label_tag }}输出了该字段定义的 Label 标签内容。

打开 FireFox 浏览器查看表单提交后的页面效果，如图 6.14 所示。通过手动方式输出的 contact 表单，同时表单字段的输出顺序进行了重新调整。

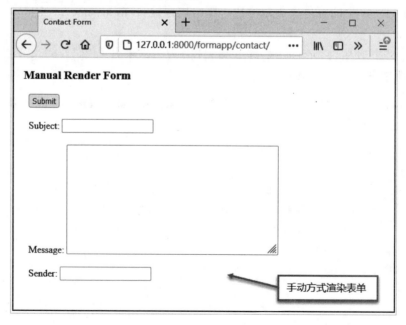

图 6.14　手动渲染表单效果

6.3.6　渲染表单错误信息

在 Django 框架表单的渲染操作中，正常情况下不必担心如何显示表单的错误信息，因为框架已经帮开发人员处理好了。当然，开发人员也可以自行处理每个字段的错误信息，以及表单整体的所有错误信息。

Django 框架表单使用{{ form.name_of_field.errors }}显示该字段的错误信息列表，并被渲染成无序列表。另外，还要注意在表单顶部使用{{ form.non_field_errors }}查找所有隐藏的错误信息。

在下面的例子中，我们需要自己处理每个字段的错误信息，以及表单整体的所有错误信息，具体代码如下：

【代码 6-15】（详见源代码 FormSite 项目的 formapp/templates/contact.html 文件）

```
01  <!DOCTYPE html>
02  <html lang="en">
03  <head>
04      <meta charset="UTF-8">
05      <link rel="stylesheet" type="text/css"
href="/static/css/mystyle.css"/>
06      <title>Contact Form</title>
07  </head>
08  <body>
09
10  <h3>Render Form Error</h3>
11  <form action="#" method="post" novalidate>
12      {% csrf_token %}
13      {{ form.non_field_errors }}
14      <div class="fieldWrapper">
15          {{ form.subject.errors }}
16          <label for="{{ form.subject.id_for_label }}">Email subject:</label>
17          {{ form.subject }}
18      </div>
19      <div class="fieldWrapper">
20          {{ form.message.errors }}
21          <label for="{{ form.message.id_for_label }}">Your message:</label>
22          {{ form.message }}
23      </div>
24      <div class="fieldWrapper">
25          {{ form.sender.errors }}
26          <label for="{{ form.sender.id_for_label }}">Your email
address:</label>
27          {{ form.sender }}
28      </div>
```

```
29    <div class="fieldWrapper">
30        {{ form.cc_myself.errors }}
31        <label for="{{ form.cc_myself.id_for_label }}">CC yourself?</label>
32        {{ form.cc_myself }}
33    </div>
34    <input type="submit" value="Submit" /><br><br>
35 </form>
36
37 </body>
38 </html>
```

【代码分析】

● 第 15～17 行代码中，通过{{ form.subject.errors }}处理 subject 字段的错误信息，并生成一个无序的错误列表。

● 第 20～22 行代码中，通过{{ form.message.errors }}处理 message 字段的错误信息，并生成一个无序的错误列表。

● 第 25～27 行代码中，通过{{ form.sender.errors }}处理 sender 字段的错误信息，并生成一个无序的错误列表。

● 第 30～32 行代码中，通过{{ form.cc_myself.errors }}处理 cc_myself 字段的错误信息，并生成一个无序的错误列表。

通过浏览器查看表单提交后的页面效果，如图 6.15 所示。

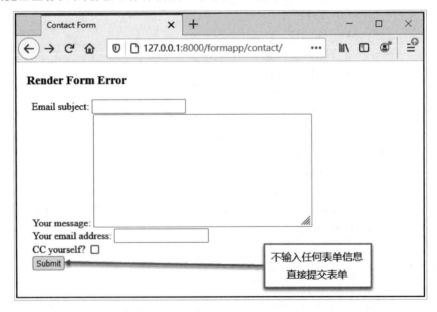

图 6.15　渲染表单错误信息（一）

我们不输入任何表单信息，直接提交表单。由于 Django 框架表单字段的 required 属性默认值为 True，所以直接提交表单后就会触发错误。具体效果如图 6.16 所示。

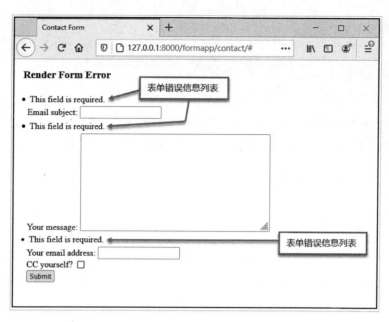

图 6.16　渲染表单错误信息（二）

6.3.7　遍历表单字段

在 Django 框架表单中，假如需要给每个表单字段使用相同的 HTML，可以使用{% for %}循环遍历每个表单字段，以减少冗余和与重复的代码。这时，就需要使用表单字段{{ field }}中有用的属性，具体说明如下：

- {{ field.label }}属性：对应字段的 Label，如 Email Address 等。
- {{ field.label_tag }}属性：该字段的 Label 封装在相应 HTML 的<label>标签中，其包含表单前缀（label_suffix）。例如，默认的前缀（label_suffix）是一个冒号（:）。示例代码如下：

```
<label for="id_email">Email Address:</label>
```

- {{ field.id_for_label }}属性：用于该字段的 id（如上面例子中的 id_email）。假如要手动构建 Label，就可能要用这个来替换 label_tag 属性。例如，如果使用一些内嵌的 JavaScript 代码，并且想要避免硬编码字段的 id，这个属性就非常实用。
- {{ field.value }}属性：字段的值。例如：someone@example.com。
- {{ field.html_name }}属性：字段名称，用于其输入元素的 name 属性中。如果设置了表单前缀，该属性也会被加进去。
- {{ field.help_text }}属性：与该字段关联的帮助文本。
- {{ field.errors }}属性：输出一个包含对应该字段所有验证错误信息的<ul class="errorlist">列表。可以通过使用{% for error in field.errors %}循环来自定义错误信息的显示，此时循环中的每个对象只是一个包含错误信息的简单字符串。
- {{ field.is_hidden }}属性：如果是隐藏字段，这个属性为 True，否则为 False。该属性作为模板变量没多大作用，但可用于条件测试，例如：

```
{% if field.is_hidden %}
   {# Do something special #}
{% endif %}
```

- {{ field.field }}属性：表单类中的 Field 实例，由 BoundField 类进行封装。开发人员可以用该属性来访问 Field 的属性，例如：{{ char_field.field.max_length }}。

6.3.8 可复用的表单模板

在 Django 框架表单模板的使用中，如果在多个页面中需要对表单使用相同的渲染逻辑，可以通过将表单的循环保存到独立的模板中，然后在其他模板中使用{% include %}标签来减少代码重复。

下面是一个使用可复用表单模板的示例，具体代码如下：

【代码 6-16】（详见源代码 FormSite 项目的 formapp/templates/templ_contact.html 文件）

```
01  {% for field in form %}
02      <div class="fieldWrapper">
03          {{ field.errors }}
04          {{ field.label_tag }} {{ field }}
05      </div><br>
06  {% endfor %}
```

【代码分析】

- 第 01～06 行代码中，通过{% for %}循环语句解析表单（from），并生成一个可复用的表单模板。
- 第 03 行代码中，通过{{ field.errors }}处理每一个表单字段的错误信息，并生成一个无序的错误列表。
- 第 04 行代码中，先通过{{ field.label_tag }}输出每一个表单字段的 Label 内容，然后通过{{ field }}输出每一个表单字段。

然后，通过{% include %}引用上面表单模板的方法，示例代码如下：

【代码 6-17】（详见源代码 FormSite 项目的 formapp/templates/contact.html 文件）

```
01  <!DOCTYPE html>
02  <html lang="en">
03  <head>
04      <meta charset="UTF-8">
05      <link rel="stylesheet" type="text/css"
href="/static/css/mystyle.css"/>
06      <title>Contact Form</title>
07  </head>
08  <body>
```

```
09
10  <h3>Include Template Form</h3>
11  <form action="#" method="post">
12      {% csrf_token %}
13      {% include "templ_contact.html" %}
14      <input type="submit" value="Submit" /><br><br>
15  </form>
16
17  </body>
18  </html>
```

【代码分析】

- 第 11～15 行代码中，通过<form>标签元定义一个表单。
- 第 13 行代码中，通过{% include %}引用【代码 6-16】定义的可复用表单模板（"templ_contact.html"）。
- 第 14 行代码中，通过<input type="submit" />标签元素定义了该表单的提交按钮。

最后，再看一下关于表单视图文件的定义（与不使用可复用表单模板的方式是一致的），具体代码如下：

【代码 6-18】（详见源代码 FormSite 项目的 formapp/views.py 文件）

```
01  def templcontact(request):
02      # if this is a POST request we need to process the form data
03      if request.method == 'POST':
04          # create a form instance and populate it with data from the request:
05          form = ContactForm(request.POST)
06          # check whether it's valid:
07          if form.is_valid():
08              # process the data in form.cleaned_data as required
09              context = {}
10              subject = form.cleaned_data['subject']
11              message = form.cleaned_data['message']
12              sender = form.cleaned_data['sender']
13              cc_myself = form.cleaned_data['cc_myself']
14              context['subject'] = subject
15              context['message'] = message
16              context['sender'] = sender
17              context['cc_myself'] = cc_myself
18              # redirect to a new URL:
19              return render(request, 'show_contact.html', {'contact':
context})
20          else:
```

```
21          print(form.errors)
22
23   # if a GET (or any other method) we'll create a blank form
24   else:
25       form = ContactForm()
26   # render form in HTML template
27   return render(request, 'contact.html', {'form': form})
```

【代码分析】

● 第 27 行代码中，通过 render()方法渲染到的表单模板文件是 contact.html，这与不使用可复用表单模板的方式是一致的。

● 注意，这里不要直接渲染到可复用的表单模板文件 templ_contact.html 上，因为该文件是作为可复用模板表单使用的，并不是一个完整的页面表单元素。

打开浏览器查看可复用的表单模板提交后的页面效果，如图 6.17 所示。这些表单字段均是通过可复用的表单模板 templ_contact.html 生成的。

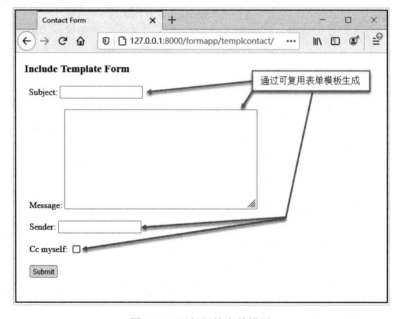

图 6.17　可复用的表单模板

6.4　本章小结

本章介绍了 Django 框架中的表单技术，主要内容包括对于表单基础、表单 API、内建字段、内建 widgets 和自定义验证等。本章大部分知识点均配有代码示例进行阐述，可以帮助读者进一步掌握 Django 框架表单的使用方法。

第 7 章

Django 框架后台管理

本章将介绍 Django 框架中的后台管理，主要包括创建管理员用户、登录后台模块、自定义管理模型、添加关联对象、自定义列表管理页面、以及自定义管理后台的外观等内容。

通过本章的学习可以掌握以下内容：

● 后台管理的基础知识
● 后台注册与登录
● 后台自定义管理

7.1 创建后台管理员账户

本节将介绍在 Django 框架后台管理中创建管理员账户的方法。使用 Django 框架后台管理创建后台管理员账户，是为了更好地进行项目管理，管理员可以完成很多非常实用的功能。

下面先通过命令行创建一个后台管理项目——MyAdminSite，具体命令如下：

```
Django-admin manage.py MyAdminSite
```

然后，在命令行进入该目录并执行下面的指令启动项目：

```
python manage.py runserver
```

下一步，通过浏览器访问 Django 服务器的默认 url 地址（http://127.0.0.1:8000/），页面效果如图 7.1 所示。

图 7.1　启动 MyAdminSite Web 项目

然后，继续访问后台管理（Admin）模块，该模块的路由在创建项目时就默认配置好了，具体代码如下：

```
urlpatterns = [
    path('admin/', admin.site.urls),
]
```

我们通过访问 url 地址（http://127.0.0.1:8000/admin/），就可以进入后台管理的登录界面，页面效果如图 7.2 所示。

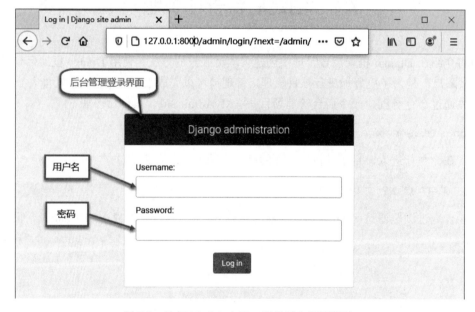

图 7.2　访问 MyAdminSite 项目后台管理模块

如图 7.2 中的箭头和标识所示，需要用户输入后台管理的用户名和密码才能进入模块内部界面。

不过，默认情况下 Django 框架后台管理是没有配置用户名和密码的。此时，需要在命令行中通过如下指令创建管理员超级账户。

```
python manage.py createsuperuser
```

具体操作步骤如图 7.3 所示。依次输入用户名（Username）、邮箱地址（Email address）、密码（Password）后，就完成了创建管理员超级账户的操作。另外，要注意密码需要重复输入两次且两次必须完全相同，否则无法通过验证。

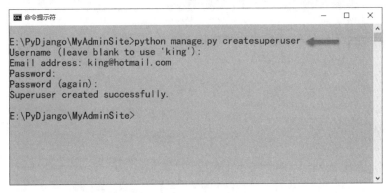

图 7.3　创建 MyAdminSite 项目后台管理员账户

7.2　登录后台模块

本节将介绍如何登录后台模块。我们通过上一节创建的管理员账户，登录进入后台管理模块界面，如图 7.4 所示。

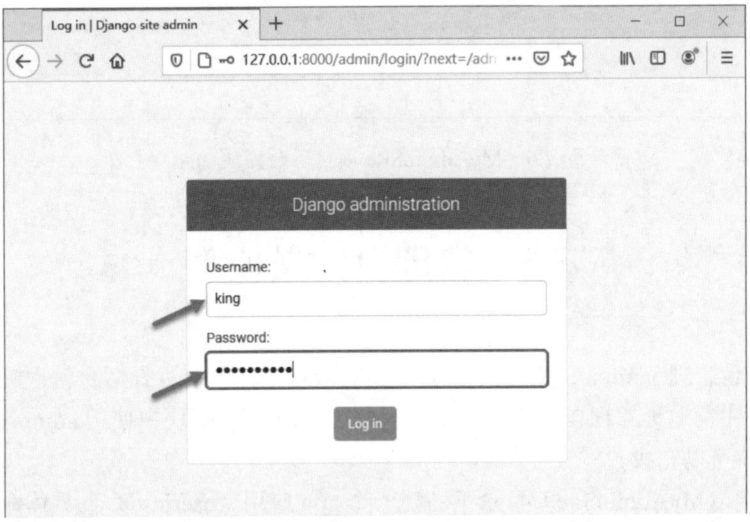

图 7.4　登录 MyAdminSite 项目后台模块

管理员账户的用户名和密码验证成功后，进入的后台管理模块界面包含了管理默认的数据表功能，如图 7.5 所示。数据表中包含有一个 Users 项，里面包含有后台模块的账户列表。

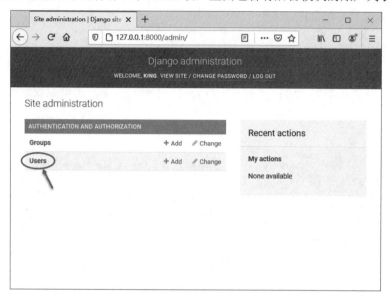

图 7.5　MyAdminSite 项目后台模块功能

单击"Users"链接，页面就会跳转到可编辑的状态，具体效果如图 7.6 所示。USERNAME 列表项中显示了图 7.3 中新建的管理员账户的用户项（king），EMAIL ADDRESS 列表项中显示了图 7.3 中新建的管理员账户的邮箱地址项（king@hotmail.com）。

图 7.6　MyAdminSite 项目后台模块功能

7.3　管理自定义模型

在 Django 后台管理（Admin）模块中，自定义的数据库该如何进行后台管理呢？如果只是在后台管理（Admin）中简单地管理自定义模型，只需要在 admin.py 模块中使用 admin.site.register()方法将模型注册一下就可以完成。

首先，在项目（MyAdminSite）目录下新建一个 app 应用（userinfo），具体命令行指令如下：

```
django-admin startapp userinfo
```

在该 userinfo 应用下创建一个模型（Person），仅仅包括简单的姓名（name）和年龄（age）两个字段，具体代码如下：

【代码 7-1】（详见源代码 MyAdminSite 项目的 userinfo/models.py 文件）

```
01  from django.db import models
02
03  # Create your models here.
04
05  class Person(models.Model):
06      name = models.CharField(max_length=32)
07      age = models.IntegerField()
08
09      def __str__(self):
10          return self.name
```

【代码分析】

● 第 01 行代码中，通过 import 关键字引入 models 模块。
● 第 05～10 行代码中，创建了一个模型（Person），继承自 models.Model 模型类。
● 第 06 行代码中，创建了一个 CharField 类型的姓名（name）字段属性。
● 第 06 行代码中，创建了一个 IntegerField 类型的年龄（age）字段属性。

为了让后台管理（Admin）界面能够管理该数据模型，我们需要先注册该数据模型到后台管理（Admin）模块中。实现方法是修改 userinfo/admin.py 管理模块，具体代码如下：

【代码 7-2】（详见源代码 MyAdminSite 项目的 userinfo/admin.py 文件）

```
01  from django.contrib import admin
02  from .models import Person
03
04  # Register your models here.
05  admin.site.register(Person)
```

【代码分析】

● 第 01 行代码中，通过 import 关键字引入 admin 模块。
● 第 02 行代码中，通过 import 关键字从模型中引入 Person 模型。
● 第 05 行代码中，通过调用 admin.site.register()方法，将 Person 模型注册到后台管理（Admin）模块中。

最后，再刷新一下浏览器中的后台管理（Admin）界面，具体页面效果如图 7.7 所示。后台管理模块界面中添加了刚刚创建的模型 Person。

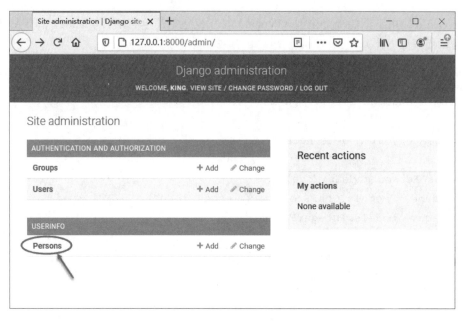

图 7.7　自定义管理模型

为了更好地演示界面效果，可以通过 Python 交互界面在模型（Person）中添加一些用户数据，具体代码如下：

```
>>>from userinfo.models import Person
>>>Person.objects.create(name='cici',age=7)
```

上述代码在命令行界面的效果如图 7.8 所示。我们已经成功在 Person 数据表中添加了一条用户信息。

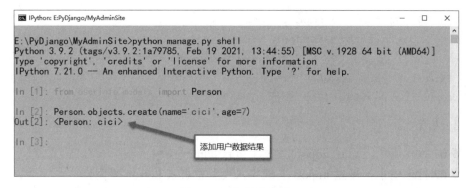

图 7.8　添加用户数据

再返回图 7.7 所示的模型 Person，单击该链接，会跳转到数据表的可编辑页面状态，具体效果如图 7.9 所示。刚刚添加的用户数据（name='cici'）已经在页面显示出来了。在页面的 Action 下拉列表项中，我们选择对该条数据进行"删除"操作。

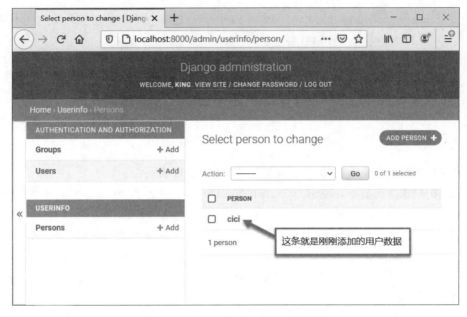

图 7.9　Person 模型可编辑页面效果

7.4　管理复杂模型

在 Django 后台管理（Admin）模块中，使用 admin.site.register()方法注册方式还可以管理更加复杂的自定义模型。本节将在前一节示例的基础上稍作修改，完成一个复杂模型的后台管理（Admin）应用。

首先，在该 userinfo 应用下新创建一个模型 Dep，仅仅包括一个简单的名称（name）字段。然后，再修改一下模型 Person，新建一个模型 Dep 的外键（dep）字段。具体代码如下：

【代码 7-3】（详见源代码 MyAdminSite 项目的 userinfo/models.py 文件）

```
01  from django.db import models
02
03  # Create your models here.
04
05  # Model Dep(Department)
06  class Dep(models.Model):
07      name = models.CharField(max_length=16)
08
09      def __str__(self):
10          return self.name
11
12  # Model Person
13  class Person(models.Model):
```

```
14      name = models.CharField(max_length=32)
15      age = models.IntegerField(default=0)
16      dep = models.ForeignKey(Dep, on_delete=models.CASCADE,)
17
18      def __str__(self):
19          return self.name
```

【代码分析】

- 第 01 行代码中，通过 import 关键字引入 models 模块。
- 第 06～10 行代码中，创建了一个模型（Dep），继承自 models.Model 模型类。
- 第 07 行代码中，创建了一个 CharField 类型的姓名（name）字段属性。
- 第 13～19 行代码中，创建了一个模型（Person），继承自 models.Model 模型类。
- 第 14 行代码中，创建了一个 CharField 类型的姓名（name）字段属性。
- 第 15 行代码中，创建了一个 IntegerField 类型的年龄（age）字段属性，默认值为 0（default=0）。
- 第 16 行代码中，创建了一个 ForeignKey 外键，外键类型定义为模型（Dep）。

> **注　意**
>
> on_delete 属性（models.CASCADE）必须定义，这是 Django 3.0+版本新增的规范。

接下来，通过后台管理（Admin）界面管理该复杂模型，还是使用 admin.site.register()方法注册数据模型到后台管理（Admin）模块中。具体代码如下：

【代码 7-4】（详见源代码 MyAdminSite 项目的 userinfo/admin.py 文件）

```
01  from django.contrib import admin
02  from .models import Dep, Person
03
04  # Register your models here.
05  admin.site.register([Dep, Person])
```

【代码分析】

- 第 01 行代码中，通过 import 关键字引入 admin 模块。
- 第 02 行代码中，通过 import 关键字从模型中分别引入了 Dep 和 Person 模型。
- 第 05 行代码中，通过调用 admin.site.register()方法，同时将 Dep 和 Person 模型注册到后台管理（Admin）模块中。

最后，再刷新一下浏览器中的后台管理（Admin）界面，具体页面效果如图 7.10 所示。

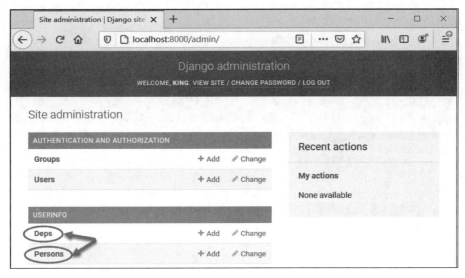

图 7.10　管理复杂模型

如图 7.10 中的箭头所示，后台管理模块界面中新添加了刚刚创建的模型 Dep。为了更好地演示界面效果，可以通过 Python 交互界面在模型 Dep 和模型 Person 中添加一些用户数据，具体代码如下：

```
>>>from userinfo.models import Dep, Person
>>>dep=Dep(name='IT')
>>>dep.save()
>>>p=Person(name='cici',age=7,dep=dep)
>>>p.save()
```

然后，我们再返回图 7.10 所示的 Dep 和模型 Person，分别单击链接，会跳转到数据表的可编辑页面状态，具体效果如图 7.11、图 7.12 所示。

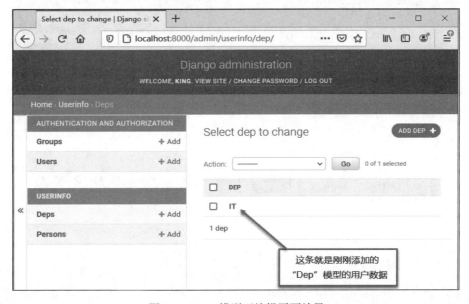

图 7.11　Dep 模型可编辑页面效果

图 7.12　Person 模型可编辑页面效果

如图 7.11 和图 7.12 中的箭头和标识所示，刚刚添加的用户数据已经在页面显示出来了。我们可以尝试单击图 7.12 所示的用户 cici 链接，页面会跳转到该用户信息的可编辑状态。具体效果如图 7.13 所示。在该条 Person 模型的用户信息中，可以清楚地查看到 Dep 模型的外键。

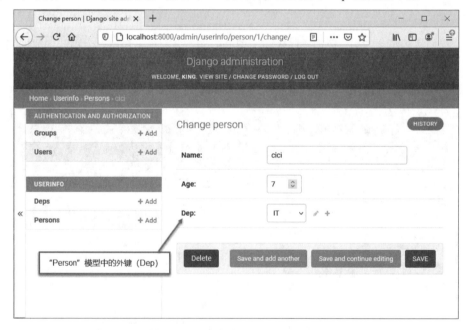

图 7.13　用户信息可编辑页面效果

7.5　定制后台管理模型

在 Django 后台管理（Admin）模块中，还支持对该模块进行定制（自定义）管理，此时需要使用到 ModelAdmin 类。在具体操作时，我们通过 ModelAdmin 类与需要定制的模型进行关联来实现。

下面，我们继续在前小节示例的基础上稍作修改，完成一个自定义的后台管理（Admin）应用。具体代码如下：

【代码 7-5】（详见源代码 MyAdminSite 项目的 userinfo/admin.py 文件）

```
01  from django.contrib import admin
02  from .models import Dep, Person
03
04  # ModelAdmin models here
05  class PersonAdmin(admin.ModelAdmin):
06      fields = ('name', 'dep')
07
08  # Register your models here.
09  admin.site.register(Dep)
10  admin.site.register(Person, PersonAdmin)
```

【代码分析】

- 第 01 行代码中，通过 import 关键字引入 admin 模块。
- 第 02 行代码中，通过 import 关键字从模型中分别引入 Dep 和 Person 模型。
- 第 05 ~ 06 行代码中，定义了一个模型类（PersonAdmin），继承自 ModelAdmin 类。在该模型类（PersonAdmin）中，通过 fields 属性引用了模型（Person）中的两个字段（'name', 'dep'），目的是在后台管理界面中只显示这两个字段。
- 第 09 行代码中，通过调用 admin.site.register() 方法，将 Dep 模型注册到后台管理（Admin）模块中。
- 第 10 行代码中，再次通过调用 admin.site.register() 方法，将 PersonAdmin 模型与 Person 模型进行关联，并注册到后台管理（Admin）模块中。

刷新浏览器中的后台管理（Admin）界面，具体页面效果如图 7.14 所示。在后台管理（Admin）模块中，Person 模型仅仅显示了 PersonAdmin 模型中定义的两个字段（'name' 和 'dep'）。

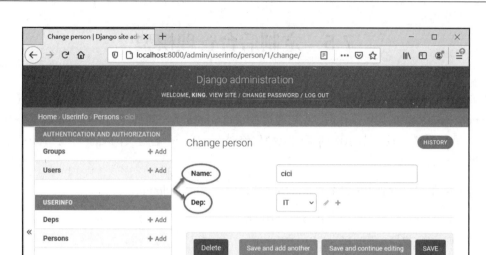

图 7.14　定制后台管理模型（一）

　　单击一下 Person 模型右侧的 add 按钮，链接打开后的页面效果如图 7.15 所示。在新增用户信息的界面中，仅仅显示 PersonAdmin 模型中定义的两个字段（'name' 和 'dep'）。

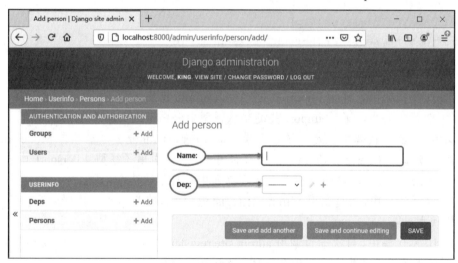

图 7.15　定制后台管理模型（二）

　　自定义的后台管理（Admin）模块还支持将模型字段进行分栏显示，具体代码如下：

【代码 7-6】（详见源代码 MyAdminSite 项目的 userinfo/admin.py 文件）

```
01  from django.contrib import admin
02  from .models import Dep, Person
03
04  # ModelAdmin models here
05  class PersonAdmin(admin.ModelAdmin):
06      fieldsets = (
```

```
07        ["Main", {
08            "fields": (
09                'name',
10                'dep'
11            ),
12        }],
13        ["Advanced", {
14            'classes': ('collapse',),
15            'fields': ('age',),
16        }],
17    )
18
19 # Register your models here.
20 admin.site.register(Dep)
21 admin.site.register(Person, PersonAdmin)
```

【代码分析】

● 第 01 行代码中，通过 import 关键字引入 admin 模块。
● 第 02 行代码中，通过 import 关键字从模型中分别引入 Dep 和 Person 模型。
● 第 05 ~ 17 行代码中，定义了一个模型类 PersonAdmin，继承自 ModelAdmin 类。
● 第 06 ~ 17 行代码中，通过 fieldsets 属性将该模型字段进行了分栏定义（"Main"和 "Advanced"）。
● 第 07 ~ 12 行代码中，在 Main 分栏中通过 fields 属性引用了模型 Person 中的两个字段（'name', 'dep'）。
● 第 13 ~ 16 行代码中，在 Advanced 分栏中通过 fields 属性引用了模型 Person 中的字段（'age'）。另外，在第 14 行代码中还定义了该分栏的 CSS 样式（'collapse'：表示可折叠的面板）。
● 第 20 行代码中，通过调用 admin.site.register()方法，将 Dep 模型注册到后台管理（Admin）模块中。
● 第 21 行代码中，再次通过调用 admin.site.register()方法，将 PersonAdmin 模型与 Person 模型进行关联，并注册到后台管理（Admin）模块中。

刷新浏览器中的后台管理（Admin）界面，具体页面效果如图 7.16 所示。在后台管理（Admin）模块中显示 Main 和 Advanced 两个分栏。

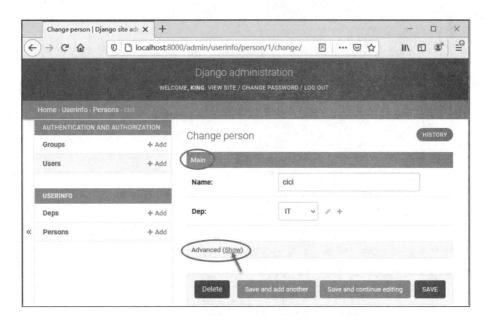

图 7.16　定制可分栏的后台管理模型（一）

　　单击 Advanced 分栏标题右侧的 Show 链接，打开后的页面效果如图 7.17 所示。隐藏的面板打开后，页面显示 Advanced 分栏中定义的字段 age。

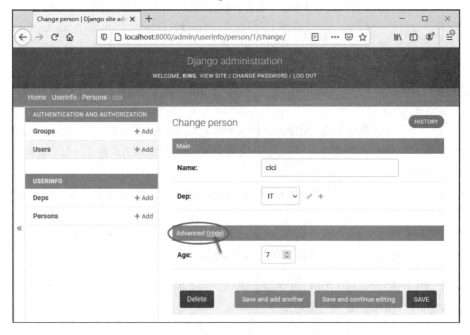

图 7.17　定制可分栏的后台管理模型（二）

　　自定义的后台管理（Admin）模块通过使用 list_display 属性，还支持将模型字段以列表方式进行显示，具体代码如下：

【代码 7-7】（详见源代码 MyAdminSite 项目的 userinfo/admin.py 文件）

```
01  from django.contrib import admin
02  from .models import Dep, Person
03
04  # ModelAdmin models here
05  class PersonAdmin(admin.ModelAdmin):
06      list_display = ('name','age', 'dep') # list
07      fieldsets = (
08          ["Main", {
09              "fields": (
10                  'name',
11                  'dep'
12              ),
13          }],
14          ["Advanced", {
15              'classes': ('collapse',), # CSS
16              'fields': ('age',),
17          }],
18      )
19
20  # Register your models here.
21  admin.site.register(Dep)
22  admin.site.register(Person, PersonAdmin)
```

【代码分析】

● 第 06 行代码中，通过 list_display 属性将 Person 模型的字段以列表方式进行显示。

刷新浏览器中的后台管理（Admin）界面，具体页面效果如图 7.18 所示。

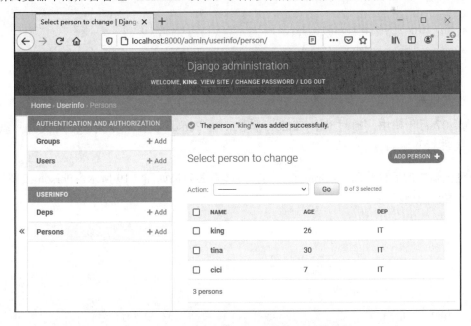

图 7.18　定制列表方式的后台管理模型

对于自定义的后台管理（Admin）模块，如果想把以列表方式进行显示的模型字段定义为可编辑的，可以使用 list_editable 属性来指定具体的模型字段名称（除去 primary_name 字段之外），具体代码如下：

【代码 7-8】（详见源代码 MyAdminSite 项目的 userinfo/admin.py 文件）

```
01  from django.contrib import admin
02  from .models import Dep, Person
03
04  # ModelAdmin models here
05  class PersonAdmin(admin.ModelAdmin):
06      list_display = ('name','age', 'dep') # list
07      list_editable = ('age',) # list_editable
08      fieldsets = (
09          ["Main", {
10              "fields": (
11                  'name',
12                  'dep'
13              ),
14          }],
15          ["Advanced", {
16              'classes': ('collapse',), # CSS
17              'fields': ('age',),
18          }],
19      )
20
21  # Register your models here.
22  admin.site.register(Dep)
23  admin.site.register(Person, PersonAdmin)
```

【代码分析】

● 第 07 行代码中，通过 list_editable 属性，将 Person 模型的字段 age 定义为可编辑的样式进行显示。

刷新浏览器中的后台管理（Admin）界面，具体页面效果如图 7.19 所示。Person 模型的 age 字段显示为可编辑的列表样式。

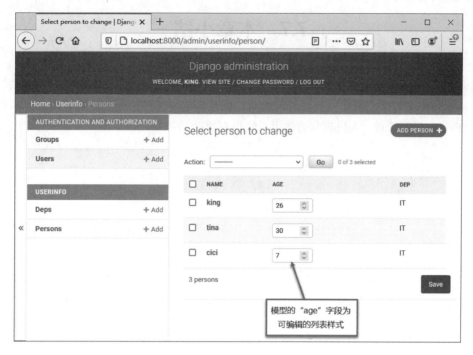

图 7.19 定制可编辑列表方式的后台管理模型

关于定制后台管理（Admin）模型的样式，读者可以参看 Django 框架官方文件中有关 ModelAdmin 类的介绍，其中介绍了很多实用的功能。

7.6 注册装饰器

在 Django 后台管理（Admin）模块中，除了使用常用的 admin.site.register()方法进行注册，还可以使用装饰器连接模型和 ModelAdmin 类。使用装饰器的示例代码如下：

【代码 7-9】（详见源代码 MyAdminSite 项目的 userinfo/admin.py 文件）

```
01  from django.contrib import admin
02  from .models import Dep, Person
03
04  # ModelAdmin models and Register models here
05  @admin.register(Dep, Person)
06  class PersonAdmin(admin.ModelAdmin):
07      fields = ('name', 'dep')
```

【代码分析】

● 第 05 行代码中，通过@admin.register 修饰器注册 Dep 模型和 Person 模型。

7.7　本章小结

本章介绍了 Django 框架中地后台管理技术，主要包括创建管理员用户、登录后台模块、自定义管理模型、添加关联对象、自定义列表管理页面，以及自定义管理后台的外观等内容。本章内容对读者掌握 Django 后台管理（Admin）的使用方法很有帮助。

第 8 章

Django 框架异常管理与自动化测试

本章将介绍 Django 框架中的异常管理与自动化测试，主要包括 Django 异常处理、自动化测试与测试工具等方面内容。

通过本章的学习可以掌握以下内容：

● 异常的基础知识
● 自动化测试
● 测试工具

8.1　Django 框架异常处理

本节将介绍 Django 框架的异常。Django 框架提出了一些属于自己内部定义的异常，这与标准的 Python 异常一样。

Django 框架的核心异常处理类定义在 django.core.exceptions 模块中，具体异常类型如下：

（1）AppRegistryNotReady 异常

定义：exception AppRegistryNotReady
说明：该异常会在应用加载过程中，尝试使用模型初始化 ORM 完成后引发此异常。

（2）ObjectDoesNotExist 异常

定义：exception ObjectDoesNotExist
说明：模型不存在（Model.DoesNotExist）的异常基类。针对 ObjectDoesNotExist 的 try/except 操作，将会捕获所有模型的 DoesNotExist 异常。

（3）EmptyResultSet 异常

定义：exception EmptyResultSet

说明：如果查询不会返回任何结果，则在查询生成期间可能会引发 EmptyResultSet 异常。大多数的 Django 项目不会遇到此异常，但是该异常对于实现自定义查找和表达式可能会很有用。

（4）FieldDoesNotExist 异常

定义：exception FieldDoesNotExist

说明：当模型或父级模型上不存在请求的字段时，模型的 _meta.get_field() 方法会引发 FieldDoesNotExist 异常。

（5）MultipleObjectsReturned 异常

定义：exception MultipleObjectsReturned

说明：Model.MultipleObjectsReturned 异常类的基类。针对 MultipleObjectsReturned 的 try/except 操作，将捕获所有模型的 MultipleObjectsReturned 异常。

（6）SuspiciousOperation 异常

定义：exception SuspiciousOperation

说明：当用户执行了从安全角度来看应视为可疑的操作（例如：篡改会话 cookie 时），会引发 SuspiciousOperation 异常。如果 SuspiciousOperation 异常达到 ASGI/WSGI 处理程序级别，则将其记录在错误级别，并导致 HttpResponseBadRequest 异常。

（7）PermissionDenied 异常

定义：exception PermissionDenied

说明：当用户没有执行所请求操作的权限时，将引发 PermissionDenied 异常。

（8）ViewDoesNotExist 异常

定义：exception ViewDoesNotExist

说明：当请求的视图不存在时，django.urls 路由会引发 ViewDoesNotExist 异常。

（9）MiddlewareNotUsed 异常

定义：exception MiddlewareNotUsed

说明：当服务器配置中未使用到某个中间件时，将会引发 MiddlewareNotUsed 异常。

（10）ImproperlyConfigured 异常

定义：exception ImproperlyConfigured

说明：当以某种方式对 Django 项目进行不正确的配置时，将会引发 ImproperlyConfigured 异常。例如：如果 settings.py 配置中的一个值不正确或无法解析时，则会引发该异常。

（11）FieldError 异常

定义：exception FieldError

说明：当模型字段存在问题时，将会引发 FieldError 异常。

（12）ValidationError 异常

定义：exception ValidationError
说明：当数据无法通过表单或模型字段验证时，将会引发 ValidationError 异常。

（13）RequestAborted 异常（Django 3.0 版本新增）

定义：exception RequestAborted
说明：当处理程序正在读取的 HTTP 正文的过程中被中断，并且客户端连接被关闭时，或者当客户端不发送数据，并达到服务器关闭连接超时时，将会引发 RequestAborted 异常。该异常在 HTTP 处理程序模块内部，不太可能在其他地方见到该异常。

（14）SynchronousOnlyOperation 异常（Django 3.0 版本新增）

定义：exception SynchronousOnlyOperation
说明：当从异步上下文（具有运行中的异步事件循环的线程）中调用仅在同步 Python 代码中允许的代码时，将会引发 SynchronousOnlyOperation 异常。Django 框架异常通常严重依赖于线程安全性才能正常运行，并且在共享同一线程的协程下无法正常工作。如果试图从异步线程中调用仅用于同步的代码，需要创建一个同步线程并在其中调用它，可以使用 asgiref.sync.sync_to_async()方法完成此操作。

8.1.1　URL Resolver exceptions

Django 框架的 URL 解析异常（URL Resolver exceptions）类定义在 django.urls 模块中，具体异常类型如下：

（1）Resolver404 异常

定义：exception Resolver404
说明：如果传递给 resolve()方法的路由未映射到视图，则 resolve()方法会引发 Resolver404 异常。该异常类是 django.http.Http404 的子类。

（2）NoReverseMatch 异常

定义：exception NoReverseMatch
说明：当无法根据提供的参数识别 URLconf 模块中的匹配 URL 时，django.urls 模块会引发 NoReverseMatch 异常。

8.1.2　数据库异常

Django 框架的数据库异常（Database exceptions）类定义在 django.db 模块中，其涵盖了标准数据库异常，以便 Django 代码可以保证这些类的通用实现。具体异常类型如下：

● Error 异常
● InterfaceError 异常

- DatabaseError 异常
- DataError 异常
- OperationalError 异常
- IntegrityError 异常
- InternalError 异常
- ProgrammingError 异常
- NotSupportedError 异常

Django 框架用于数据库异常的包装器的行为与基础数据库异常完全相同，具体异常类型如下：

- models.ProtectedError 异常：在使用 django.db.models.PROTECT 时引发，以防止删除引用的对象。models.ProtectedError 异常类是 IntegrityError 的子类。
- models.RestrictedError 异常：在使用 django.db.models.RESTRICT 时引发，以防止删除引用的对象。models.RestrictedError 异常类是 IntegrityError 的子类。

8.2 Django 框架自动化测试

本节将介绍 Django 框架的自动化测试，自动化测试是实际项目开发中不可缺少的工具。

8.2.1 自动化测试概述

对于使用 Django 框架的 Web 开发人员而言，自动化测试是一个非常有用的解决 Bug 工具。开发人员可以使用一组测试（一个测试套件）来解决或避免许多问题，具体包括：

- 在编写新代码时，可以使用测试来验证代码是否按预期工作。
- 重构或修改旧代码时，可以使用测试来确保所做的修改不会意外影响应用程序的行为。

测试 Web 应用程序是一项复杂的任务，因为 Web 应用程序通常是由几层逻辑组成的，从 HTTP 级别的请求处理，到表单验证与处理，再到模板渲染等。借助 Django 的测试执行框架及其各种实用程序，可以实现模拟 HTTP 请求、插入测试数据、检查应用程序的输出，以及验证常规代码是否在执行其应该做的事情。

8.2.2 编写和运行自动化测试

本小节主要内容分为两个部分，首先是说明如何使用 Django 框架编写测试，然后再解释如何运行这些测试。学习完本小节的内容后，读者会发现 Django 框架的自动化测试确实很容易。

Django 框架的单元测试使用了 Python 标准库模块 unittest，该模块使用基于类的方法来定义测试。这里介绍的是使用 django.test.TestCase 子类进行单元测试，django.test.TestCase 是 unittest.TestCase 的子类，该子类以独立的方式在事务内部运行单元测试。

在编写实际测试用例之前，先简单介绍一下 TestCase 类的结构。常见的 TestCase 类由 setUp() 函数、tearDown()函数和 test_func()函数所组成。

- test_func(): 指实际编写了测试逻辑的函数。
- setUp(): 在 test_func()函数之前执行的函数，常用于测试之前的初始化操作。
- tearDown(): 在 test_func()函数执行之后执行的函数，常用于测试结束之后的收尾操作。

我们创建一个用于自动化测试的项目 MyTestSite，并添加一个应用 testapp。然后，创建一个用于测试的模型，具体代码如下：

【代码 8-1】（详见源代码 MyTestSite 项目的 testapp/models.py 文件）

```
01  from django.db import models
02
03  # Create your models here.
04  class Students(models.Model):
05      name = models.CharField(max_length=32)
06      age = models.IntegerField()
```

【代码分析】

- 第 01 行代码中，通过 import 关键字引入 models 模块。
- 第 04 ~ 06 行代码中，创建了一个学生模型 Students，继承自 models.Model 模型类。
- 第 05 行代码中，创建了一个 CharField 类型的姓名（name）字段属性。
- 第 06 行代码中，创建了一个 IntegerField 类型的年龄（age）字段属性。

然后，在 tests.py（创建应用时默认已存在）文件中编写自动化测试的代码，具体如下：

【代码 8-2】（详见源代码 MyTestSite 项目的 testapp/tests.py 文件）

```
01  from django.test import TestCase
02
03  from .models import Students
04
05  # Create your tests here.
06  class ModelTest(TestCase):
07      def setUp(self):
08          Students.objects.create(name='cici', age=7)
09          pass
10
11      def test_students_model(self):
12          s = Students.objects.get(name='cici')
13          self.assertEqual(s.name, 'cici')
14          pass
15
16      def tearDown(self):
17          pass
```

【代码分析】

- 第 01 行代码中，通过 import 关键字引入 TestCase 模块。
- 第 03 行代码中，通过 import 关键字引入测试代码中需要的 Students 模型。
- 第 06～17 行代码中，创建了一个测试类 ModelTest，继承自 TestCase 测试类。
- 第 07～09 行代码中，在默认的 setUp()函数中进行 Students 模型的初始化数据操作。第 08 行代码中，创建了一条 Students 模型的学生数据（"name='cici', age=7"），我们将使用这条数据进行测试演示。
- 第 11～14 行代码中，定义了一个测试方法 test_students_model()，包含一个自身的 self 参数。同时，请注意方法名称必须以 test 开头。其中，第 13 行代码通过 self 调用 assertEqual()方法进行测试，判断学生的姓名（name）是否与测试要求一致。
- 第 16～17 行代码中，定义了默认 tearDown()函数，这里没有定义实际的操作代码。

接下来，通过命令行指令（python manage.py test app）进行自动化测试，具体效果如图 8.1 所示。

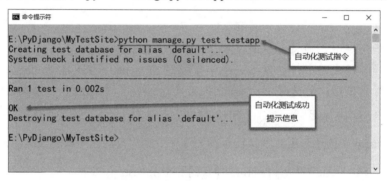

图 8.1　MyTestSite 项目自动化测试（一）

上面是测试成功的情况。如果测试时发现错误会是什么情况呢？这里将【代码 8-2】稍作修改，加入一些错误测试，具体代码如下：

【代码 8-3】（详见源代码 MyTestSite 项目的 testapp/tests.py 文件）

```
01  from django.test import TestCase
02
03  from .models import Students
04
05  # Create your tests here.
06  class ModelTest(TestCase):
07      def setUp(self):
08          Students.objects.create(name='cici', age=7)
09          pass
10
11      def test_students_model(self):
12          s = Students.objects.get(name='cici')
13          self.assertEqual(s.name, 'cici')
```

```
14          self.assertEqual(s.age, 8)
15          pass
16
17      def tearDown(self):
18          pass
```

【代码分析】

● 第 08 行代码中，通过 self 调用 assertEqual()方法进行测试，判断学生的年龄（age）是否与测试要求一致。

再次通过命令行指令（python manage.py test app）进行自动化测试，具体效果如图 8.2 所示。初始化学生的年龄为 7，当我们测试年龄值是否等于 8 时，给出了错误提示信息（很清楚地做了提示："7 != 8"）。

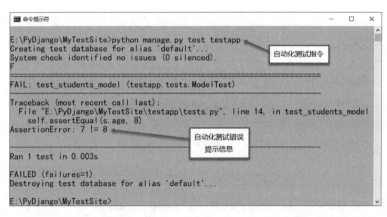

图 8.2　MyTestSite 项目自动化测试（二）

8.2.3　数据库自动化测试

本小节将介绍数据库自动化测试的过程，我们还是基于前一小节介绍的 Django 项目 MyTestSite。

（1）完善用于测试的模型，具体代码如下：

【代码 8-4】（详见源代码 MyTestSite 项目的 testapp/models.py 文件）

```
01  from django.db import models
02
03  # Create your models here.
04  class Teachers(models.Model):
05      name = models.CharField(max_length=32)
06      pass
07
08  class Clazz(models.Model):
09      name = models.CharField(max_length=16)
```

```
10      teachers = models.ManyToManyField(Teachers)
11      pass
12
13  class Students(models.Model):
14      name = models.CharField(max_length=32)
15      age = models.IntegerField()
16      clazz = models.ForeignKey(Clazz, on_delete=models.CASCADE)
17      pass
```

【代码分析】

- 第 01 行代码中，通过 import 关键字引入 models 模块。
- 第 04～06 行代码中，创建了一个教师模型 Teachers，继承自 models.Model 模型类。
- 第 05 行代码中，创建了一个 CharField 类型的姓名（name）字段属性。
- 第 08～11 行代码中，创建了一个班级模型（Clazz），继承自 models.Model 模型类。
- 第 09 行代码中，创建了一个 CharField 类型的姓名（name）字段属性。
- 第 10 行代码中，创建了一个与教师模型 Teachers 多对多关系的字段属性（teachers）。
- 第 13～17 行代码中，创建了一个学生模型 Students，继承自 models.Model 模型类。
- 第 14 行代码中，创建了一个 CharField 类型的姓名（name）字段属性。
- 第 15 行代码中，创建了一个 IntegerField 类型的姓名（age）字段属性。
- 第 16 行代码中，创建了一个班级模型 Clazz 的外键字段属性（clazz）。

（2）在 tests.py（创建应用时默认已存在）文件中编写自动化测试的代码，具体如下：

【代码 8-5】（详见源代码 MyTestSite 项目的 testapp/tests.py 文件）

```
01  from django.test import TestCase
02
03  from .models import Teachers, Clazz, Students
04
05  # Create your tests here.
06  class ModelTest(TestCase):
07      def setUp(self):
08          t1 = Teachers.objects.create(name='liu')
09          t2 = Teachers.objects.create(name='guan')
10          t3 = Teachers.objects.create(name='zhang')
11          c = Clazz.objects.create(name='A1')
12          c.save()
13          c.teachers.add(t1)
14          c.teachers.add(t2)
15          c.teachers.add(t3)
16          c.save()
17          Students.objects.create(name='cici', age=7, clazz=c)
```

```
18            pass
19
20        def test_teachers_model(self):
21            t1 = Teachers.objects.get(name='liu')
22            self.assertEqual(t1.name, 'liu')
23            t2 = Teachers.objects.get(name='guan')
24            self.assertEqual(t2.name, 'guan')
25            t3 = Teachers.objects.get(name='zhang')
26            self.assertEqual(t3.name, 'zhang')
27            pass
28
29        def test_clazz_model(self):
30            t1 = Teachers.objects.get(name='liu')
31            t2 = Teachers.objects.get(name='guan')
32            t3 = Teachers.objects.get(name='zhang')
33            c = Clazz.objects.get(name='A1')
34            self.assertEqual(c.name, 'A1')
35            self.assertIn(t1, c.teachers.all())
36            self.assertIn(t2, c.teachers.all())
37            self.assertIn(t3, c.teachers.all())
38            pass
39
40        def test_students_model(self):
41            s = Students.objects.get(name='cici')
42            self.assertEqual(s.name, 'cici')
43            c = Clazz.objects.get(name='A1')
44            self.assertEqual(s.clazz, c)
45            pass
46
47        def tearDown(self):
48            pass
```

【代码分析】

- 第 07～18 行代码中，在默认 setUp() 函数中，分别对 Teachers 模型、Clazz 模型和 Students 模型进行初始化数据操作。
- 第 20～27 行代码、第 29～38 行代码和第 40～45 行代码中，分别定义了一组测试方法 test_teachers_model()、test_clazz_model() 和 test_students_model()。
- 第 35～37 行代码中，分别通过 self 调用 assertIn() 方法进行测试，用于判断三个教师模型对象（t1、t2 和 t3）是否包含在班级模型 Clazz 的教师字段 teachers 里。
- 第 44 代码中，通过 self 调用 assertEqual() 方法进行测试，判断获学生模型 Students 的外键 clazz 是否与班级模型 Clazz 字段 c 一致。

（3）通过命令行指令（python manage.py test app）进行自动化测试，具体效果如图 8.3 所示。

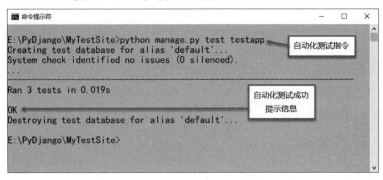

图 8.3　MyTestSite 项目数据库自动化测试（一）

（4）上面是测试成功的情况，接下来我们将【代码 8-6】稍作修改，加入一些错误再测试，具体代码如下：

【代码 8-6】（详见源代码 MyTestSite 项目的 testapp/tests.py 文件）

```
01  from django.test import TestCase
02
03  from .models import Teachers, Clazz, Students
04
05  # Create your tests here.
06  class ModelTest(TestCase):
07      def setUp(self):
08          t1 = Teachers.objects.create(name='liu')
09          t2 = Teachers.objects.create(name='guan')
10          t3 = Teachers.objects.create(name='zhang')
11          c = Clazz.objects.create(name='A1')
12          c.save()
13          c.teachers.add(t1)
14          c.teachers.add(t2)
15          c.teachers.add(t3)
16          c.save()
17          Students.objects.create(name='cici', age=7, clazz=c)
18          pass
19
20      def test_teachers_model(self):
21          t1 = Teachers.objects.get(name='liu')
22          self.assertEqual(t1.name, 'liu')
23          t2 = Teachers.objects.get(name='guan')
24          self.assertEqual(t2.name, 'guan')
25          t3 = Teachers.objects.get(name='zhang')
26          self.assertEqual(t3.name, 'zhang')
27          pass
28
29      def test_clazz_model(self):
30          t1 = Teachers.objects.get(name='liu')
31          t2 = Teachers.objects.get(name='guan')
```

```
32          t3 = Teachers.objects.get(name='zhang')
33          c = Clazz.objects.get(name='A1')
34          self.assertEqual(c.name, 'A1')
35          self.assertIn(t1, c.teachers.all())
36          self.assertIn(t2, c.teachers.all())
37          self.assertNotIn(t3, c.teachers.all())
38          pass
39
40      def test_students_model(self):
41          s = Students.objects.get(name='cici')
42          self.assertEqual(s.name, 'cici')
43          c = Clazz.objects.get(name='A1')
44          self.assertEqual(s.clazz, c)
45          pass
46
47      def tearDown(self):
48          pass
```

【代码分析】

● 第 37 行代码中，将通过 self 调用的 assertIn()方法修改为 assertNotIn()方法进行测试，判断教师模型对象 t3 是否包含在班级模型 Clazz 的教师字段 teachers 中。

（5）再次通过命令行指令（python manage.py test app）进行自动化测试，具体效果如图 8.4 所示。因为教师模型对象 t3 包含在班级模型 Clazz 的教师字段 teachers 中，因此使用 assertNotIn()方法进行测试时，给出了相应的错误提示信息。

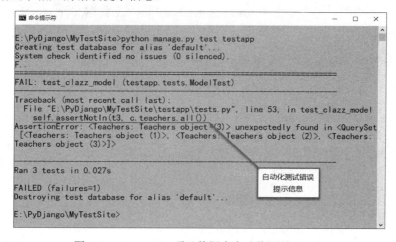

图 8.4　MyTestSite 项目数据库自动化测试（二）

8.3　Django 框架测试工具

在 Django 框架的测试工具 Testing Tools 中，还提供了一个 The Test Client 类，可以模拟一个简单的静态浏览器，允许用来测试视图（View）函数。通过 test client 可以完成以下一些工作：

- 模拟 HTTP 请求（GET 和 POST）方式，观察从 HTTP（headers、status codes）到页面内容的响应结果。
- 检查重定向链（如果有的话），在每一步检查 URL 和 status code。
- 测试一个被用于渲染 Django 模板的给定请求（request），包括特定值的模板上下文（context）。

接下来，在项目 MyTestSite 目录下新建一个 app 应用 clientapp，用于测试工具（Test Client）代码。

8.3.1　使用测试工具模拟发送 GET 请求

（1）在 URLConf 模块中定义一个 url 路由，具体代码如下：

【代码 8-7】（详见源代码 MyTestSite 项目的 clientapp/urls.py 文件）

```
01  from django.urls import path
02
03  from . import views
04
05  urlpatterns = [
06      path('', views.index, name='index'),
07      path('getclient/', views.get_client, name='getclient'),
08  ]
```

【代码分析】

- 第 07 行代码中，定义了一个 url 路由'getclient/'，对应视图文件 views.py 中的视图函数 get_client。

（2）在视图文件 views.py 中定义视图函数 get_client，具体代码如下：

【代码 8-8】（详见源代码 MyTestSite 项目的 clientapp/views.py 文件）

```
01  def get_client(request):
02      p = request.GET.get('p')
03      if p == "get":
04          return HttpResponse("p=" + p)
05      else:
06          return HttpResponse("This is get_client view.")
07      pass
```

【代码分析】

- 第 02 行代码中，通过 request 对象调用 request.GET.get()方法获取 url 路由地址中参数 p 的值。
- 第 03~06 行代码中，通过 if 条件语句判断参数 p 的值是否为字符串 "get"，根据判断结果选择输出相对应的内容。

（3）在 tests.py（创建应用时默认已存在）文件中编写 Testing Client 测试代码，具体如下：

【代码 8-9】（详见源代码 MyTestSite 项目的 clientapp/tests.py 文件）

```
01   from django.test import TestCase, Client
02
03   # Create your tests here.
04   class ClientTest(TestCase):
05       def setUp(self):
06           pass
07
08       def test_get_client(self):
09           c = Client()
10           rep_get = c.get('/getclient/?p=get')
11           print(rep_get.request)
12           pass
13       pass
```

【代码分析】

- 第 01 行代码中，通过 import 关键字引入 TestCase 模块和 Client 模块。
- 第 04～13 行代码中，创建了一个测试类 ClientTest，继承自 TestCase 测试类。
- 第 08～12 行代码中，定义了一个测试方法 test_get_client()，包含一个自身的 self 参数。
- 第 09 行代码中，定义了一个 Client 类的对象 c。
- 第 10 行代码中，通过对象 c 调用 get()方法，模拟发送 GET 方式的 url 路由请求，地址对应【代码 8-7】中定义的路由。同时，get()方法的返回值保存在 Response 类型的变量 rep_get 中。
- 第 10 行代码中，通过变量 rep_get 获取 Response 类型的属性 content 中的内容。

（4）通过命令行指令（python manage.py test app）进行自动化测试，具体效果如图 8.5 所示。Response 类型的属性 content 内容中包含了路由参数 PATH_INFO、请求方式 REQUEST_METHOD 和查询字符串 QUERY_STRING 等信息。

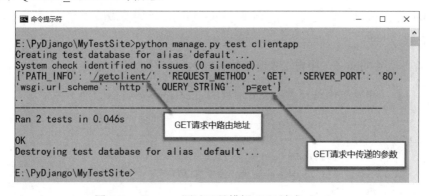

图 8.5　clientapp 测试工具模拟 GET 请求（一）

通过浏览器打开 MyTestSite 项目中定义的 clientapp 测试应用地址，如图 8.6 所示。浏览器地址栏中 GET 请求传递的参数与页面中显示的内容是一致的。

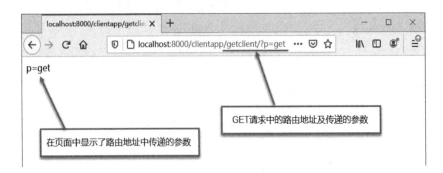

图 8.6　clientapp 测试工具模拟 GET 请求（二）

8.3.2　使用测试工具模拟发送 POST 请求

上面演示了使用测试工具（Test Client）模拟发送 GET 请求的示例，下面将介绍如何使用测试工具 Test Client 模拟发送 POST 请求。

（1）在 URLConf 模块中再定义一个 url 路由，具体代码如下：

【代码 8-10】（详见源代码 MyTestSite 项目的 clientapp/urls.py 文件）

```
01  from django.urls import path
02
03  from . import views
04
05  urlpatterns = [
06      path('', views.index, name='index'),
07      path('getclient/', views.get_client, name='getclient'),
08      path('postclient/', views.post_client, name='postclient'),
09  ]
```

【代码分析】

● 第 08 行代码中，定义了一个 url 路由'postclient/'，对应视图文件 views.py 中的视图函数 post_client。

（2）在视图文件 views.py 中定义视图函数 post_client，具体代码如下：

【代码 8-11】（详见源代码 MyTestSite 项目的 clientapp/views.py 文件）

```
01  def post_client(request):
02      if request.method == 'POST':
03          p = request.POST.get('p')
04          context = {}
05          context['p'] = p
06          return render(request, 'show_p.html', {'pinfo': context})
07      else:
08          return HttpResponse("This is post_client view.")
09      pass
```

【代码分析】

- 第 02～08 行代码中,通过 if 条件语句判断 request.method 中 HTTP 方式是否为 POST,如果结果为真,则继续执行下面的代码,否则返回一条字符串信息。
- 第 03 行代码中,通过 request 对象调用 request.POST.get()方法,获取 url 路由中参数 p 的值。
- 第 04～05 行代码中,定义一个上下文 context,并将参数 p 的值保存进去。
- 第 06 行代码中,调用 render()方法将上下文 context 内容渲染到 HTML 模板'show_p.html' 中显示。

（3）在 tests.py（创建应用时默认已存在）文件中编写 Testing Client 测试代码,具体如下:

【代码 8-12】（详见源代码 MyTestSite 项目的 clientapp/tests.py 文件）

```
01  from django.test import TestCase, Client
02
03  # Create your tests here.
04  class ClientTest(TestCase):
05      def setUp(self):
06          pass
07
08      def test_post_client(self):
09          c = Client()
10          rep_post = c.post('/postclient/', data={'p':'post'}, follow = True)
11          # 测试 http 请求的返回码是否正确
12          self.assertEqual(rep_post.status_code, 200)
13          print(rep_post.request)
14          pass
15      pass
```

【代码分析】

- 第 01 行代码中,通过 import 关键字引入 TestCase 模块和 Client 模块。
- 第 04～13 行代码中,创建了一个测试类 ClientTest,继承自 TestCase 测试类。
- 第 08～15 行代码中,定义了一个测试方法 test_post_client(),包含一个自身的 self 参数。
- 第 09 行代码中,定义了一个 Client 类的对象 c。
- 第 10 行代码中,通过对象 c 调用 get()方法,模拟发送 POST 方式的 url 路由请求,地址对应【代码 8-10】中定义的路由。同时,post()方法的返回值保存在 Response 类型的变量 rep_post 中。
- 第 12 行代码中,通过 self 调用 assertEqual()方法,测试 http 请求的返回码 status_code 是否正确。如果正确,则返回码为 200。
- 第 13 行代码中,通过变量 rep_get 获取 Response 类型的属性 request 中的内容。

（4）通过命令行指令（python manage.py test app）进行自动化测试,具体效果如图 8.7 所示。返回的 HTTP 状态码为 200,表示 POST 请求发送成功。

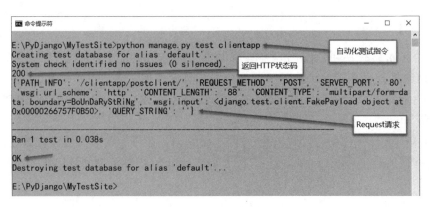

图 8.7　clientapp 测试工具模拟 POST 请求

接下来，在应用中创建一个真实的表单（代码参考前面章节中有关 Form 表单的内容），并实际发送一个 POST 请求。

通过 FireFox 浏览器打开 clientapp 测试应用中定义的表单，如图 8.8 所示。

图 8.8　clientapp 测试工具实际 POST 请求（一）

在表单文本输入框中填写与【代码 8-12】第 10 行代码中相同的参数，然后单击 Submit 按钮提交，页面效果如图 8.9 所示。实际发送的 POST 请求地址和传递的参数，与通过 Test Client 方式模拟发送的是一致的。

图 8.9　clientapp 测试工具实际 POST 请求（二）

8.4　本章小结

本章介绍了 Django 框架中地异常管理与自动化测试技术，主要包括 Django 异常处理、自动化测试与测试工具等方面内容。本章内容有助于读者掌握 Django 框架的异常处理与自动化测试方法。

第 9 章

用户 Auth 认证系统

本章将介绍 Django 框架中的用户 Auth 认证系统，主要包括 Auth 模块基础知识、安装与使用方法等方面内容。

通过本章的学习可以掌握以下内容：

● Auth 模块的基础知识
● Auth 模块的安装方法
● Auth 模块的用户权限
● Auth 模块的用户组

9.1　用户 Auth 认证系统介绍

本节将介绍 Django 框架的用户 Auth 认证系统，用户 Auth 的认证系统是 Django 框架内置的一个模块。该模块用于处理用户账户、用户组、用户权限，以及基于 cookie 的用户会话。

用户 Auth 认证模块相当于 Django 框架的身份验证系统，同时负责身份验证和用户授权两大功能。简单地说，身份验证用于判断用户所声称的身份是否是其真实身份，而用户授权则用于确定允许通过身份验证的用户所能执行的操作权限。

用户 Auth 认证系统由以下一些功能构成：

● 用户（Users）。
● 权限，二进制（是/否）标志，指示用户是否可以执行特定任务。
● 用户组（Groups），一种将标签和权限应用于多个用户的通用方法。
● 可配置的哈希密码系统。
● 用于登录用户或限制内容的表单和查看工具。
● 即插即用的后端系统。

Django 框架中的身份验证系统的目标是通用性，提供网络身份验证系统中常见的某些功能。这些常见功能的一些解决方案已在第三方程序包中实现，具体说明如下：

● 增强密码验证。
● 限制登录尝试。
● 针对第三方的身份验证（例如 OAuth）。
● 对象级别的权限。

9.2　安装用户 Auth 认证模块

在 Django 框架的用户 Auth 认证系统中，身份验证功能被绑定在 django.contrib.auth 模块上。默认情况下，所需的配置已包含在创建项目时生成的配置文件 settings.py 中，由 INSTALLED_APPS 选项设置中列出的两个属性组成，具体如下：

● django.contrib.auth：包含身份验证框架的核心及其默认模型。
● django.contrib.contenttypes：Django 框架的内容类型系统，它允许用户权限与所创建的模型相关联。

此外，在 MIDDLEWARE 选项设置中还有如下这些属性：

● SessionMiddleware：管理跨域请求会话。
● AuthenticationMiddleware：使用会话将用户与请求相关联。

以上配置一般默认都有，不需要我们更改，当我们在命令行执行命令“manage.py migrate”后，系统会自动为 auth 模块创建必要的认证数据表 auth_user。此时，我们在代码中导入以下模块，就可以使用 Auth 模块验证各种登录权限了：

```
from django.contrib import auth            #导入 auth 模块
from django.contrib.auth.models import User     #导入 auth_user 表
```

登录用户的创建和验证都有哪些方法，下一节将会详细介绍。

9.3　使用 Django 身份验证系统

Django 用户 Auth 认证系统同时提供身份验证和用户授权两大功能，由于这两大功能有些耦合，因此通常也称为身份验证系统。本节将介绍 Django 身份验证系统的使用。

9.3.1　用户对象介绍

用户对象是身份验证系统的核心，其通常代表与网站进行交互的人员，并用于启用类似限制访问权限、注册用户个人资料、将内容与创建者相关联等操作。

Django 身份验证系统中仅存在一类用户，即"超级用户（Superusers）"或管理员用户这类设置了特殊属性的用户对象。默认的用户（User）对象主要包括以下属性：

- Username
- Password
- Email
- first_name
- last_name

更详细的说明请参阅官方网站上完整的 API 文档。

9.3.2　创建用户对象

创建用户（Users）对象的最直接方法，就是直接使用用户（Users）内置的 create_user()帮助函数，具体代码如下：

【代码 9-1】

```
01  >>> from django.contrib.auth.models import User
02  >>> user = User.objects.create_user('king', 'king@email.com', 'kingpwd')
03  # At this point, user is a User object that has already been saved
04  # to the database. You can continue to change its attributes
05  # if you want to change other fields.
06  >>> user.last_name = 'wang'
07  >>> user.save()
```

【代码分析】

- 第 01 行代码中，通过 import 关键字引入 User 模块。
- 第 02 行代码中，通过 create_user()函数创建一个 Users 对象的用户 user。
- 第 06 行代码中，为用户 user 定义 last_name 属性。
- 第 07 行代码中，调用 save()方法保存用户数据信息。

9.3.3　创建超级用户

创建超级用户（Superusers）是在命令行中通过 createsuperuser 命令实现的，具体命令行指令如下：

```
$ python manage.py createsuperuser --username=king --email=king@example.com
```

输入上述命令后，系统将提示用户输入密码，输入完成后将立即创建用户。如果在上述指令中不使用"--username"或"--email"选项，则在命令执行过程中将会提示用户输入这些选项值。

9.3.4　修改密码

Django 框架不会在用户模型上存储原始（明文）密码，而仅存储一个 hash 散列密码。因此，请勿尝试直接操作用户的密码属性，这也就是在创建用户时需要使用 create_user()帮助函数的原因。

如果想要修改用户密码，可以通过以下几种方式：

（1）命令行方式

在命令行中，通过 changepassword 命令可以修改用户密码，具体命令行指令如下：

```
$ python manage.py changepassword --username=king
```

输入上述命令后，命令行会提示用户修改给定用户的密码，而且必须重复输入两次（用于校验）。如果两次密码相匹配，则新密码将立即修改。如果命令不指定用户，则该命令将尝试修改用户名与当前系统用户匹配的密码。

（2）编程方式

还可以通过使用 set_password()函数方法以编程的方式修改密码，具体代码如下：

【代码 9-2】

```
01  >>> from django.contrib.auth.models import User
02  >>> u = User.objects.get(username='king')
03  >>> u.set_password('your-new-password')
04  >>> u.save()
```

（3）管理员系统方式

如果已经安装了 Django 管理员，还可以在身份验证系统的管理页面上修改用户的密码。

（4）视图和表单方式

Django 框架还提供了视图和表单，允许用户修改自己的密码。

9.3.5　验证用户

Django 框架使用 authenticate()方法来验证一组凭证，authenticate()方法的语法说明如下：

```
authenticate(request=None, **credentials)
```

该方法在默认情况下使用凭据作为关键字参数、用户名和密码，并针对每个身份验证后端对其进行检查，如果凭据对后端有效，则返回 User 对象。如果凭据对于任何后端均无效，或者后端引发了 PermissionDenied 异常，则返回 None。请看下面的代码示例：

【代码 9-3】

```
01  from django.contrib.auth import authenticate
02  user = authenticate(username='king', password='your secret password')
03  if user is not None:
04      # A backend authenticated the credentials
05  else:
06      # No backend authenticated the credentials
```

request 是一个可选的 HttpRequest 对象，其通过身份验证被传递给后端的 authenticate()方法。

9.3.6　默认权限

修改在 Django 项目配置文件中，如果 INSTALLED_APPS 设置选项中列出了 django.contrib.auth 模块，则将保证为应用程序中的每个模型创建三个默认操作权限（添加、修改和删除）。

上述这三个操作权限将在命令行中运行"python manage.py migrate"命令后被创建。将 django.contrib.auth 模块添加到 INSTALLED_APPS 设置选项后，第一次运行迁移（migrate）命令时，将为所有先前安装的模型以及当时正在安装的所有新模型创建默认权限。然后，在每次运行迁移（migrate）命令时，会为新模型创建默认权限。

假定有一个带有 app 标签名称 foo 和模型名称 Bar 的应用程序，如果想要测试基本权限，则应使用如下方法：

- add：user.has_perm('foo.add_bar')
- change：user.has_perm('foo.change_bar')
- delete：user.has_perm('foo.delete_bar')
- view：user.has_perm('foo.view_bar')

另外，权限模型很少会被直接访问。

9.3.7　用　户　组

用户组（Groups）对象与用户对象（Users）一样，也是身份验证系统的核心。使用 django.contrib.auth.models.Group 模型是对用户进行分类的通用方法，因此可以向这些用户统一添加权限或其他标签。一个用户可以属于任意数量的用户组。

用户组中的用户自动拥有授予该组的权限。例如，如果站点编辑器组具有 can_edit_home_page 权限，则该用户组中的任何用户都将具有该权限。

除了权限之外，用户组是对用户进行分组，并为其提供一些标签或扩展功能的便捷方法。例如，可以创建一个"特殊用户"组并编写代码，使其可以访问网站中仅仅为成员的部分，或向其发送仅为成员的电子邮件。

9.3.8　权限与授权

Django 框架带有内置的权限系统，其提供了一种将权限分配给特定用户和用户组的方法。Django 权限与授权由后台管理（Admin）使用，不过也推荐在自己的代码中使用。Django 框架的后台管理（Admin）使用以下权限：

- 对视图对象的访问，仅限于对该类型对象具有"添加"或"修改"权限的用户。
- 仅仅只有对该对象类型具有"添加"权限的用户，才能添加对象。
- 仅仅只有对该对象类型具有"修改"权限的用户，才能修改对象。
- 删除对象的权限，仅限于对该对象类型具有"删除"权限的用户。

此外，不仅可以按照对象类型设置权限，还可以按特定对象实例设置权限。通过使用 ModelAdmin 模型类提供的 has_view_permission()、has_add_permission()、has_change_permission()

和 has_delete_permission()这组方法，可以为同一类型的不同对象实例自定义权限。

当用户对象具有两个多对多字段（组和用户权限），用户对象可以以与任何其他 Django 模型相同的方式访问其相关对象，请看下面的代码示例：

【代码 9-4】

```
01  myuser.groups.set([group_list])
02  myuser.groups.add(group, group, ...)
03  myuser.groups.remove(group, group, ...)
04  myuser.groups.clear()
05  myuser.user_permissions.set([permission_list])
06  myuser.user_permissions.add(permission, permission, ...)
07  myuser.user_permissions.remove(permission, permission, ...)
08  myuser.user_permissions.clear()
```

9.3.9　Web 请求中的身份验证

Django 框架使用会话和中间件将身份验证系统挂接到请求对象（request）中，这些请求对象为当前用户的每个 Web 请求提供了一个 request.user 属性。如果当前用户尚未登录，则此属性将设置为 AnonymousUser 类的实例，否则其将是 User 类的实例。

可以使用 is_authenticated 属性来进行区分授权用户和匿名用户，请看下面的代码示例：

【代码 9-5】

```
01  if request.user.is_authenticated:
02      # Do something for authenticated users.
03      ...
04  else:
05      # Do something for anonymous users.
06      ...
```

9.3.10　在管理员中管理用户

在 Django 框架中，当同时安装了 django.contrib.admin 和 django.contrib.auth 模块时，管理员将提供一种方便的方式来查看和管理用户、组和权限。

此时，可以像创建任何 Django 模型一样创建和删除用户，还可以创建组，并且可以将权限分配给用户或组。

同时，管理员在 Django 后台管理（Admin）内进行模型编辑的操作日志也会被记录下来并可查阅。

9.4　本章小结

本章介绍了 Django 框架的用户 Auth 认证系统，主要包括 Auth 模块基础知识、安装与使用方法等方面内容。本章内容有助于读者掌握 Django 框架的用户认证系统。

第 10 章

Django 安全与国际化

本章将介绍 Django 框架中的安全与国际化，主要包括安全问题、劫持保护、跨站点请求伪造保护、登录加密、安全中间件、国际化和本地化等方面的内容。

通过本章的学习可以掌握以下内容：

● 框架安全问题
● 国际化
● 本地化

10.1　Django 框架安全

本节将介绍 Django 框架安全。安全是 Web 应用程序开发中最重要的课题。基于 Django 框架进行开发，可以使用 Django 框架提供的多种保护工具和机制。

10.1.1　安全问题概述

Django 框架安全功能包括有关保护 Django 驱动的网站的相关建议，具体内容如下：

（1）跨站点脚本（XSS）保护

XSS 攻击使得一个用户可以将客户端脚本注入其他用户的浏览器之中。一般地，通过将恶意脚本存储在数据库中，当用户通过浏览器进行检索操作时，就会被脚本注入攻击。还有就是用户通过在浏览器中单击由恶意脚本伪装的页面链接，从而被脚本注入攻击。因此，只要在页面中未对之前保存的数据进行必要的清理，XSS 攻击就可以源自任何不受信任的数据源。

使用 Django 模板可保护站点免受大多数 XSS 攻击，但是需要了解其提供的保护及其限制。Django 模板会转义特定字符，这对于 HTML 来说尤其危险，尽管这可以保护用户免受大多数恶意输入的侵害，但这并不是绝对安全的。

（2）跨站点请求伪造（CSRF）保护

CSRF 攻击允许恶意用户使用另一用户的凭据执行操作，而无须该用户的授权或同意。Django 拥有针对大多数 CSRF 攻击的内置保护，只要在适当的地方启用该功能即可。

但是，该功能与任何缓解技术一样，存在局限性。例如，可以全局禁用 CSRF 模块或针对特定视图禁用 CSRF 模块。如果站点具有无法控制的子域，则还会有其他限制。

CSRF 保护通过检查每个 POST 请求中特定于用户的秘密（如使用 Cookie）来起作用。这样可以确保恶意用户无法简单地将表单"重播"到你的网站，而让另一个登录用户不经意间误提交该表单。

Django 框架的中间件 CsrfViewMiddleware 在与 HTTPS 一起部署时，将检查 HTTP 引用头是否设置为相同来源（包括子域和端口）上的 URL。因为 HTTPS 提供了额外的安全性，所以必须通过转发不安全的连接请求，并对支持的浏览器使用 HSTS（预加载列表）来确保连接使用 HTTPS。

> **提 示**
>
> 除非绝对必要，否则务必谨慎使用 csrf_exempt 装饰器标记视图。

（3）SQL 注入保护

SQL 注入是一种针对数据库的攻击，恶意用户能够在数据库上执行任意 SQL 代码。这可能导致记录被删除或数据泄露。

由于 Django 框架的查询集是使用查询参数构造的，因此可以防止 SQL 注入。查询的 SQL 代码与查询的参数分开定义。由于参数可能是用户提供的，因此不安全，底层数据库驱动程序会对其进行转义。

Django 框架还允许开发人员自行编写原始查询或执行自定义 SQL。这些功能应谨慎使用，并且应该始终谨慎地转义用户可以控制的任何参数。此外，在使用 extra()和 RawSQL 时，应谨慎行事。

（4）点击劫持保护

点击劫持是一种恶意攻击，具体方法是在恶意站点中将另一个站点包装在网页框架中。这种攻击可能导致毫无戒心的用户被诱骗在目标站点上执行意外操作。

Django 框架包含 X-Frame-Options 中间件形式的点击劫持保护，在支持的浏览器中，该中间件可以防止恶意网站在框架内呈现。可以基于每个视图禁用保护，也可以配置发送的确切报头值。

> **提 示**
>
> 强烈建议将中间件用于任何不需要第三方站点、且将其页面包装在框架中的站点，或者只需要允许站点中的一小部分使用中间件的站点。

（5）SSL/HTTPS

在 HTTPS 后面部署站点对于安全性而言总是更好的选择。否则，恶意用户可能会嗅探身份验证凭据，或客户端与服务器端之间传输的任何其他信息，并且在某些情况下（活动的网络攻击者）可能会修改任一方发送的数据。

（6）Host Header 验证

在某些情况下，Django 框架使用客户端提供的 Host Header 构造 URL。在清除这些值以防止跨站点脚本攻击的同时，可以将伪造的 Host 值用于跨站点请求伪造，缓存中毒攻击和电子邮件中的中毒链接。

因为即使看似安全的 Web 服务器配置也容易受到伪造的 Host 标头的影响，所以 Django 框架会根据 django.http.HttpRequest.get_host()方法中的 ALLOWED_HOSTS 设置来验证 Host 标头。

此验证仅通过 get_host()方法进行，如果代码直接从 request.META 访问 Host 标头，则绕过此安全保护措施。

（7）会话（Session）安全性

类似于 CSRF 限制（要求部署站点可以让不受信任的用户无法访问任何子域）一样，django.contrib.sessions 也具有限制。

10.1.2　点击劫持保护

点击劫持中间件和装饰器提供了易于使用的保护，以防止发生点击劫持。当恶意站点诱使用户单击已加载到隐藏框架或 iframe 中的另一个站点的隐藏元素时，会发生这种类型的攻击。

如何防止点击劫持呢？现代浏览器采用 X-Frame-Options HTTP Header，该 Header 指示是否允许在框架或 iframe 中加载资源。如果响应包含 Header 值为 SAMEORIGIN 的 Header，则浏览器将仅在请求源自同一站点的情况下才将资源加载到框架中。如果将 Header 设置为 DENY，则无论哪个站点发出请求，浏览器都将阻止资源加载到框架中。

Django 框架提供了一些简单的方法，将该 Header 包含在网站的响应中：

● 一个简单的中间件，可在所有响应中设置 Header。
● 一组视图装饰器，可用于覆盖中间件或仅设置某些视图的 Header。

如果响应中不存在 X-Frame-Options HTTP Header，则仅由中间件或视图装饰器来设置。

通过在项目配置文件 setting.py 中为全部响应设置 X-Frame-Options，可以实现防止点击劫持。如果要为站点中的所有响应设置相同的 X-Frame-Options 值，可以将 django.middleware.clickjacking. XFrameOptionsMiddleware"放入配置的 MIDDLEWARE 选项中，具体代码如下：

【代码 10-1】

```
MIDDLEWARE = [
    ...
    'django.middleware.clickjacking.XFrameOptionsMiddleware',
    ...
]
```

在通过 startproject 命令生成的 Django 项目中，可以在设置文件中启用此中间件。

10.1.3　跨站点请求伪造 CSRF 保护

CSRF 中间件和模板标签提供了易于使用的跨站点请求伪造保护功能。所谓跨站点请求伪造（CSRF）就是一种挟制用户在当前已登录的 Web 应用程序上执行非本意操作的攻击方法，而 CSRF

保护就是避免此类攻击的措施。

要在视图中利用 CSRF 保护，请执行以下步骤：

（1）默认情况下，在 MIDDLEWARE 设置中激活 CSRF 中间件。如果覆盖该设置，请记住在假定已处理 CSRF 攻击的任何视图中间件之前，都应先添加 django.middleware.csrf.CsrfViewMiddleware。如果禁用该设置，还可以在要保护的特定视图上使用 csrf_protect()方法。

（2）在使用 POST 表单的任何模板中，如果表单用于内部 URL，请在<form>元素内使用{% csrf_token %}标记，具体代码如下：

【代码 10-2】

```
<form method="post">
    {% csrf_token %}
    ...
</form>
```

对于以外部 URL 为目标的 POST 表单，不要这样配置，因为这会导致 CSRF 令牌泄露，从而导致漏洞。

（3）在相应的视图函数中，确保使用 RequestContext 进行响应，以便{% csrf_token %}可以正常工作。如果正在使用 render()函数，通用视图或 contrib 应用程序已经被覆盖了，因为它们都使用 RequestContext。

10.1.4 登录加密

Web 应用程序安全性的黄金法则是永远不要信任来自不受信任来源的数据。有时，通过不受信任的介质传递数据可能会很有用。加密签名的值可以在不检测任何篡改的情况下，安全地通过不受信任的通道传递。

Django 框架提供了用于签名的低级 API 和用于设置和读取签名的 cookie 的高级 API，下面是一些很有用的签名：

- 生成"恢复我的账户"URL 路由，以发送给丢失密码的用户。
- 确保存储在隐藏表单字段中的数据未被篡改。
- 生成一次性加密 URL，以允许临时访问受保护的资源。

10.1.5 保护 SECRET_KEY

在通过 startproject 命令创建新的 Django 项目时，会自动生成 settings.py 文件，并获得一个随机的 SECRET_KEY 值。此值是保护签名数据的关键（保持此值的安全性至关重要），否则攻击者可能会使用 SECRET_KEY 值来生成自己的签名值。

10.1.6 登录加密安全中间件

通过 django.middleware.security.SecurityMiddleware 中间件，对请求/响应周期提供一些增强的安

全性，每个设置均可独立启用或禁用。具体设置项目如下：

- SECURE_BROWSER_XSS_FILTER
- SECURE_CONTENT_TYPE_NOSNIFF
- SECURE_HSTS_INCLUDE_SUBDOMAINS
- SECURE_HSTS_PRELOAD
- SECURE_HSTS_SECONDS
- SECURE_REDIRECT_EXEMPT
- SECURE_SSL_HOST
- SECURE_SSL_REDIRECT

例如，如果将 SECURE_HSTS_SECONDS 设置为非零整数值，则 SecurityMiddleware 中间件将在所有 HTTPS 响应上设置此 Header。

10.2　Django 国际化和本地化

本节将介绍 Django 框架的国际化和本地化。Django 提供了一个强大的国际化和本地化的框架，来帮助开发多语言和本地化的应用程序。

10.2.1　国际化与本地化概述

在 Django 框架中，国际化和本地化的目标是允许单个 Web 应用程序针对不同的语言和格式提供其相应的内容。Django 框架完全支持文本翻译、日期、时间、数字格式以及时区格式。

实际上，Django 框架主要做了以下工作：

- 允许开发人员在模板上指定针对本地语言进行翻译，或者格式化其应用程序的相对应部分。
- 根据特定用户的喜好，并对特定用户的 Web 应用程序，使用特定的钩子进行本地化操作。

很明显，翻译取决于目标语言，格式通常取决于目标国家。浏览器在"接受语言"Header 中提供此信息。但是，时区信息可能不是很容易获得。

所谓的"国际化"和"本地化"这两个名词常常会引起混乱，下面是一个简化的定义：

- 国际化：为本地化准备软件，通常由开发人员完成。
- 本地化：编写翻译和本地格式，通常由翻译人员完成。

以下是一些相关的术语，可以帮助我们处理通用语言：

- 语言环境名称（locale name）：可以是形式为 ll 的语言规范，也可以是形式为 ll_CC 的语言和国家/地区组合。例如：it、de_AT、es、pt_BR。语言部分总是小写，国家部分总是大写，分隔符是一个下画线。

- 语言代码（language code）：代表一种语言的名称。浏览器使用此格式在"接受语言" HTTP Header 中发送其接受的语言的名称。例如：it、de-at、es、pt-br。语言代码通常以小写形式表示，但是 HTTP Accept-Language Header 不区分大小写，分隔符是破折号。
- 消息文件（message file）：消息文件是纯文本文件，代表一种语言，其中包含所有可用的翻译字符串以及应如何以给定语言表示。例如：消息文件的扩展名为".po"。
- 翻译字符串（translation string）：可以翻译的文字。
- 格式文件（format file）：格式文件是一个 Python 模块，用于定义给定语言环境的数据格式。

10.2.2 国 际 化

在 Django 框架项目国际化中，为了使 Django 项目可翻译，必须在 Python 代码和模板中添加最少数量的钩子。这些钩子称为翻译字符串，其功能是告诉 Django 框架：如果可以使用该语言的翻译版本，则应将其翻译成最终用户的语言。标记可翻译字符串是开发人员的责任，系统只能翻译它知道的字符串。

然后，Django 框架提供实用程序将翻译字符串提取到消息文件中。该文件包含翻译人员提供的、与目标语言等效的翻译字符串。翻译人员填写完消息文件后，必须对其进行编译，此过程依赖于 GNU gettext 工具集。

一旦完成此操作后，Django 框架会根据用户的语言偏好，即时在 Web 应用程序中翻译（显示）可用的语言。

Django 框架的国际化钩子在默认情况下处于启用状态，这意味着在 Django 框架的某些位置存在一些与 i18n 相关的开销。如果不使用国际化，则应花两秒钟的时间在设置文件中将 USE_I18N 设置为 False。然后，Django 框架会进行一些优化，以免加载国际化机制。

在 Python 代码中进行标准的国际化翻译，需要使用 gettext()函数指定翻译字符串。按照惯例，可以将其导入为较短的别名"_"，以节省输入内容。在下面这个代码示例中，字符串"I like Python and Django."将被标记为翻译字符串。

【代码 10-3】

```
01  from django.http import HttpResponse
02  from django.utils.translation import gettext as _
03
04  def my_view(request):
05      output = _("I like Python and Django.")
06      return HttpResponse(output)
```

【代码分析】

- 第 02 行代码中，通过 import 关键字在 django.utils.translation 模块中引入 gettext()函数方法，并定义为别名"_"。
- 第 05 行代码中，通过 gettext()函数的别名定义了翻译字符串。

如果不想使用别名，【代码 10-3】可以写成如下的形式，这完全基于个人的喜好。

【代码 10-4】

```
01  from django.http import HttpResponse
02  from django.utils.translation import gettext
03
04  def my_view(request):
05      output = gettext("I like Python and Django.")
06      return HttpResponse(output)
```

10.2.3　本 地 化

在 Django 框架项目本地化中，一旦标记了应用程序的字符串文字以进行后续翻译，就需要编写（或获取）翻译文件。大致过程如下：

首先，就是为新的语言创建消息文件（Message files）。这个消息文件就是一个纯文本文件，代表一种语言，其中包含所有可用的翻译字符串，以及应如何以给定语言表示。消息文件的扩展名为 ".po"。

Django 框架带有 django-admin makemessages 工具，该工具可自动创建和维护这些文件。如果想创建或更新一个消息文件，请执行下面的命令：

```
django-admin makemessages -l en
```

其中，en 代表打算在消息文件中使用的 "Locale name" 名称。

该脚本需要在以下两个位置之一运行：Django 项目的根目录（包含 manage.py 的目录），或者是 Django 项目下某个应用的根目录。

10.3　本章小结

本章介绍了 Django 框架中的安全与国际化，主要包括安全问题、劫持保护、跨站点请求伪造保护、登录加密、安全中间件、国际化和本地化等方面的内容。本章的内容有助于读者掌握 Django 框架的安全与国际化技术。

第 11 章

常用的 Web 应用程序工具

本章将介绍 Django 框架中常用的 Web 应用程序工具，主要包括缓存、日志、发送邮件、分页、消息框架、序列化、会话、静态文件管理和数据验证等方面的内容。

通过本章的学习可以掌握以下内容：

- 缓存
- 日志
- 发送邮件
- 分页
- 消息框架
- 序列化
- 会话
- 静态文件管理
- 数据验证

11.1 Django 缓存

本节将介绍 Django 框架的缓存，Web 缓存可以实现加快页面打开速度、减少网络带宽消耗和降低服务器压力等功能，缓存是开发 Web 应用程序必须考虑的问题。

11.1.1 缓存的由来

对于 Web 动态网站而言，每次用户请求页面时，Web 服务器都会进行各种计算，从数据库查询、到模板渲染、再到业务逻辑，以及创建站点访问者可以看到的页面。从处理开销的角度来看，这比标准的、从文件中读取文件的服务器系统的成本要高得多。

对于大多数 Web 应用程序而言，此开销并不大，因为大多数 Web 应用程序只是流量一般的中小型网站。但是，对于中到高流量站点，必须尽可能减少开销。这就是 Web 应用缓存的由来。

缓存某些内容是为了保存昂贵的计算结果，以便下次不必重复执行计算。下面是一些伪代码，用于说明如何将其应用于动态生成的网页中。

【代码 11-1】

```
01  given a URL, try finding that page in the cache
02  if the page is in the cache:
03      return the cached page
04  else:
05      generate the page
06      save the generated page in the cache (for next time)
07      return the generated page
```

Django 框架带有一个强大的缓存系统，可以保存动态页面，因此不必为每个请求都执行计算。为了方便起见，Django 框架提供了不同级别的缓存粒度，可以缓存特定视图的输出，也可以仅缓存难以生成的片段，或者甚至可以缓存整个站点。

Django 框架还可以与"下游"缓存（例如：Squid 和基于浏览器的缓存）配合使用。这些均是不直接控制的缓存类型，但是可以向它们提示（通过 HTTP Header）站点的哪些部分应该缓存，以及提示如何缓存。

11.1.2　设置缓存

缓存系统需要少量的设置，需要告诉它缓存的数据应该存放在什么地方——无论是在数据库中，或是在文件系统上，还是直接在内存中。这一点是影响缓存性能的重要因素，因为某些缓存类型比其他缓存类型更快。Web 项目的缓存首选项在设置文件中的 CACHES 选项中设置。

memcached 是 Django 框架原生支持的、最快的、最高效的缓存类型，它是一种完全基于内存的缓存服务器。相信大多数开发人员对其并不陌生，它最初是为处理 LiveJournal.com 网站上的高负载而开发的，随后由 Danga Interactive 开源。Facebook 和 Wikipedia 等网站使用其来减少数据库访问，并显着提高了网站性能。

memcached 作为守护程序运行，并分配了指定数量的 RAM。其所做的只是提供一个用于添加、检索和删除缓存中数据的快速接口。所有数据都直接存储在内存中，因此没有数据库或文件系统使用的开销。

在本地安装好 memcached 后，还需要安装 memcached 的绑定。这里有几种可用的 Python memcached 绑定方式，最常见的两种方式分别是 python-memcached 和 pylibmc。

在 Django 框架中使用 memcached，有下面两种方式：

（1）将 BACKEND 选项设置为 django.core.cache.backends.memcached.MemcachedCache 或 django.core.cache.backends.memcached.PyLibMCCache，这取决于所选择的 memcached 绑定。

（2）将 LOCATION 选项设置为 ip:port 值，其中 ip 是 memcached 守护程序的 IP 地址，端口（port）是运行 memcached 的端口。或者设置为 unix:path 值，其中 path 是 memcached Unix 套接字文件的路径。

在下面的代码示例中，memcached 使用 python-memcached 绑定在本地主机（127.0.0.1）的端口 11211 上运行。

【代码 11-2】

```
CACHES = {
    'default': {
        'BACKEND': 'django.core.cache.backends.memcached.MemcachedCache',
        'LOCATION': '127.0.0.1:11211',
    }
}
```

在下面的代码示例中，可以使用 python-memcached 绑定通过本地 Unix 套接字文件 /tmp/memcached.sock 使用 memcached。

【代码 11-3】

```
CACHES = {
    'default': {
        'BACKEND': 'django.core.cache.backends.memcached.MemcachedCache',
        'LOCATION': 'unix:/tmp/memcached.sock',
    }
}
```

在下面的代码示例中，使用 pylibmc 进行绑定时，切记不要包括"unix:/"前缀。

【代码 11-4】

```
CACHES = {
    'default': {
        'BACKEND': 'django.core.cache.backends.memcached.PyLibMCCache',
        'LOCATION': '/tmp/memcached.sock',
    }
}
```

11.1.3 数据库缓存

Django 框架可以将其缓存的数据存储在数据库中，如果拥有快速、索引良好的数据库服务器，则此方法效果最佳。

要将数据库表用作缓存后端，可以执行以下操作：

- 将 BACKEND 设置为 django.core.cache.backends.db.DatabaseCache。
- 将 LOCATION 设置为表名，即数据库表的名称。该名称可以是任何想要的名称，只要是数据库中尚未使用的有效表名即可。

在下面的代码示例中，缓存表名为 my_cache_table。

【代码 11-5】

```
CACHES = {
    'default': {
        'BACKEND': 'django.core.cache.backends.db.DatabaseCache',
        'LOCATION': 'my_cache_table',
    }
}
```

在使用数据库缓存之前，必须使用以下命令创建缓存表：

```
python manage.py createcachetable
```

这个命令将在数据库中创建一个表，该表的格式与 Django 的数据库缓存系统期望的格式相同，且该表的名称取自 LOCATION。

如果将数据库缓存与多个数据库一起使用，则还需要为数据库缓存表设置路由说明。为了进行路由，数据库高速缓存表在名为 django_cache 的应用程序中显示为名为 CacheEntry 的模型。该模型不会出现在模型缓存中，但是可以将模型的详细信息用于路由。

例如，在下面代码示例中，路由器会将所有缓存读取操作定向到 cache_replica，并将所有写入操作定向到 cache_primary，同时缓存表将仅同步到 cache_primary。

【代码 11-6】

```
01  class CacheRouter:
02      """A router to control all database cache operations"""
03
04      def db_for_read(self, model, **hints):
05          "All cache read operations go to the replica"
06          if model._meta.app_label == 'django_cache':
07              return 'cache_replica'
08          return None
09
10      def db_for_write(self, model, **hints):
11          "All cache write operations go to primary"
12          if model._meta.app_label == 'django_cache':
13              return 'cache_primary'
14          return None
15
16      def allow_migrate(self, db, app_label, model_name=None, **hints):
17          "Only install the cache model on primary"
18          if app_label == 'django_cache':
19              return db == 'cache_primary'
20          return None
```

如果没有为数据库缓存模型指定路由方向，则缓存后端将使用默认数据库。当然，如果不使用数据库缓存后端，则无须担心为数据库缓存模型提供路由指令。

11.2　Django 日志

本节将介绍 Django 框架的日志，Django 使用 Python 的内置日志记录模块，以执行系统日志记录，主要包括 Logger、Handler、过滤器和 Formatter 四个模块。

11.2.1　Logger

一个 Logger 是进入日志系统的入口点，每个 Logger 都是一个命名的存储集合，可以将消息写入其中以进行处理。

Logger 的配置具有日志级别，日志级别描述了 Logger 将处理的消息的严重性。Python 定义了以下日志级别：

- DEBUG：用于调试目的的底层系统信息。
- INFO：通用系统信息。
- WARNING：描述已发生的警告问题的信息。
- ERROR：描述已发生的主要问题的信息。
- CRITICAL：描述已发生的严重问题的信息。

写入 Logger 的每条消息都是一个日志记录。每个日志记录还具有指示该特定消息的严重性的日志级别。日志记录还可以包含有用的元数据，该元数据描述了正在记录的事件，可以包括详细信息，例如：堆栈跟踪或错误代码。

将消息提供给 Logger 时，会将消息的日志级别与 Logger 的日志级别进行比较。如果消息的日志级别达到或超过 Logger 本身的日志级别，则将对消息做进一步处理。如果没有，则该消息将被忽略。

每当 Logger 确定需要处理消息后，会将其传递给相应处理程序（Handler）。

11.2.2　Handler

处理程序（Handler）是确定 Logger 中每个消息发生什么情况的引擎，其描述了特定的日志记录行为。例如，将消息写到屏幕、文件或网络套接字。

如同 Logger 一样，处理程序也具有日志级别。如果日志记录的日志级别不满足，或超过处理程序的级别，则处理程序将忽略该消息。

一个 Logger 可以具有多个处理程序，并且每个处理程序可以具有不同的日志级别。这样，可以根据消息的重要性提供不同形式的通知。例如，可以安装一个处理程序，将 ERROR 和 CRITICAL 消息转发到分页服务，而另一个处理程序将所有消息（包括 ERROR 和 CRITICAL 消息）记录到文件中，以供事后分析。

11.2.3　过 滤 器

过滤器用于提供额外的控制，控制哪些日志记录从 Logger 传递到处理程序（Handler）。

默认情况下，将处理所有符合日志级别要求的日志消息。但是，通过安装过滤器，可以在日志记录过程中放置其他条件。例如，可以安装一个过滤器，该过滤器仅允许发出来自特定来源的 ERROR 消息。

过滤器还可以用于在发出之前修改日志记录。例如，可以编写一个过滤器，如果满足一组特定的条件，则将 ERROR 日志记录降级为 WARNING 记录。

过滤器可以安装在 Logger 或处理程序（Handler）上，并可以使用多个过滤器来执行多个过滤操作。

11.2.4　Formatter

最终的日志记录需要呈现为文本，而格式器（Formatter）描述了该文本的确切格式。格式器程序通常由包含 LogRecord 属性的 Python 格式化字符串组成。

不过，也可以编写自定义格式化程序以实现特定的格式化行为。

11.2.5　使用日志记录

使用日志记录的方法很简单，在 Django 项目的配置文件 setting.py 中配置好 Logger、处理程序（Handler）、过滤器和格式化程序（Formatter）后，就可以将需要的日志记录调用语句放入代码中。下面是几个比较常用的代码示例：

首先这是一个相对简单的配置，其将 Django 框架的 Logger 中所有日志记录写入本地文件。

【代码 11-7】

```
01  LOGGING = {
02      'version': 1,
03      'disable_existing_loggers': False,
04      'handlers': {
05          'file': {
06              'level': 'DEBUG',
07              'class': 'logging.FileHandler',
08              'filename': 'debug.log',
09          },
10      },
11      'loggers': {
12          'django': {
13              'handlers': ['file'],
14              'level': 'DEBUG',
15              'propagate': True,
16          },
17      },
18  }
```

下面这个是一个相对完整的配置，包括 Logger、处理程序（Handler）、过滤器和格式化程序（Formatter）的全部配置信息。

【代码 11-8】

```
01  LOGGING = {
02      'version': 1,
03      'disable_existing_loggers': False,
04      'formatters': {
05          'verbose': {
06  'format': '%(levelname)s %(asctime)s %(module)s %(process)d %(thread)d %(message)s'
07          },
08          'simple': {
09              'format': '%(levelname)s %(message)s'
10          },
11      },
12      'filters': {
13          'special': {
14              '()': 'project.logging.SpecialFilter',
15              'foo': 'bar',
16          },
17          'require_debug_true': {
18              '()': 'django.utils.log.RequireDebugTrue',
19          },
20      },
21      'handlers': {
22          'console': {
23              'level': 'INFO',
24              'filters': ['require_debug_true'],
25              'class': 'logging.StreamHandler',
26              'formatter': 'simple'
27          },
28          'mail_admins': {
29              'level': 'ERROR',
30              'class': 'django.utils.log.AdminEmailHandler',
31              'filters': ['special']
32          }
33      },
34      'loggers': {
35          'django': {
36              'handlers': ['console'],
```

```
37              'propagate': True,
38          },
39          'django.request': {
40              'handlers': ['mail_admins'],
41              'level': 'ERROR',
42              'propagate': False,
43          },
44          'myproject.custom': {
45              'handlers': ['console', 'mail_admins'],
46              'level': 'INFO',
47              'filters': ['special']
48          }
49      }
50  }
```

这个 Logger 配置完成了以下工作：

（1）将配置标识为"dictConfig"版本（version）的格式为 1。目前，这是唯一的 dictConfig 格式版本。

（2）定义了两个格式化程序（Formatter）。

● 简单信息：仅输出日志级别名称（例如：DEBUG）和日志消息。格式字符串是普通的 Python 格式字符串，其描述了将在每条记录行上输出的详细信息。可在格式化（Formatter）对象中找到可以输出的、详细信息的完整列表。

● 详细信息：输出日志级别名称、日志消息，以及生成日志消息的时间、进程、线程和模块。

（3）定义了两个过滤器（Filter）。

● project.logging.SpecialFilter：使用特殊别名。如果此过滤器需要其他参数，可以在过滤器配置字典中将它们作为其他关键字提供。

● django.utils.log.RequireDebugTrue：当 DEBUG 为 True 时，会传递记录。

（4）定义了两个处理程序（Handler）。

● 控制台：一个 StreamHandler，其将任何 INFO（或更高版本）消息输出到 sys.stderr。该处理程序使用简单的输出格式。

● mail_admins：一个 AdminEmailHandler，通过电子邮件将任何 ERROR（或更高级别）消息发送到站点 ADMINS。该处理程序使用特殊的过滤器。

（5）配置了 3 个 Logger。

● django：该 Logger 将所有消息传递到控制台处理程序。

● django.request：该 Logger 将所有错误消息传递给 mail_admins 处理程序。另外，该记录器被标记为不传播消息，这意味着 Logger 将不会处理写入 django.request 的日志消息。

- myproject.custom: 该 Logger 将所有信息传递到 INFO 或更高级别，还将特殊过滤器传递给控制台和 mail_admins 这两个处理程序。这意味着所有 INFO 级别的消息（或更高级别）将被打印到控制台，错误和严重消息也将通过电子邮件输出。

下面通过一个代码示例演示 Logger 的使用方法。新建一个简单 Django 项目 MyLogSite，然后创建一个简单视图，通过该视图输出日志信息。具体代码如下：

【代码 11-9】（详见源代码 MyLogSite 项目中的 MyLogSite/views.py 文件）

```
01  from django.http import HttpResponse
02
03  import logging
04  logger = logging.getLogger('django')
05
06  def index(request):
07      logger.info('info')
08      logger.error('error')
09      logger.warn('warn')
10      logger.debug('debug')
11      return HttpResponse("This is homepage!")
```

【代码分析】

- 第 03 行代码中，通过 import 指令引入 logging 对象。
- 第 04 行代码中，通过 logging 对象调用 getLogger('django')方法获取 logger 对象。
- 在第 06~11 行代码定义的视图函数中，通过 logger 对象分别调用 info()方法、error()方法、warn()方法和 debug()方法输出日志信息。

在项目配置文件 settings.py 中配置 logger 信息。具体代码如下：

【代码 11-10】（详见源代码 MyLogSite 项目中的 MyLogSite/settings.py 文件）

```
01  BASE_LOG_DIR = os.path.join(BASE_DIR, "logs")
02
03  LOGGING = {
04      'version': 1,
05      'disable_existing_loggers': False,
06      'handlers': {
07          'file': {
08              'level': 'DEBUG',
09              'class': 'logging.FileHandler',
10              'filename': os.path.join(BASE_LOG_DIR, 'opt.log'),
11          },
12      },
13      'loggers': {
```

```
14          'django': {
15              'handlers': ['file'],
16              'level': 'DEBUG',
17              'propagate': True,
18          },
19      },
20  }
```

【代码分析】

● 第 01 行代码中，配置了日志文件的输出目录 BASE_LOG_DIR。注意，日志输出目录 logs 一般配置在项目根目录下。

● 第 03~20 行代码中，定义了 logger 配置信息，与【代码 11-7】基本一致。需要注意的是第 10 行代码中，通过前面定义的 BASE_LOG_DIR 参数，指定具体的日志信息文件 opt.log。

下面演示 Django 项目中 logger 日志的用法。首先，查看一下项目根目录下的 logs 目录情况，如图 11.1 所示。

图 11.1 "MyLogSite" 项目日志（logs）目录（一）

使用 Firefox 浏览器打开 MyLogSite 项目运行一下，如图 11.2 所示。

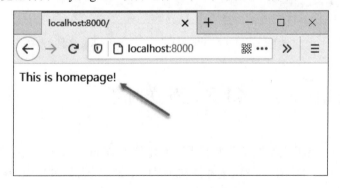

图 11.2 运行 MyLogSite 项目

如图中箭头所示，页面中出现提示信息表示项目运行成功了。然后，再查看一下项目根目录下的 logs 目录情况，如图 11.3 所示。

图 11.3 MyLogSite 项目日志 logs 目录（二）

如图中的箭头和标识所示，Logger 日志信息文件 opt.log 已经生成了。下面我们打开该日志文件查看一下，如图 11.4 所示。虽然 Logger 日志信息文件 opt.log 中输出了很多信息，但是可以找到【代码 11-9】中通过 logger 对象输出的调试信息。

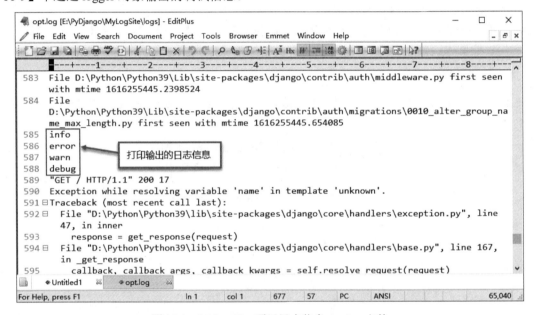

图 11.4 MyLogSite 项目日志信息 opt.log 文件

11.3 发送邮件

Python 提供了 smtplib 模块使得发送电子邮件相对容易，Django 在其上提供了两个轻巧的包装。Django 提供这些包装程序的目的是使电子邮件发送速度更快，使开发过程中的电子邮件发送测试变得容易，并为不能使用 SMTP 的平台提供支持。

Django 框架发送邮件的代码位于 django.core.mail 模块中，最简单的方法就是通过调用 send_mail()方法来实现。

send_mail()方法的语法格式如下：

```
send_mail(
    subject,
    message,
```

```
    from_email,
    recipient_list,
    fail_silently=False,
    auth_user=None,
    auth_password=None,
    connection=None,
    html_message=None)
```

语法说明：subject、message、from_email 和 recipient_list 参数是必需的。

- subject 参数：字符串。
- message 参数：字符串。
- from_email 参数：字符串。
- recipient_list 参数：邮件地址的字符串列表。
- fail_silently 参数：布尔值。如果为 False，send_mail()方法将会触发一个 smtplib.SMTPException 异常。
- auth_user 参数：用于验证 SMTP 服务器的可选用户名。如果未提供此选项，则 Django 框架将使用 EMAIL_HOST_USER 设置的值。
- auth_password 参数：用于验证 SMTP 服务器的可选用户的密码。如果未提供此选项，则 Django 框架将使用 EMAIL_HOST_PASSWORD 设置的值。
- connection 参数：用于发送邮件的可选电子邮件后端。如果未指定，将使用默认后端的实例。
- html_message 参数：如果提供了 html_message 参数，则生成的电子邮件将是大部分/替代电子邮件，其消息为 "text/plain" 类型，而 html_message 为 "text/html" 内容类型。

返回值：该函数的返回值将是成功传递的消息数（可以为 0 或 1，因为其只能发送一条消息）。请看下面发送邮件的代码示例：

【代码 11-11】

```
01  from django.core.mail import send_mail
02
03  send_mail(
04      'Subject here',
05      'Here is the message.',
06      'from@example.com',
07      ['to@example.com'],
08      fail_silently=False,
09  )
```

使用 EMAIL_HOST 和 EMAIL_PORT 设置中指定的 SMTP 主机和端口发送邮件。EMAIL_HOST_USER 和 EMAIL_HOST_PASSWORD 设置（如果已设置）用于对 SMTP 服务器进行

身份验证，而 EMAIL_USE_TLS 和 EMAIL_USE_SSL 设置控制是否使用安全连接。

11.4　分　页

　　Django 框架提供了一些类来帮助管理分页数据，即通过"上一页/下一页"链接把数据拆分到多个页面，这些类位于 django/core/paginator.py 模块中。Django 框架的分页功能就是通过调用 Paginator 类来实现的。

　　Paginator 类的语法格式如下：

```
class Paginator(object_list, per_page, orphans=0, allow_empty_first_page=True)
```

　　下面是在视图中使用分页 Paginator 类来对查询集进行分页的示例。我们同时提供视图和随附的模板，以显示如何显示结果。具体代码如下：

【代码 11-12】

```
01  from django.core.paginator import EmptyPage, PageNotAnInteger, Paginator
02  from django.shortcuts import render
03
04  def listing(request):
05      contact_list = Contacts.objects.all()
06      paginator = Paginator(contact_list, 25) # Show 25 contacts per page
07
08      page = request.GET.get('page')
09      contacts = paginator.get_page(page)
10      return render(request, 'list.html', {'contacts': contacts})
```

　　在 HTML 模板（list.html）中，可以包括页面之间的导航以及对象本身的任何感兴趣的信息，具体代码如下：

【代码 11-13】

```
01  {% for contact in contacts %}
02      {# Each "contact" is a Contact model object. #}
03      {{ contact.full_name|upper }}<br />
04      ...
05  {% endfor %}
06
07  <div class="pagination">
08      <span class="step-links">
09          {% if contacts.has_previous %}
10              <a href="?page=1">&laquo; first</a>
11              <a
```

```
href="?page={{ contacts.previous_page_number }}">previous</a>
   12        {% endif %}
   13
   14        <span class="current">
   15            Page {{ contacts.number }} of {{ contacts.paginator.num_pages }}.
   16        </span>
   17
   18        {% if contacts.has_next %}
   19            <a href="?page={{ contacts.next_page_number }}">next</a>
   20            <a href="?page={{ contacts.paginator.num_pages }}">last
&raquo;</a>
   21        {% endif %}
   22    </span>
   23 </div>
```

11.5 消息框架

在 Web 应用程序中，在处理表单或某些其他类型的用户输入后，经常需要向用户显示一次性通知消息（也称为"即时消息"）。本节将介绍这个通知消息框架

Django 框架的消息框架为匿名用户和经过身份验证的用户，提供了基于 cookie 和基于会话的消息传递功能。Django 消息框架可以将消息临时存储在一个请求中，并检索它们以在后续请求（通常是下一个请求）中显示。每条消息都标记有确定其优先级的特定级别（例如：info、warning 或 error）。

Django 消息框架是通过中间件类和相应的上下文处理器中实现的。在使用 startproject 命令创建的默认配置文件 settings.py 中，已包含启用消息功能所需的所有设置。详细说明如下：

● INSTALLED_APPS 选项中的 django.contrib.messages 模块。
● MIDDLEWARE 选项中包括的 django.contrib.sessions.middleware.SessionMiddleware 模块和 django.contrib.messages.middleware.MessageMiddleware 模块。默认的存储后端依赖于会话。
● TEMPLATES 选项中设置的包括 django.contrib.messages.context_processors.messages 模块的、Django 模板后台中的 context_processors 选项。

如果不想使用消息，则可以从 INSTALLED_APPS 和 MIDDLEWARE 选项的 MessageMiddleware 行以及 TEMPLATES 选项的消息上下文处理器中，删除 django.contrib.messages 模块。

11.6 序 列 化

Django 框架的序列化框架提供了一种将 Django 模型"翻译"为其他格式的机制。通常，这些

其他格式将基于文本，并用于通过网络格式发送 Django 数据，但是序列化程序可以处理任何格式（无论是否基于文本）。

在 Django 框架的最高级别上，序列化数据是一个相对简单的操作，通过 serialize()序列化函数就可以完成。具体代码如下：

【代码 11-14】

```
01  from django.core import serializers
02  data = serializers.serialize("xml", SomeModel.objects.all())
```

serialize()序列化函数的参数是将数据序列化的格式（请参阅序列化格式）和要序列化的 QuerySet。实际上，第二个参数可以是产生 Django 模型实例的任何迭代器，但几乎总是一个 QuerySet。

11.7 会　话

Django 框架提供了对匿名会话的全面支持，会话框架可以在每个站点访问者的基础上存储和检索任意数据。会话在服务器端存储数据，并抽象化 Cookie 的发送和接收。Cookie 包含会话 ID，而不是数据本身（除非使用的是基于 Cookie 的后端）。

在 Django 框架中，会话通过一个中间件实现。如果想启动会话功能，需要进行如下的操作：

在项目的配置文件 settings.py 中编辑 MIDDLEWARE 选项设置，并确保它包含 django.contrib.sessions.middleware.SessionMiddleware 模块。其实，在通过 startproject 命令创建的项目中，配置文件 settings.py 默认已经激活了 SessionMiddleware 模块。

11.8 静态文件管理

Django 框架通过 django.contrib.staticfiles 模块将来自每个应用程序，或指定的任何其他位置的静态文件，收集到一个易于在生产中使用的位置，这就是 Django 框架的静态文件管理功能。

有关静态文件管理设置的详细信息，请参见下面关于 staticfiles 的设置：

- STATIC_ROOT
- STATIC_URL
- STATICFILES_DIRS
- STATICFILES_STORAGE
- STATICFILES_FINDERS

Django 静态文件管理 django.contrib.staticfiles 模块定义了三个用文件管理的命令，具体如下：

（1）collectstatic 命令

- 使用方法：django-admin collectstatic。
- 作用：收集静态文件放置于 STATIC_ROOT。

（2）findstatic 命令

● 使用方法：django-admin findstatic staticfile [staticfile ...]。
● 作用：查找一个或多个相对路径（需要允许 finders 属性）。

（3）runserver 命令

● 使用方法：django-admin runserver [addrport]。
● 作用：如果已安装 staticfiles 应用，则会覆盖 core runserver 命令，并添加自动提供的
　静态文件服务。另外，静态文件服务不是通过 MIDDLEWARE 运行的。

11.9　数据验证

Django 框架的数据验证是通过编写验证器实现的。数据验证器通过一个值来调用，如果不满足某些条件，则会引发 ValidationError 异常。数据验证器用于在不同类型的字段之间重用验证逻辑。

在下面的代码示例中，数据验证器实现了只允许偶数通过验证的功能。

【代码 11-15】

```
01  from django.core.exceptions import ValidationError
02  from django.utils.translation import gettext_lazy as _
03
04  def validate_even(value):
05      if value % 2 != 0:
06          raise ValidationError(
07              _('%(value)s is not an even number'),
08              params={'value': value},
09          )
10      pass
```

11.10　本章小结

本章介绍了 Django 框架中常用的 Web 应用程序工具，主要包括缓存、日志、发送邮件、分页、消息框架、序列化、会话、静态文件管理和数据验证等方面的内容。本章的内容在 Django 框架项目开发中非常实用，在实际开发中都会碰到。

第 12 章

Django 框架实战 1——投票应用

本章将介绍如何开发一个完整的投票应用系统，这是基于 Django 框架项目开发的一个实战应用。本章内容包括项目框架构建、模型和 Admin 站点定义、视图和模板开发、表单与通用视图、静态文件等方面的内容，可以帮助读者掌握 Django 框架开发项目的过程。

通过本章的学习可以掌握以下内容：

- 构建投票应用项目架构
- 模型和 Admin 站点定义
- 视图与模板开发
- 表单与通用视图
- 使用静态文件

12.1　构建投票应用项目架构

本章将为读者介绍的投票（Polls）应用程序，该应用主要包括两部分功能：一部分是能够查看和投票的公共站点，一部分是能够添加、修改和删除投票的管理站点。

12.1.1　创建投票项目

在命令行中使用 django-admin startproject 命令，创建一个项目名称为 MyPollsSite 的 Web 投票应用程序，具体命令如下：

```
django-admin startproject MyPollsSite
```

执行完上述命令后，Django 框架自动构建一个 Web 应用程序的项目架构，如图 12.1 所示。

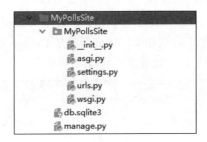

图 12.1　创建 MyPollsSite 投票应用程序项目架构

MyPollsSite 项目的文件说明如下：

（1）最外层的 MyPollsSite 根目录是项目的容器（仅仅表示容器）。注意，在该容器下还有一个同名的 MyPollsSite 目录，这个才是项目的主应用（该目录下创建了一组 Python 文件）。

（2）manage.py：该文件在 MyPollsSite 容器的根目录下，是最重要的一个 Python 模块。开发人员通过该模块，可以使用多种方式来管理 Django 项目的命令行工具。

（3）db.sqlite3：Django 项目的默认数据库配置模块，Django 框架默认使用 SQLite 数据库模型。

（4）在项目容器内的 MyPollsSite 主应用目录中，包含了一组 Python 模块，详细说明如下：

- ___init___.py：一个空文件，功能是通知 Python 解释器当前目录是一个 Python 包。
- settings.py：Django 项目的配置文件（最重要）。具体请参看 "Django 配置" 的相关内容以了解细节。
- urls.py：Django 项目的 URL 路由声明。具体请参看 "URL 调度器" 的相关内容以获取更多的内容。
- wsgi.py：作为项目运行在 WSGI 兼容的 Web 服务器上的入口。

通过 django-admin startproject 命令创建的默认 Django 项目，使用 Django 简易服务器就可以运行了。启动简易服务器需要在 MyPollsSite 容器根目录的命令行中进行，具体命令如下：

```
python manage.py runserver
```

上述命令行运行成功后，会给出很多提示信息，如图 12.2 所示。提示服务器已经在这个地址（http://127.0.0.1:8000）上启动了。

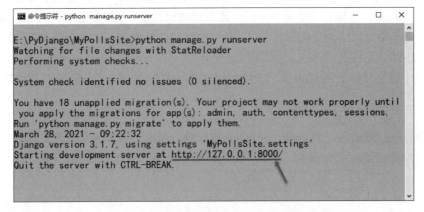

图 12.2　启动 Django 简易服务器

打开 FireFox 浏览器并输入上面的地址（http://127.0.0.1:8000），页面效果如图 12.3 所示。看到这个页面就说明 Django 项目已经运行成功了，该页面就是 Django 项目的默认效果。至此，Django 应用程序的开发环境已经配置好了，可以继续开发实际应用了。

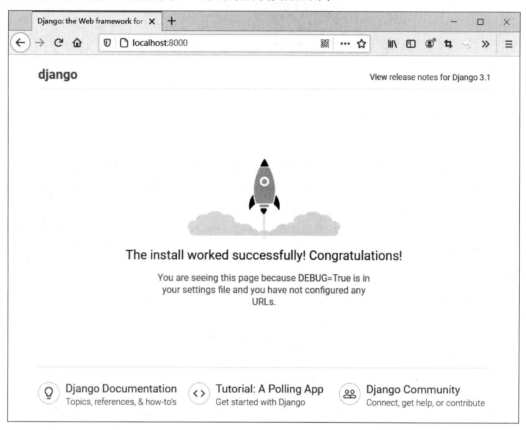

图 12.3　测试默认 Django 应用程序

12.1.2　创建投票应用

在 Django 项目中，每一个应用都是一个 Python 包，并且遵循着相同的技术规范。Django 框架自带一个工具 startapp，可以自动生成应用的基础目录结构。应用一般要放置在与 manage.py 模块的同级目录下，而不是主应用的目录下。这样，每一个创建的应用就可以作为顶级模块导入，而不是主应用的子模块。

现在，确定命令行处于 manage.py 文件同级目录下，运行如下命令来创建投票应用 pollsapp：

```
django-admin startapp pollsapp
```

上述命令行执行成功后，会创建一个 pollsapp 目录，如图 12.4 所示。投票应用 pollsapp 目录的内容与主应用 MyPollsSite 目录类似。主要不同之处就是新建了一个 views.py 文件，该文件就是默认的视图文件。

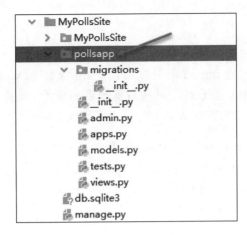

图 12.4　创建 pollsapp 应用

（1）尝试编写第一个视图，打开 pollsapp 目录中的 views.py 视图文件，并写入下面的代码。

【代码 12-1】（详见源代码 MyPollsSite 目录的 pollsapp\views.py 文件）

```
01  from django.http import HttpResponse
02
03  # Create your views here.
04  def index(request):
05      return HttpResponse("This is pollsapp index page.")
```

【代码分析】

● 第 01 行代码中，通过 import 命令导入 HttpResponse 对象（请求与响应）。
● 第 04～05 行代码中，定义了一个视图函数 index；第 05 行代码通过调用 HttpResponse 对象返回一行文本信息，该行文本信息会渲染到浏览器页面中。

这个基本上是 Django 框架中最简单的视图函数了。不过仅仅写好视图函数还不成，还需要配置一个 URL 路由映射到该视图函数，URL 路由需要在 URLconf 模块 urls.py 中定义。

（2）在 pollsapp 目录里新建一个 urls.py 文件（注意，通过 startapp 命令创建的应用，默认不包括这个文件），然后写入下面的代码。

【代码 12-2】（详见源代码 MyPollsSite 目录的 pollsapp\urls.py 文件）

```
01  from django.urls import path
02
03  from . import views
04
05  urlpatterns = [
06      path('', views.index, name='index'),
07  ]
```

【代码分析】

- 第 01 行代码中，通过 import 命令导入 path 对象（路径）。
- 第 03 行代码中，通过 import 命令导入本地视图文件 views.py。
- 第 05～07 行代码中，在 URLconf 模块配置路由路径。其中，第 06 行代码中通过 path 对象定义 pollsapp 应用的默认路由指向视图函数 index。

（3）上面配置的是 pollsapp 应用的路由，不过工作还没有完成。还需要在项目的根 URLconf 模块（在项目的主应用目录中）中指定刚刚创建的 pollsapp 应用路由 pollsapp.urls 模块。具体方法是，在根 URLconf 模块中的 urlpatterns 列表里插入一个 include()方法，将 pollsapp 应用路由 pollsapp.urls 模块包括进去。

打开 MyPollsSite 主应用目录下的 urls.py 文件（注意，这是通过 startproject 命令自动创建的），具体代码如下。

【代码 12-3】（详见源代码 MyPollsSite 目录的 MyPollsSite\urls.py 文件）

```
01  from django.contrib import admin
02  from django.urls import path
03
04  urlpatterns = [
05      path('admin/', admin.site.urls),
06  ]
```

【代码分析】

- 第 05 行代码中，通过 path 对象定义项目管理后台（Admin）的路由，该路由是系统默认配置好的。

在其中添加如下代码：

【代码 12-4】（详见源代码 MyPollsSite 目录的 MyPollsSite\urls.py 文件）

```
01  from django.contrib import admin
02  from django.urls import include, path
03
04  urlpatterns = [
05      path('pollsapp/', include("pollsapp.urls")),
06      path('admin/', admin.site.urls),
07  ]
```

【代码分析】

- 第 02 行代码中，通过 import 命令导入 include 对象（包含路径）。
- 第 04～07 行代码中，在 URLconf 模块配置路由路径。其中，第 05 行代中通过 path 对象定义 pollsapp 应用的默认路由，并通过 include()方法包含"pollsapp.urls"路由模块的路径。这样，项目的完整路由就配置好了。

（4）打开 FireFox 浏览器并输入 pollsapp 应用的路由地址（http://127.0.0.1:8000/pollsapp），页面效果如图 12.5 所示。页面中成功渲染出了视图函数 index 中定义的字符串文本信息。

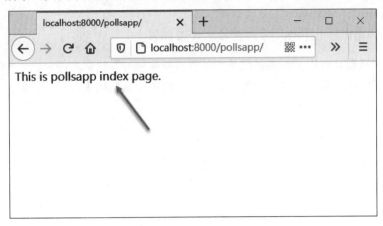

图 12.5　测试 pollsapp 应用效果

12.2　模型和 Admin 站点定义

本节将介绍投票应用程序 Polls 的数据库配置，以及创建模型和管理后台（Admin）站点的定义。

12.2.1　数据库配置

Django 框架项目的数据库配置，同样是在 settings.py 配置文件中定义的。Django 框架默认使用 SQLite 数据库。因为 Python 内置了 SQLite 数据库，所以无须额外安装第三方数据库。

当然，如果想使用其他功能扩展性更强的数据库，就需要安装合适的数据库绑定 database bindings，然后改变 settings.py 配置文件中"DATABASES 'default'"选项中的一些键值。具体描述如下：

- ENGINE：数据库引擎。可选值有'django.db.backends.sqlite3'、'django.db.backends. postgresql'、'django.db.backends.mysql'或'django.db.backends.oracle'。
- NAME：数据库的名称。如果使用的是 SQLite 引擎，数据库将是本地机器上的一个文件；在这种情况下，NAME 属性应该是此文件的绝对路径（包括文件名）。例如：默认值 os.path.join(BASE_DIR, 'db.sqlite3')将会把数据库文件储存在项目的根目录。

如果不使用 SQLite 数据库，则必须添加一些额外设置。例如：USER、PASSWORD、HOST 等。在编辑 settings.py 配置文件前，请先设置 TIME_ZONE 为自己所在的时区。

此外，关注一下 settings.py 配置文件头部的 INSTALLED_APPS 选项设置。这里包括在项目中启用的所有 Django 应用 app。通常，INSTALLED_APPS 选项默认包括以下 Django 框架自带的应用：

- django.contrib.admin：管理后台站点。
- django.contrib.auth：用户认证授权系统。

- django.contrib.contenttypes：内容类型框架。
- django.contrib.sessions：会话框架。
- django.contrib.messages：消息框架。
- django.contrib.staticfiles：管理静态文件的框架。

这些应用已经被默认启用了，其目的是为了给常规项目开发提供方便。

某些默认开启的应用需要至少一个数据表，所以在使用这些应用之前，需要在数据库中创建一些表。具体方法请执行以下命令：

```
python manage.py migrate
```

上面这个 migrate 命令检查 INSTALLED_APPS 选项设置，为其中的每个应用创建需要的数据表。至于具体会创建什么，取决于配置文件 settings.py 中与每个应用定义的数据库迁移文件。执行 migrate 命令所进行的每个迁移操作都会在终端中显示出来。如果感兴趣的话，通过运行数据库的命令行工具，可以查看 Django 到底创建了哪些表。

12.2.2　创建模型

在 Django 框架的 Web 项目中写一个数据库驱动，第一步就是定义模型——也就是数据库结构设计和附加的其他元数据。

在本章这个简单的投票应用中，需要创建两个模型：问题（Question）和选项（Choice）。问题（Question）模型包括问题描述和发布时间；选项（Choice）模型有两个字段（选项描述和当前得票数），每个选项属于一个问题。这些模型可以通过简单的 Python 类来描述。

Django 模型一般要写在 models.py 模块文件中，其与视图模块文件 views.py 处于同一级目录下。打开 pollsapp 目录中的 models.py 模型文件，并写入如下代码。

【代码 12-5】（详见源代码 MyPollsSite 目录的 pollsapp\models.py 文件）

```
01  from django.db import models
02
03  # Create your models here.
04  class Question(models.Model):
05      question_text = models.CharField(max_length=200)
06      pub_date = models.DateTimeField('date published')
07
08  class Choice(models.Model):
09      question = models.ForeignKey(Question, on_delete=models.CASCADE)
10      choice_text = models.CharField(max_length=200)
11      votes = models.IntegerField(default=0)
```

【代码分析】

- 第 01 行代码中，通过 import 命令导入 models 对象。
- 第 04～06 行代码中，定义了继承自 Model 类的 Question 模型。

- 第 05 行代码中，创建了一个 CharField 类型放入问题描述（question_text）字段属性。
- 第 06 行代码中，创建了一个 DateTimeField 类型的发布时间（pub_date）字段属性。
- 第 08～11 行代码中，定义了继承自 Model 类的 Choice 模型。
- 第 09 行代码中，创建了一个问题 Question 类型的外键（question）字段属性。
- 第 10 行代码中，创建了一个 CharField 类型放入选择描述（choice_text）字段属性。
- 第 11 行代码中，创建了一个 IntegerField 类型的投票数（votes）字段属性，并通过 default 参数初始化了默认值 0。

这段代码很简单，每个模型均为 django.db.models.Model 类的子类。每个模型有一些类变量，均表示模型里的一个数据库字段。每个字段均是 Field 类的实例，比如：CharField 表示字符字段，DateTimeField 表示日期时间字段。

在定义某些 Field 类的实例时需要参数。例如：CharField 类型需要一个最大长度（max_length）参数。这些参数的用处不止于用来定义数据库结构，也用于实现数据验证。Field 类也能够接收多个可选参数，在上面的第 11 行代码中，我们将 votes 字段的默认值（default）设定为 0。

注　意

第 09 行代码使用 ForeignKey（外键）定义了一个关系，表示每个选项（Choice）对象都关联到一个问题（Question）对象。Django 模型支持所有常用的数据库关系：多对一、多对多和一对一。

12.2.3　激活模型

上面的【代码 12-5】仅仅定义了数据库模型，在激活模型之前不能起到实际作用。因此，在定义好数据库模型之后，还必须激活这些模型，激活模型相当于完成了以下操作：

- 为该 Django 应用创建数据库 schema（即生成 CREATE TABLE 语句）。
- 创建可以与 Question 和 Choice 对象进行交互的 Python 数据库 API。

下面介绍激活模型的具体步骤。

（1）确认好 pollsapp 应用已经成功安装到 MyPollsSite 项目容器中了。这项工作需要在 settings.py 配置文件中配置 INSTALLED_APPS 选项，具体代码如下：

【代码 12-6】（详见源代码 MyPollsSite 目录的 MyPollsSite\settings.py 文件）

```
01  INSTALLED_APPS = [
02      'django.contrib.admin',
03      'django.contrib.auth',
04      'django.contrib.contenttypes',
05      'django.contrib.sessions',
06      'django.contrib.messages',
07      'django.contrib.staticfiles',
08      'pollsapp.apps.PollsappConfig',
09  ]
```

【代码分析】

- 第 08 行定义的点式路径代码（'pollsapp.apps.PollsappConfig'），实现了 pollsapp 应用安装的功能。其中，pollsapp 字段表示应用名称，app 字段表示应用类别（app 应用），PollsappConfig 表示应用配置（定义在每个应用目录下的 apps.py 文件，该文件是自动创建的）。

（2）看一下 pollsapp 应用的配置文件 apps.py，具体代码如下：

【代码 12-7】（详见源代码 MyPollsSite 目录的 pollsapp\apps.py 文件）

```
01  from django.apps import AppConfig
02
03  # app config
04  class PollsappConfig(AppConfig):
05      name = 'pollsapp'
```

【代码分析】

- 第 01 行代码中，通过 import 命令导入 AppConfig 对象。
- 第 04～05 行代码中，定义了 pollsapp 应用的配置类（PollsappConfig），继承自 AppConfig 类。该类名 PollsappConfig 对应于【代码 12-6】中第 08 行代码定义的点式路径中的 PollsappConfig 字段。
- 第 05 行代码中，定义了一个 name 属性（'pollsapp'），表示该 pollsapp 应用的名称。

（3）至此，该 MyPollsSite 项目就包含了 pollsapp 应用。在命令行运行下面的命令来迁移模型：

```
python manage.py makemigrations pollsapp
```

我们将会在命令行看到类似于如图 12.6 所示的信息输出，图中的信息表明已经成功创建了问题（Question）模型和选项（Choice）模型。

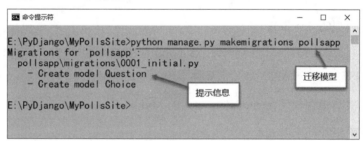

图 12.6　迁移模型

通过运行上述 makemigrations 命令，Django 框架会检测模型文件是否被修改，并且把修改的部分储存为一次迁移，迁移是 Django 框架对于模型定义产生变化后的储存形式。

我们看看迁移命令会执行哪些 SQL 语句，可以通过 sqlmigrate 命令接收一个迁移的名称，然后返回对应的 SQL 语句来查看。

```
python manage.py sqlmigrate pollsapp 0001
```

在命令行看到类似于如图 12.7 所示的信息输出。如图中的箭头和标识所示，通过 sqlmigrate 命令返回了所对应的 SQL 语句。

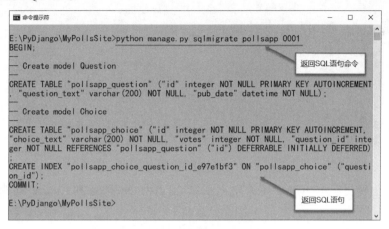

图 12.7　返回 SQL 语句

Django 框架针对模型有一个自动执行数据库迁移，并同步管理数据库结构的 migrate 命令，负责在数据库中创建新定义的模型的数据表。

```
python manage.py migrate pollsapp 0001
```

我们将会在命令行看到类似于如图 12.8 所示的信息输出。如图中的箭头和标识所示，通过 migrate 命令完成了迁移全部模型的操作。这个 migrate 命令选中所有还没有执行过的迁移，并应用在数据库上，也就是将对模型的修改同步到数据库结构上。

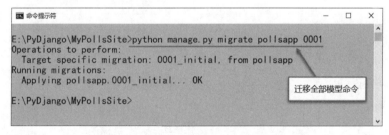

图 12.8　迁移全部模型

迁移是非常强大的功能，专注于使数据库平滑升级而不会丢失数据，能在开发过程中持续地改变数据库结构而不需要重新删除和创建表。

一般地，修改模型需要按照以下三步来进行：

（1）编辑 models.py 文件，修改模型。

（2）运行"python manage.py makemigrations"命令，为模型改变生成迁移文件。

（3）运行"python manage.py migrate"，执行数据库迁移。

12.2.4　添加数据

接下来，可以进入交互式的 Python 命令行，尝试一下为模型添加数据了。一般是通过 shell 命令打开 Python 命令行：

```
python manage.py shell
```

交互式的 Python 命令行打开后的效果如图 12.9 所示。

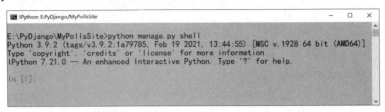

图 12.9　交互式 Python 命令行（一）

命令行窗口出现交互式 Python 提示符，然后就可以为 Question 和 Choice 模型添加数据了。具体代码如下：

【代码 12-8】

```
01  from pollsapp.models import Choice, Question
02  from django.utils import timezone
03
04  q = Question(question_text="Do you like python?", pub_date=timezone.now())
05  q.save()
```

交互式的 Python 命令行输出后的效果如图 12.10 所示，我们已经成功在 Question 模型中添加了一条数据信息。

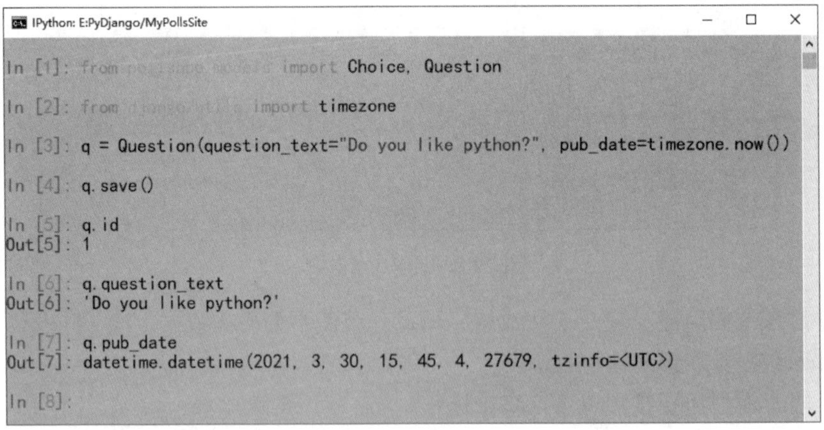

```
In [1]: from pollsapp.models import Choice, Question

In [2]: from django.utils import timezone

In [3]: q = Question(question_text="Do you like python?", pub_date=timezone.now())

In [4]: q.save()

In [5]: q.id
Out[5]: 1

In [6]: q.question_text
Out[6]: 'Do you like python?'

In [7]: q.pub_date
Out[7]: datetime.datetime(2021, 3, 30, 15, 45, 4, 27679, tzinfo=<UTC>)

In [8]:
```

图 12.10　交互式 Python 命令行（二）

尝试修改一下该条数据信息，具体代码如下：

【代码 12-9】

```
01  q.question_text = "Do you like django?"
05  q.save()
```

交互式的 Python 命令行输出后的效果如图 12.11 所示。如图中的箭头所示，命令行中并没有显示出具有实际意义的信息。针对这个问题，可以通过编辑 Question 模型的代码（位于 pollsapp/models.py 中）来修复，具体就是给 Question 和 Choice 模型增加__str__()方法。

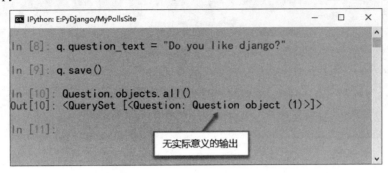

图 12.11　交互式 Python 命令行（三）

【代码 12-10】（详见源代码 MyPollsSite 目录的 pollsapp\models.py 文件）

```
01  from django.db import models
02
03  # Create your models here.
04  class Question(models.Model):
05      question_text = models.CharField(max_length=200)
06      pub_date = models.DateTimeField('date published')
07      def __str__(self):
08          return self.question_text
09
10  class Choice(models.Model):
11      question = models.ForeignKey(Question, on_delete=models.CASCADE)
12      choice_text = models.CharField(max_length=200)
13      votes = models.IntegerField(default=0)
14      def __str__(self):
15          return self.choice_text
```

【代码分析】

● 第 07～08 行代码中，为 Question 模型增加了__str__()方法。
● 第 14～15 行代码中，为 Choice 模型增加了__str__()方法。

为模型增加__str__()方法非常重要的，不仅能为命令行的使用带来方便，而且在 Django 项目自动生成的后台管理（Admin）模块中的模型也使用这个方法来表示对象。

我们再通过交互式的 Python 命令行进行测试，输出后的效果如图 12.12 所示，命令行中成功显示出了 Question 模型中定义的数据信息。

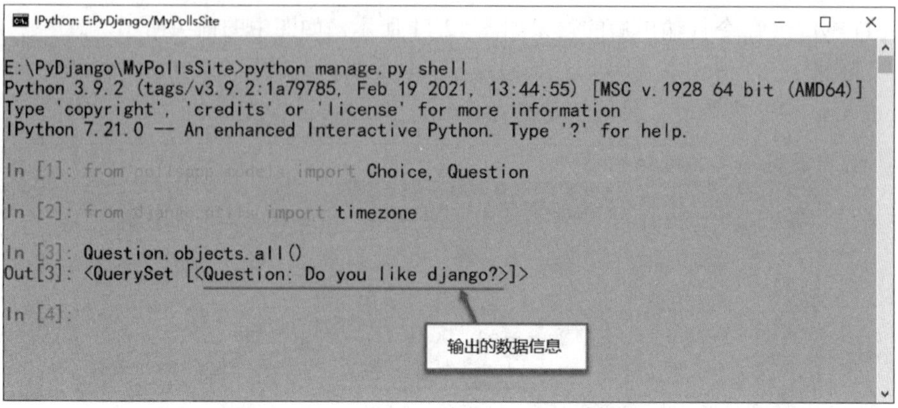

图 12.12　交互式 Python 命令行（四）

12.2.5　模型自定义方法

除了使用模型的内置方法，还可以为模型添加自定义方法。在下面的示例中，我们在 Question 模型中添加一个自定义方法，用于判断某一条"问题"数据是否是刚刚新增的。具体代码如下：

【代码 12-11】

```
01  from django.db import models
02  from django.utils import timezone
03
04  # import datetime
05  import datetime
06
07  # Create your models here.
08
09
10  class Question(models.Model):
11      question_text = models.CharField(max_length=200)
12      pub_date = models.DateTimeField('date published')
13
14      # if this question was published recently?
15      def was_published_recently(self):
16          return self.pub_date >= timezone.now() - datetime.timedelta(days=1)
17
18      def __str__(self):
19          return self.question_text
20
21
22  class Choice(models.Model):
23      question = models.ForeignKey(Question, on_delete=models.CASCADE)
```

```
24        choice_text = models.CharField(max_length=200)
25        votes = models.IntegerField(default=0)
26
27    def __str__(self):
28        return self.choice_text
```

【代码说明】

- 第 02 行代码中，通过 import 命令引入了 timezone 对象。
- 第 05 行代码中，通过 import 命令导入了时间（datetime）模块。
- 第 15～16 行代码中，为 Question 模型增加一个 was_published_recently()自定义方法。
- 第 16 行代码中，通过 timezone 对象和 datetime 模块进行验算，判断某一条"问题"信息的发布时间是否在一天以内。

我们通过交互式的 Python 命令行进行测试，输出后的效果如图 12.13 所示。通过 Question 模型的自定义方法 was_published_recently()进行判断，得出该条"问题"信息的发布时间是在一天以内的结果。

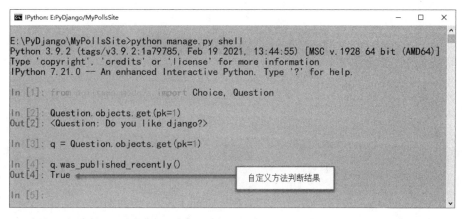

图 12.13　模型自定义方法

12.2.6　管理后台站点

关于管理后台（Admin）模块，我们在前面的章节中进行过详细介绍，这里再复习一遍。

（1）创建一个能登录管理后台（Admin）站点的超级管理员用户。在命令行中运行如下命令：

```
python manage.py createsuperuser
```

命令的具体效果如图 12.14 所示，这里不仅使用了默认的系统管理员用户 king，还输入了电子邮箱，确认了密码（共两次）。最后，命令行提示信息显示出超级管理员用户创建成功了。

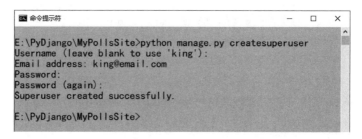

图 12.14　创建管理后台（Admin）站点的超级管理员用户

（2）在命令行中启动开发服务器。服务器启动成功后，打开 Firefox 浏览器并访问项目管理后台（"/admin/"）目录，具体地址为 http://127.0.0.1:8000/admin/。此时，应该会看到管理员登录界面，如图 12.15 所示。页面中出现了登录对话框。在对话框中输入刚刚创建的超级管理员的用户名（king）和密码进行登录，如果验证成功，则页面会跳转到管理后台（Admin）页面，如图 12.16 所示。

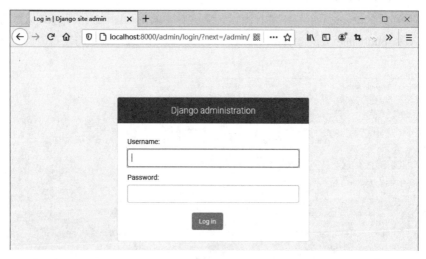

图 12.15　管理后台（Admin）站点登录页面

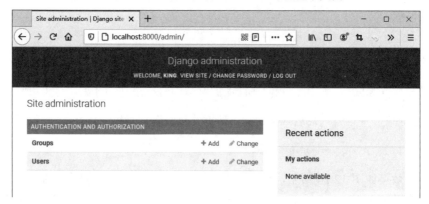

图 12.16　管理后台（Admin）站点页面

（3）单击用户"Users"列表项，展开全部用户列表，如图 12.17 所示。如图中的箭头和标识所示，在用户列表中可以看到我们刚刚创建的超级管理员用户 king。

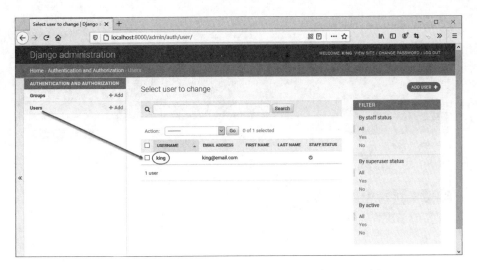

图 12.17　管理后台（Admin）站点用户 Users 列表

管理后台（Admin）模块的功能远远不止于管理用户，还可以管理全部应用项目（app）的模型。

接下来，我们将 pollsapp 应用的模型加入管理后台（Admin）模块，操作方法就是将 pollsapp 应用的模块注册到管理后台 admin.py 模块中，具体代码如下：

【代码 12-12】

```
01  from django.contrib import admin
02
03  # Register your models here.
04
05  from .models import Question
06
07  admin.site.register(Question)
```

【代码说明】

- 第 02 行代码中，通过 import 命令引入了 admin 对象。
- 第 05 行代码中，通过 import 命令导入了问题（Question）模型。
- 第 07 行代码中，通过 admin 对象调用 register()方法，将问题（Question）模型注册到管理后台（Admin）中。

然后，刷新管理后台（Admin）站点页面，如图 12.18 所示。pollsapp 应用中显示了 Question 模型，问题Question列表中显示了添加的"问题"数据信息。单击该条"问题"数据信息（"Do you like Django?"），就会跳转到模型（Question）字段的详情页面，如图 12.19 所示。页面中显示了该条"问题"数据的详细字段信息，包括标题和发布时间。当然，我们也可以直接通过该页面修改字段数据信息。

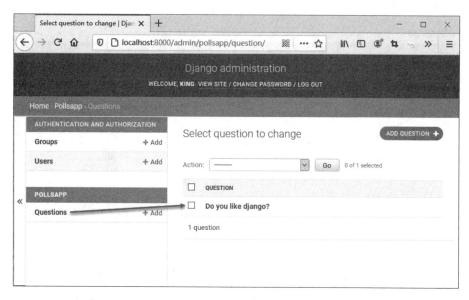

图 12.18　将问题（Question）模型注册到管理后台（Admin）站点中

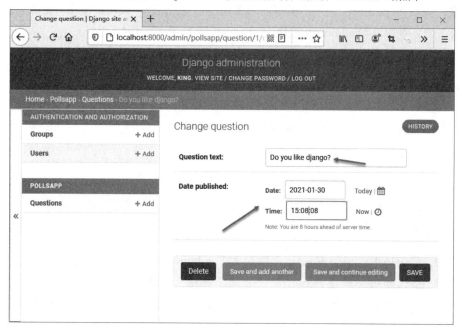

图 12.19　查看问题（Question）模型数据信息

12.3　视图与模板

　　本节将介绍如何为投票应用程序 Polls 编写更多的视图函数，以完成更多的业务功能。这里主要定义下列几个功能视图：

● 　问题（Question）索引页：展示最近的几个投票问题。

- 问题（Question）详情页：展示某个投票的问题和不带结果的选项列表。
- 问题（Question）结果页：展示某个投票的结果。
- 投票处理器：用于响应用户为某个问题的特定选项投票的操作。

在 Django 框架的项目中，网页和其他内容都是从视图派生而来的，每一个视图表现为一个简单的 Python 函数。Django 框架将会根据用户请求的 URL 路由地址来选择使用具体的视图。

12.3.1　定义视图函数

根据前一小节中所描述的视图功能，我们打开 pollsapp 目录中的视图模块文件 views.py，在视图函数 index 中定义如下的代码。

【代码 12-13】（详见源代码 MyPollsSite 目录的 pollsapp\views.py 文件）

```
01  from django.http import HttpResponse
02
03  from .models import Question
04
05  # Create your views here.
06
07  def index(request):
08      latest_question_list = Question.objects.order_by('pub_date')[:5]
09      output = '<br>'.join([q.question_text for q in latest_question_list])
10      return HttpResponse("This is pollsapp index page!<br><br>" + output)
```

【代码分析】

- 第 05 行代码中，通过 import 命令导入 Question 模型对象。
- 第 07~10 行代码中，定义了视图函数 index。
- 第 08 行代码中，通过 Question 对象调用 order_by('pub_date')方法，获取了基于字段 pub_date 排序的数据列表 latest_question_list。
- 第 09 行代码中，通过迭代列表变量 latest_question_list，获取了每一项"问题"数据中 question_text 字段的内容，并组合为一个字符串变量 output 进行保存。
- 第 10 行代码中，调用 HttpResponse 对象返回数据信息。

打开 Firefox 浏览器并访问 pollsapp 应用的默认视图 index，具体地址为 http://127.0.0.1:8000/pollsapp/，页面效果如图 12.20 所示。页面中显示了问题（Question）模块中 question_text 字段内容的列表。

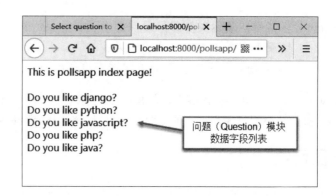

图 12.20　演示 pollsapp 应用默认视图

12.3.2　使用模板优化默认视图

前一小节中，视图功能完成了页面渲染功能，不过这种方式并不是 Django 框架所推荐的。Django 框架推荐使用模板系统，将所创建视图的页面代码与渲染操作分离开来。具体请看下面示例。

（1）打开 pollsapp 目录，在其中新建一个名称为 templates 子目录，然后在该子目录下再新建一个名称为 pollsapp（Django 建议与应用名称一致）的二级子目录，在该目录下创建一个名称为 index.html 的 HTML 模板。

【代码 12-14】（详见源代码 MyPollsSite 目录的 pollsapp\templates\pollsapp\index.html 文件）

```
01  <!DOCTYPE html>
02  <html lang="en">
03  <head>
04      <meta charset="UTF-8">
05      <link rel="stylesheet" type="text/css"
href="/static/css/myclass.css"/>
06      <title>PollsApp Index Page</title>
07  </head>
08  <body>
09
10      <h3>Latest Question List</h3>
11      {% if latest_question_list %}
12      <ul>
13          {% for question in latest_question_list %}
14          <li>
15              <a
href="/pollsapp/{{ question.id }}/">{{ question.question_text }}</a>
16          </li>
17          {% endfor %}
18      </ul>
19      {% else %}
```

```
20          <p>No polls are available.</p>
21      {% endif %}
22
23  </body>
24  </html>
```

【代码分析】

- 第 11～21 行代码中，先通过{% if %}条件语句判断上下文参数 latest_question_list 是否为空列表，如果不为空，则通过第 13～17 行代码中的{% for %}循环语句获取列表参数 latest_question_list 中每一项内容。
- 第 15 行代码中，定义了一个超链接标签，将字段 question.id 的内容绑定到 href 属性中，将字段 question_text 的内容作为超链接标签的文本信息进行显示。

（2）重新改写视图模块文件 views.py 中的视图函数 index，具体代码如下：

【代码 12-15】（详见源代码 MyPollsSite 目录的 pollsapp\views.py 文件）

```
01  from django.http import HttpResponse
02  from django.shortcuts import render
03  from django.template import loader
04
05  from .models import Question
06
07  # Create your views here.
08
09  def index(request):
10      latest_question_list = Question.objects.order_by('pub_date')[:5]
11      template = loader.get_template('pollsapp/index.html')
12      context = {
13          'latest_question_list': latest_question_list,
14      }
15      return HttpResponse(template.render(context, request))
```

【代码分析】

- 第 02 行代码中，通过 import 命令导入 render 对象。
- 第 03 行代码中，通过 import 命令导入 loader 对象。
- 第 09～15 行代码中，定义了视图函数 index。
- 第 11 行代码中，通过 loader 对象调用 get_template()方法加载了视图的 HTML 模板 template。
- 第 12～14 行代码中，通过上下文变量 context 定义了属性 latest_question_list，保存为第 10 行代码定义的列表数据变量 latest_question_list。
- 第 15 行代码中，通过 template 对象调用 render()方法，将上下文参数渲染到 HTML 模板中去。

（3）在浏览器中刷新 pollsapp 应用的默认视图 index，具体地址为 http://127.0.0.1:8000/pollsapp/，页面效果如图 12.21 所示。页面中显示了 HTML 通过渲染的 question_text 字段内容的列表。

图 12.21　使用模板的 pollsapp 应用默认视图

12.3.3　去除模板中的 URL 硬编码

在【代码 12-13】的第 15 行代码中，定义超链接标签的 href 属性使用的是"硬编码"方式。虽然"硬编码"方式也可以实现相应的功能，但问题在于"硬编码"的代码"强耦合"，对于一个包含很多应用的项目来说，修改起来无比困难。任何一个 Web 框架都不推荐使用"硬编码"方式（除非特定情况）。

因此，Django 框架模板层定义了内置标签和过滤器的功能。对于"硬编码"来说，完全可以通过使用 Django 模板的{% url %}内置标签进行替换，只需要借助 URL 路由模块的 name 参数就可以完成。

下面是原始设计的"硬编码"方式定义的超链接：

```
<a href="/pollsapp/{{ question.id }}/">{{ question.question_text }}</a>
```

通过使用{% url %}内置标签，可以替换为如下的定义：

```
<a href="{% url 'detail' question.id %}">{{ question.question_text }}</a>
```

然后，在 URLConf 模块中增加对应 name 参数（'detail'）的路由定义，具体代码如下：

【代码 12-16】（详见源代码 MyPollsSite 目录的 pollsapp\urls.py 文件）

```
01  from django.urls import path
02
03  from . import views
04
05  urlpatterns = [
06      # ex: /pollsapp/
07      path('', views.index, name='index'),
08      # ex: /pollsapp/1/
09      path('<int:question_id>/', views.detail, name='detail'),
10  ]
```

【代码分析】

- 第 01 行代码中，通过 import 命令导入 path 对象。
- 第 03 行代码中，通过 import 命令引入 views 模块。
- 第 09 行代码中，在 urlpatterns 路由列表中，通过 path() 函数增加了一个路由定义。其中，路由地址为 int 类型的 question_id 字段值，对应于视图函数 detail，name 参数定义为（'detail'）。对于这个 name 参数值，就是在上面通过 {% url %} 内置标签引用的路由地址（'detail'）。

然后，在视图模块文件 views.py 中新增一个视图函数 detail，用于处理【代码 12-16】中第 09 行代码新增的路由，具体代码如下：

【代码 12-17】（详见源代码 MyPollsSite 目录的 pollsapp\views.py 文件）

```
01  def detail(request, question_id):
02      return HttpResponse("You're looking at question %s." % question_id)
```

【代码分析】

- 第 01 ~ 02 行代码中，定义了视图函数 detail，包含一个参数 question_id，该参数代表问题（Question）模型的 id 索引。
- 第 02 行代码中，通过 HttpResponse 对象返回一行字符串信息，包含了参数 question_id 数值。

在浏览器中刷新 pollsapp 应用的默认视图 index，具体地址为 http://127.0.0.1:8000/pollsapp/，页面效果如图 12.22 所示。

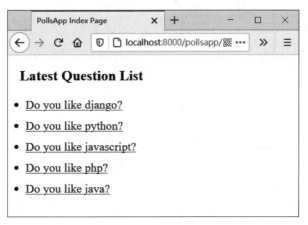

图 12.22　去除 pollsapp 应用模板中硬编码（一）

在页面中任意点击一个超链接，将会跳转到视图函数 detail 渲染的页面，如图 12.23 所示。

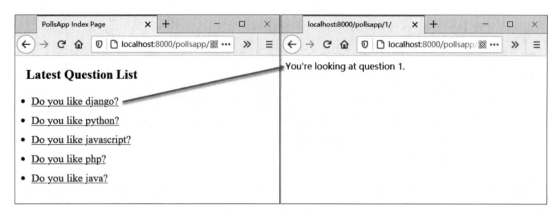

图 12.23　去除 pollsapp 应用模板中硬编码（二）

12.3.4　为 URL 模块添加命名空间

在一个真实的 Django 框架项目中，可能会包括多个应用。那么，Django 如何识别重名的 URL 路由地址呢？

这里举一个例子，假设一个项目的 A 应用定义有一个 detail 视图，B 应用也定义有一个同名的 detail 视图，Django 是如何通过{% url %}内置标签来识别具体是哪一个应用的 URL 路由呢？

Django 框架给出的做法是使用命名空间（app_name），通过在应用的 URLconf 模块中定义命名空间，提供给{% url %}内置标签来引用。下面看一个示例，我们修改一下上面的【代码 12-16】，添加上命名空间（app_name）。具体代码如下：

【代码 12-18】（详见源代码 MyPollsSite 目录的 pollsapp\urls.py 文件）

```
01  from django.urls import path
02
03  from . import views
04
05  app_name = "pollsapp"
06
07  urlpatterns = [
08      # ex: /pollsapp/
09      path('', views.index, name='index'),
10      # ex: /pollsapp/1/
11      path('<int:question_id>/', views.detail, name='detail'),
12  ]
```

【代码分析】

● 第 05 行代码中，定义了该应用的 app_name 命名空间 pollsapp。

然后，就可以将命名空间 pollsapp 加入{% url %}内置标签中来使用，具体代码如下：

```
<a href="{% url 'pollsapp:detail'
```

question.id %}">{{ question.question_text }}</a>

12.3.5　使用模板优化 detail 视图

本小节继续使用模板来优化前面定义的 detail 视图，并在视图中加入异常处理代码。

【代码 12-19】（详见源代码 MyPollsSite 目录的 pollsapp\views.py 文件）

```
01  from django.http import HttpResponse
02  from django.http import Http404
03  from django.shortcuts import render
04  from django.template import loader
05
06  from .models import Question
07
08  # Create your views here.
09
10  def detail(request, question_id):
11      try:
12          question = Question.objects.get(pk=question_id)
13      except Question.DoesNotExist:
14          raise Http404("Question does not exist")
15      return render(request, 'pollsapp/detail.html', {'question': question})
```

【代码分析】

● 第 10～15 行代码中，定义了视图函数 detail，包含一个参数 question_id，该参数代表问题（Question）模型的 id 索引。
● 第 11～14 行代码中，通过 try...except...语句捕获异常。
● 第 15 行代码中，通过调用 render()方法将上下文参数渲染到 HTML 模板（detail.html）中。

添加 HTML 模板文件 detail.html，将问题（Question）模型中的数据详情在页面中渲染显示。

【代码 12-20】（详见源代码 MyPollsSite 目录的 pollsapp\templates\pollsapp\detail.html 文件）

```
01  <!DOCTYPE html>
02  <html lang="en">
03  <head>
04      <meta charset="UTF-8">
05      <link rel="stylesheet" type="text/css"
href="/static/css/myclass.css"/>
06      <title>PollsApp Detail Page</title>
07  </head>
08  <body>
```

```
09
10      <h3>Latest Question Detail</h3>
11
12      {{ question }}
13
14  </body>
15  </html>
```

【代码分析】

● 第 12 行代码中，通过上下文变量 question 在页面显示问题详情。

在浏览器中刷新 pollsapp 应用的默认视图 index，具体地址为 http://127.0.0.1:8000/pollsapp/。然后，在页面中任选一个超链接点击一下，将会跳转到 HTML 模板 detail.html 渲染的页面。具体效果如图 12.24 所示。

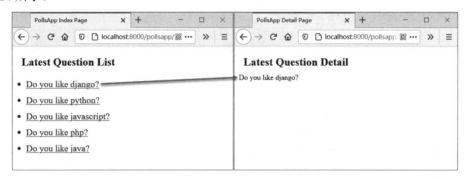

图 12.24　使用模板优化 detail 视图

12.4　表单与通用视图

本节将介绍如何为投票应用程序（Polls）使用表单与通用视图，以完成更多的业务功能。

12.4.1　编写表单

首先，在前一节的 HTML 模板 detail.html 中加入一个 HTML 表单（<form>）元素，完成一个用户选择意见并提交的功能。具体代码如下：

【代码 12-21】（详见源代码 MyPollsSite 目录的 pollsapp\templates\pollsapp\detail.html 文件）

```
01  <!DOCTYPE html>
02  <html lang="en">
03  <head>
04      <meta charset="UTF-8">
05      <link rel="stylesheet" type="text/css" href="/static/css/mycss.css"/>
```

```
06      <title>PollsApp Detail Page</title>
07  </head>
08  <body>
09
10      <h3>{{ question.question_text }}</h3>
11
12      {% if error_message %}
13          <p><strong>{{ error_message }}</strong></p>
14      {% endif %}
15
16      <form action="{% url 'pollsapp:vote' question.id %}" method="post">
17          {% csrf_token %}
18          {% for choice in question.choice_set.all %}
19      <input type="radio" name="choice" id="choice{{ forloop.counter }}"
value="{{ choice.id }}" />
20          <label
for="choice{{ forloop.counter }}">{{ choice.choice_text }}</label><br/>
21          {% endfor %}
22          <input type="submit" value="Vote" />
23      </form>
24
25  </body>
26  </html>
```

【代码分析】

- 第 16～23 行代码中，通过<form>标签定义了一个表单。
- 第 16 行代码中，定义了表单的 action 属性（提交到 vote 视图）和 method 属性（POST 方式）。
- 第 18～21 行代码中，通过{% for %}语句迭代 Choice 模型的字段，并生成一组单选按钮。其中，forloop.counter 表示 for 循环已经执行的次数。
- 第 19 行代码中，定义的每个单选按钮的 name 属性为 choice，value 属性为每个 choice 的 id 字段。
- 如此，当用户选择一个单选按钮并提交表单后，将发送一个 POST 数据（选中 choice 的 id）到目标地址（vote 视图）。

12.4.2　添加 vote 视图路由

在 URLConf 模块中，增加 vote 视图的路由定义，具体代码如下：

【代码 12-22】（详见源代码 MyPollsSite 目录的 pollsapp\urls.py 文件）

```
01  from django.urls import path
```

```
02
03  from . import views
04
05  urlpatterns = [
06      # ex: /pollsapp/
07      path('', views.index, name='index'),
08      # ex: /pollsapp/1/
09      path('<int:question_id>/', views.detail, name='detail'),
10      # ex: /pollsapp/1/vote/
11      path('<int:question_id>/vote/', views.vote, name='vote'),
12  ]
```

【代码分析】

● 第 11 行代码中，在 urlpatterns 路由列表中，通过 path()函数增加了一个路由定义。其中，路由地址为 int 类型的 question_id 字段值，对应于视图函数 vote，name 参数定义为 vote。

12.4.3　定义 vote 视图函数

本小节继续完成 vote 视图函数的编写，具体代码如下：

【代码 12-23】（详见源代码 MyPollsSite 目录的 pollsapp\views.py 文件）

```
01  from django.http import HttpResponse
02  from django.http import HttpResponseRedirect
03  from django.http import Http404
04  from django.shortcuts import get_object_or_404, render
05  from django.urls import reverse
06  from django.template import loader
07
08  from .models import Question, Choice
09
10  # Create your views here.
11
12  def vote(request, question_id):
13      question = get_object_or_404(Question, pk=question_id)
14      try:
15          selected_choice =
question.choice_set.get(pk=request.POST['choice'])
16      except (KeyError, Choice.DoesNotExist):
17          # Redisplay the question voting form.
18          return render(request, 'pollsapp/detail.html', {
19              'question': question,
```

```
20              'error_message': "You didn't select a choice.",
21          })
22      else:
23          selected_choice.votes += 1
24          selected_choice.save()
25          # Always return an HttpResponseRedirect after successfully dealing
26          return HttpResponseRedirect(reverse('pollsapp:results',
args=(question.id,)))
```

【代码分析】

- 第 12 ~ 26 行代码中，定义了视图函数 vote，包含一个参数 question_id，该参数代表问题（Question）模型的 id 索引。
- 第 13 行代码中，通过调用 get_object_or_404()方法获取 question 对象。
- 第 14 ~ 26 行代码中，通过 try…except…else…语句捕获异常。
- 第 18 ~ 20 行代码中，通过调用 render()方法将上下文参数渲染到 HTML 模板 detail.html 中。
- 第 26 行代码中，通过调用 HttpResponseRedirect 对象进行重定向操作，将路由指向 results 视图函数。

12.4.4　定义 results 视图函数

当用户针对 Question 类型进行投票后，vote 视图将请求重定向到 Question 模块的结果视图函数 results.py。具体代码如下：

【代码 12-24】（详见源代码 MyPollsSite 目录的 pollsapp\views.py 文件）

```
01  from django.http import HttpResponse
02  from django.http import HttpResponseRedirect
03  from django.http import Http404
04  from django.shortcuts import get_object_or_404, render
05  from django.urls import reverse
06  from django.template import loader
07
08  from .models import Question, Choice
09
10  # Create your views here.
11
12  def results(request, question_id):
13      question = get_object_or_404(Question, pk=question_id)
14      return render(request, 'pollsapp/result.html', {'question': question})
```

【代码分析】

- 第 12～14 行代码中，定义了视图函数 results，包含一个参数 question_id。
- 第 13 行代码中，通过调用 get_object_or_404()方法获取 question 对象。
- 第 14 行代码中，通过调用 render()方法将上下文参数渲染到 HTML 模板 result.html 中。

12.4.5　定义 results 模板

添加 HTML 模板文件 results.html，将在浏览器页面中渲染投票（Polls）结果的页面。

【代码 12-25】（详见源代码 MyPollsSite 目录的 pollsapp\templates\pollsapp\ results.html 文件）

```
01  <!DOCTYPE html>
02  <html lang="en">
03  <head>
04      <meta charset="UTF-8">
05      <link rel="stylesheet" type="text/css" href="/static/css/mycss.css"/>
06      <title>PollsApp Result Page</title>
07  </head>
08  <body>
09
10      <h3>{{ question.question_text }}</h3>
11
12      <ul>
13          {% for choice in question.choice_set.all %}
14          <li>{{ choice.choice_text }} -- {{ choice.votes }}
vote{{ choice.votes|pluralize }}</li>
15          {% endfor %}
16      </ul>
17
18      <a href="{% url 'polls:detail' question.id %}">Vote again?</a>
19
20  </body>
21  </html>
```

【代码分析】

- 第 12～16 行代码中，通过{% for %}循环语句在页面中显示全部用户投票结果的情况。

12.4.6　添加 results 视图路由

最后，在 URLConf 模块中增加 results 视图的路由定义，具体代码如下：

【代码 12-26】（详见源代码 MyPollsSite 目录的 pollsapp\urls.py 文件）

```
01  from django.urls import path
```

```
02
03  from . import views
04
05  urlpatterns = [
06      # ex: /pollsapp/
07      path('', views.index, name='index'),
08      # ex: /pollsapp/1/
09      path('<int:question_id>/', views.detail, name='detail'),
10      # ex: /pollsapp/1/vote/
11      path('<int:question_id>/vote/', views.vote, name='vote'),
12      # ex: /pollsapp/1/results/
13      path('<int:question_id>/results/', views.results, name='results'),
14  ]
```

【代码分析】

● 第 11 行代码中，在 urlpatterns 路由列表中，通过 path()函数增加了一个路由定义。其中，路由地址为 int 类型的 question_id 字段值，对应于视图函数 results，name 参数定义为 results。

在浏览器中刷新 pollsapp 应用的默认视图 index，具体地址为 http://127.0.0.1:8000/pollsapp/。然后，在页面中任选一个超链接单击一下，将会跳转到 HTML 模板 detail.html 渲染的页面。具体效果如图 12.25、图 12.26 所示。

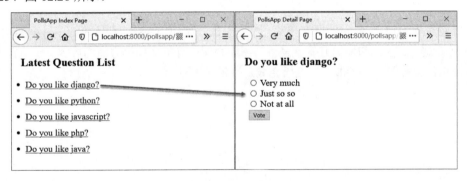

图 12.25 表单与通用视图（一）

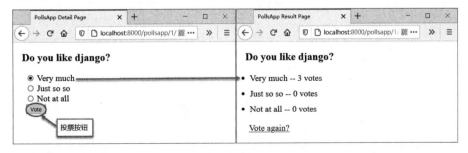

图 12.26 表单与通用视图（二）

12.5 加入静态文件

除了服务端生成的 HTML 以外，网络应用通常需要一些额外的静态文件（例如：照片、脚本和样式表等），来帮助渲染网络页面。在 Django 框架中，我们把这些文件统称为"静态文件"。

对于小微项目来说，这个问题没什么大不了的，因为完全可以把这些静态文件随便放在一个地方，只要服务程序能够找到它们就行。

然而，在大型项目（包括由很多个应用组成的项目）中，处理不同应用所需要的静态文件的工作就显得有点麻烦。Django 框架提供了 django.contrib.staticfiles 模块来解决这个问题，其将各个应用的静态文件统一收集起来。在生产环境中，这些文件会集中在一个便于分发的地方。

Django 框架的 STATICFILES_FINDERS 设置包含了一系列的查找器，它们知道去哪里找到静态文件。AppDirectoriesFinder 是默认查找器中的一个，其会在每个 INSTALLED_APPS 选项中指定应用的子文件中，寻找名称为 static 的特定文件夹，就像我们在 pollsapp 应用中创建的那个目录一样。管理后台采用相同的目录结构管理自身的静态文件。

Django 框架只会使用第一个找到的静态文件。如果在其他应用中有一个相同名字的静态文件，Django 将无法区分它们。我们需要指引 Django 选择正确的静态文件，而最简单的方法就是把它们放入各自的命名空间。换句话讲，就是把这些静态文件放入另一个与应用名相同的目录中。

12.6 本章小结

本章介绍了如何使用 Django 框架开发一个完整的投票应用系统，具体包括项目框架构建、模型和 Admin 站点定义、视图和模板开发、表单与通用视图、静态文件等方面的内容。综合前面学习的框架知识，相信读者能在本章指导下轻松完成这个简单的项目。

第 13 章

Django 框架实战 2——个人博客应用

本章将介绍如何开发一个完整的轻量级个人博客（Blog）应用系统，这是基于 Django 框架项目开发的一个实战应用。具体包括了 Blog 添加、Blog 浏览和 Blog 编辑等几项功能，可以帮助读者进一步掌握 Django 框架开发项目的过程。

通过本章的学习可以掌握以下内容：

- 构建博客（Blog）应用项目架构
- 模型和 Admin 站点定义
- 视图、表单与模板开发
- 使用静态文件

13.1　构建博客应用项目

本章将为读者介绍的轻量级个人博客（Blog）应用程序，该应用主要包括 Blog 添加、Blog 浏览和 Blog 编辑等几项功能。

（1）在命令行中使用 "django-admin startproject" 命令，创建一个项目名称为 MyBlogSite 的 Web 投票应用程序，具体命令如下：

```
django-admin startproject MyBlogSite
```

（2）确定命令行处于 manage.py 文件同级目录下，然后运行下面的命令来创建投票应用 blogapp。

```
django-admin startapp blogapp
```

上述命令行执行成功后，会创建一个 blogapp 目录，至此，完整的项目架构就完成了，如图 13.1 所示。

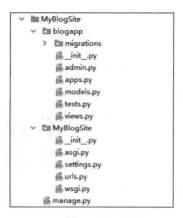

图 13.1 MyBlogSite 项目架构

（3）打开项目配置文件 settings.py，将 blogapp 应用添加在 INSTALLED_APPS 应用列表中。
具体代码如下：

【代码 13-1】（详见源代码 MyBlogSite 目录的 MyPollsSite\settings.py 文件）

```
01  INSTALLED_APPS = [
02      'django.contrib.admin',
03      'django.contrib.auth',
04      'django.contrib.contenttypes',
05      'django.contrib.sessions',
06      'django.contrib.messages',
07      'django.contrib.staticfiles',
08      'blogapp.apps.BlogappConfig'
09  ]
```

（4）编写第一个视图，打开 blogapp 目录中的 views.py 视图文件，并写入下面的代码。

【代码 13-2】（详见源代码 MyBlogSite 目录的 blogapp\views.py 文件）

```
01  from django.http import HttpResponse
02
03  # Create your views here.
04  def index(request):
05      return HttpResponse("This is blogapp index page.")
```

【代码分析】

● 第 01 行代码中，通过 import 命令导入 HttpResponse 对象（请求与响应）。
● 第 04～05 行代码中，定义了一个视图函数 index；第 05 行代码通过调用 HttpResponse
  对象返回一行文本信息，该行文本信息会渲染到浏览器页面中。

（5）然后，配置一个 URL 路由映射到该视图函数，URL 路由就需要在 URLconf 模块 urls.py
中定义了。

在 blogapp 目录里新建一个 urls.py 文件，然后写入下面的代码。

【代码 13-3】（详见源代码 MyBlogSite 目录的 blogapp\urls.py 文件）

```
01  from django.urls import path
02  from . import views
03
04  urlpatterns = [
05      path('', views.index, name='index'),
06  ]
```

（6）继续配置项目的根 URLconf 模块（在项目的主应用目录中），加入刚刚创建的 blogapp 应用路由 blogapp.urls 模块。打开 MyBlogSite 主应用目录下的 urls.py 文件，具体代码如下：

【代码 13-4】（详见源代码 MyBlogSite 目录的 MyBlogSite\urls.py 文件）

```
01  from django.contrib import admin
02  from django.urls import include, path
03
04  urlpatterns = [
05      path(blogapp/', include("blogapp.urls")),
06      path('admin/', admin.site.urls),
07  ]
```

（7）打开 FireFox 浏览器并输入 blogapp 应用的路由地址（http://127.0.0.1:8000/blogapp），页面效果如图 13.2 所示。页面中成功渲染出了视图函数 index 中定义的字符串文本信息。

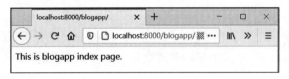

图 13.2　测试 blogapp 应用效果

13.2　定义模型和 Admin 站点

本章这个轻量级个人博客（Blog）应用中，需要创建一个博客模型，包括由 Blog 标题（title）和 Blog 正文（content）两个字段。

（1）打开 blogapp 目录中的 models.py 模型文件，并写入下面的代码。

【代码 13-5】（详见源代码 MyBlogSite 目录的 blogapp\models.py 文件）

```
01  from django.db import models
02  # Create your models here.
03  # Model : Blog
```

```
04  class Blog(models.Model):
05      blog_title = models.CharField(max_length=32, default='')
06      blog_content = models.TextField(null=True)
07
08      def __str__(self):
09          return self.title
```

【代码分析】

● 第 01 行代码中，通过 import 命令导入 models 对象。

● 第 04~09 行代码中，定义了继承自 Model 类的 Blog 模型。

● 第 05 行代码中，创建了一个 CharField 类型的 Blog 标题 blog_title 字段属性。

● 第 06 行代码中，创建了一个 TimeField 类型的 Blog 正文 blog_content 字段属性，可以为空（null）。

至此，该 MyBlogSite 项目就已经包含了 blogapp 应用。然后，通过命令行运行下面的命令来迁移模型：

```
python manage.py makemigrations blogapp
```

（2）在命令行运行下面的命令，创建新定义模型的数据表：

```
python manage.py migrate blogapp 0001
```

（3）进入交互式的 Python 命令行，尝试为模型添加数据。一般是通过 shell 命令打开 Python 命令行：

```
python manage.py shell
```

为模型添加数据成功后，为了能够通过管理后台（Admin）进行模型的数据管理，需要先创建一个能登录管理后台（Admin）站点的超级管理员用户。具体方法是在命令行中运行下面的命令：

```
python manage.py createsuperuser
```

超级管理员用户创建成功后，就可以通过管理后台（Admin）站点管理全部应用项目（app）的模型了。

（4）将 blogapp 应用的模型加入管理后台（Admin）模块，操作方法就是将 blogapp 应用的模块注册到管理后台 admin.py 模块中，具体代码如下：

【代码 13-6】（详见源代码 MyBlogSite 目录的 blogapp\admin.py 文件）

```
01  from django.contrib import admin
02  # Register your models here.
03  from .models import Blog
04
05  admin.site.register(Blog)
```

【代码说明】

● 第 01 行代码中，通过 import 命令引入了 admin 对象。

● 第 03 行代码中，通过 import 命令导入了博客（Blog）模型。

● 第 05 行代码中，通过 admin 对象调用 register()方法，将博客（Blog）模型注册到管理后台（Admin）中。

（5）刷新管理后台（Admin）站点页面，如图 13.3 所示。

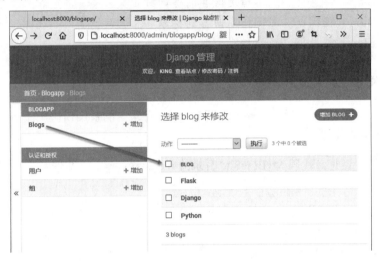

图 13.3　将博客（Blog）模型注册到管理后台（Admin）站点中

如图中的箭头所示，blogapp 应用中显示了 Blog 模型。单击任意一条 Blog 数据信息，就会跳转到 Blog 模型的字段详情页面，如图 13.4 所示。页面中显示了该条 Blog 数据的详细字段信息，包括 Blog 标题和 Blog 正文。

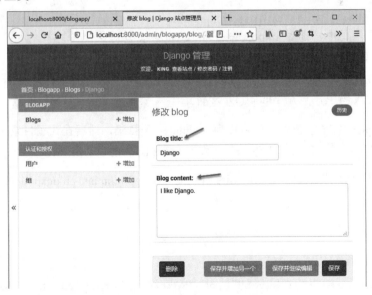

图 13.4　查看 Blog 模型数据信息

13.3 编写博客视图、表单和模板

本节将介绍如何为轻量级个人博客（Blog）应用程序编写更多的视图函数，以完成更多的业务功能。我们主要定义了下列几个功能视图：

- 博客（Blog）列表索引页：展示个人全部博客的列表。
- 博客（Blog）详情页：展示指定博客的标题和正文。
- 博客（Blog）编辑页：编辑指定博客的标题和正文。
- 博客（Blog）添加页：新添加一个博客。

13.3.1 列表索引视图与模板

（1）根据前文中所描述的视图功能，打开 blogapp 目录中的视图模块文件 views.py，在视图函数 index 中定义如下的代码。

【代码 13-7】（详见源代码 MyBlogSite 目录的 blogapp\views.py 文件）

```
01  from django.http import HttpResponse
02  from django.shortcuts import render
03  from .models import Blogs
04  # Create your views here.
05
06  def index(request):
07      blog_list = Blog.objects.all()
08      return render(request, 'blogapp/index.html', {'blog_list': blog_list})
```

【代码分析】

- 第 03 行代码中，通过 import 命令导入 Blog 模型对象。
- 第 06～08 行代码中，定义了视图函数 index。
- 第 07 行代码中，通过 Blog 对象调用 all()方法，获取了全部的数据列表 blog_list。
- 第 08 行代码中，调用 render()方法将上下文数据渲染到 HTML 模板 index.html 中。

（2）在 blogapp 目录中新建一个名称为 templates 子目录，然后在该子目录下再新建一个名称为 blogapp 的二级子目录，在其下创建一个名称为 index.html 的 HTML 模板。

【代码 13-8】（详见源代码 MyBlogSite 目录的 blogapp\templates\blogapp\index.html 文件）

```
01  <!DOCTYPE html>
02  <html lang="en">
03  <head>
04      <meta charset="UTF-8">
05      <link rel="stylesheet" type="text/css" href="/static/css/mycss.css"/>
06      <title>BlogApp Index Page</title>
```

```
07  </head>
08  <body>
09
10      <h3>My Blog Lists</h3>
11      {% if blog_list %}
12      <ul>
13          {% for blog in blog_list %}
14          <li>
15              <a href="{% url 'blogapp:blog_page' blog.id
%}">{{ blog.blog_title }}</a>
16          </li>
17          {% endfor %}
18      </ul>
19      {% else %}
20          <p>No polls are available.</p>
21      {% endif %}
22      </br>
23      <a href=" {% url 'blogapp:blog_edit_page' 0 %} ">写博客</a>
24
25  </body>
26  </html>
```

【代码分析】

- 第 11 ~ 18 行代码中，先通过{% for %}循环语句，获取列表参数 blog_list 中每一项内容，然后渲染成一个<ul><li>列表标签进行显示。
- 第 15 行代码中，定义了一个超链接标签，将视图 blog_page 和字段 blog.id 通过{% url %}内置标签绑定到 href 属性中，将字段 blog_title 的内容作为超链接标签的文本信息进行显示。
- 第 23 行代码中，通过一个超链接标签指向新添加个人博客的视图函数 blog_edit_page。

（3）在 URLConf 模块中增加对应 name 参数 blog_page 的路由定义：

【代码 13-9】（详见源代码 MyBlogSite 目录的 blogapp\urls.py 文件）

```
01  from django.urls import path
02  from django.conf.urls import url
03  from . import views
04  app_name = "blogapp"
05
06  urlpatterns = [
07      path('', views.index, name='index'),
08      url(r'^blog/(?P<blog_id>[0-9]+)$', views.blog_page, name='blog_page'),
09  ]
```

（4）在浏览器中刷新 blogapp 应用的默认视图 index，具体地址为 http://127.0.0.1:8000/blogapp/，页面效果如图 13.5 所示。

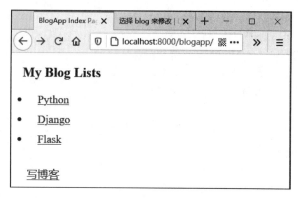

图 13.5　blogapp 应用博客列表视图

13.3.2　详情视图与模板

（1）根据前文中描述的视图功能，我们打开 blogapp 目录中的视图模块文件 views.py，添加博客（Blog）详情视图 blog_page 的代码定义。

【代码 13-10】（详见源代码 MyBlogSite 目录的 blogapp\views.py 文件）

```
01  from django.http import HttpResponse
02  from django.shortcuts import render
03  from .models import Blog
04  # Create your views here.
05
06  def blog_page(request, blog_id):
07      blog = Blog.objects.get(pk=blog_id)
08      return render(request, 'blogapp/blog_page.html', {'blog': blog})
```

【代码分析】

- 第 06～08 行代码中，定义了视图函数 blog_page。
- 第 07 行代码中，通过 Blog 对象调用 get()方法，获取了指定 blog_id 的 Blog 数据信息。
- 第 08 行代码中，调用 render()方法将上下文数据（'blog'）渲染到 HTML 模板 blog_page.html 中。

（2）在 blogapp 应用的模板目录下，创建一个名称为 blog_page.html 的 HTML 模板。

【代码 13-11】（详见源代码 MyBlogSite 目录的 blogapp\templates\blogapp\blog_page.html 文件）

```
01  <!DOCTYPE html>
02  <html lang="en">
03  <head>
04      <meta charset="UTF-8">
```

```
05      <link rel="stylesheet" type="text/css" href="/static/css/mycss.css"/>
06      <title>BlogApp Blog Page</title>
07   </head>
08   <body>
09
10      <h3>Blog 标题 : {{ blog.blog_title }}</h3>
11      <p>
12          Blog 正文 : {{ blog.blog_content }}
13      </p>
14      <p>
15          <a href=" {% url 'blogapp:blog_edit_page' blog.id %} ">编辑博客</a>
16      </p>
17
18   </body>
19   </html>
```

【代码分析】

● 第 10 行代码中，通过上下文变量 blog 输出了 Blog 标题字段 blog_title 的内容。

● 第 12 行代码中，通过上下文变量 blog 输出了 Blog 正文字段 blog_content 的内容。

● 第 15 行代码中，通过一个超链接标签指向了编辑个人博客的视图函数 blog_edit_page。

（3）在 URLConf 模块中增加对应 name 参数 blog_edit_page 的路由定义。

【代码 13-12】（详见源代码 MyBlogSite 目录的 blogapp\urls.py 文件）

```
01   from django.urls import path
02   from django.conf.urls import url
03   from . import views
04   app_name = "blogapp"
05
06   urlpatterns = [
07       path('', views.index, name='index'),
08       url(r'^blog/(?P<blog_id>[0-9]+)$', views.blog_page, name='blog_page'),
09       url(r'^blog/edit/(?P<blog_id>[0-9]+)$', views.blog_edit_page,
name='blog_edit_page'),
10   ]
```

（4）在浏览器中刷新 blogapp 应用的默认视图 index，具体地址为 http://127.0.0.1:8000/blogapp/，尝试单击任意一项 Blog 标题的链接，页面效果如图 13.6 所示。

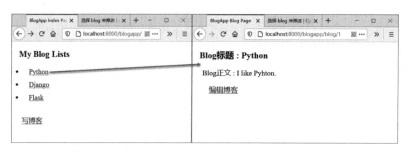

图 13.6　blogapp 应用博客详情视图

13.3.3　编辑视图、表单与模板

（1）根据前文中描述的视图功能，打开 blogapp 目录中的视图模块文件 views.py，添加博客（Blog）编辑视图 blog_edit_page 的代码定义。

【代码 13-13】（详见源代码 MyBlogSite 目录的 blogapp\views.py 文件）

```
01  from django.http import HttpResponse
02  from django.shortcuts import render
03
04  from .models import Blog
05
06  # Create your views here.
07
08  def blog_edit_page(request, blog_id):
09      if str(blog_id) == '0':
10          return render(request, 'blogapp/blog_edit_page.html')
11      blog = Blog.objects.get(pk=blog_id)
12      return render(request, 'blogapp/blog_edit_page.html', {'blog': blog})
```

【代码分析】

● 第 08～13 行代码中，定义了视图函数 blog_edit_page。
● 第 09～10 行代码中，通过 if 条件语句判断参数 blog_id 是否为 0，如果为 0，则表示新添加博客，否则为编辑博客。
● 第 11 行代码中，Blog 对象调用 get()方法，获取了指定 blog_id 的 Blog 数据信息。
● 第 12 行代码中，调用 render()方法将上下文数据（'blog'）渲染到 HTML 模板 blog_edit_page.html 中。

（2）在 blogapp 应用的模板目录下，创建一个名称为 blog_edit_page.html 的 HTML 模板。

【代码 13-14】（详见源代码 MyBlogSite 目录的 templates\blogapp\blog_edit_page.html 文件）

```
01  <!DOCTYPE html>
02  <html lang="en">
03  <head>
```

```
04      <meta charset="UTF-8">
05      <link rel="stylesheet" type="text/css" href="/static/css/mycss.css"/>
06      <title>BlogApp Blog Edit Page</title>
07   </head>
08   <body>
09      <h3>Blog Edit Page</h3>
10      <form action="{% url 'blogapp:blog_edit_page_action' %}" method="post">
11          {% csrf_token %}
12          {% if blog %}
13             <input type="hidden" name="blog_id_hidden" value="{{ blog.id }}">
14             <label>Blog 标题:
15                 <input type="text" name="title" value="{{ blog.title }}">
16             </label>
17             </br>
18             <label>Blog 内容:
19                 <input type="text" name="content",
value="{{ blog.content }}">
20             </label>
21             </br>
22             <input type="submit" value="提交">
23          {% else %}
24             <input type="hidden" name="article_id_hidden" value="0">
25             <label>Blog 标题:
26                 <input type="text" name="title">
27             </label>
28             </br>
29             <label>Blog 内容:
30                 <input type="text" name="content">
31             </label>
32             </br>
33             <input type="submit" value="提交">
34          {% endif %}
35      </form>
36   </body>
37   </html>
```

【代码分析】

- 第 10～35 行代码中，通过<form>标签定义了一个表单，用于编辑个人博客的数据信息。其中，action 属性指向视图 blog_edit_page_action，method 属性定义为 POST 方式。
- 第 12～34 行代码中，通过{% if %}语句判断上下文参数 blog 是否不为空（Null），然后根据判断结果来选择，是显示编辑博客页面，或是新添加博客页面。

（3）在 URLConf 模块中，增加对应 name 参数 blog_edit_page_action 的路由定义。

【代码 13-15】（详见源代码 MyBlogSite 目录的 blogapp\urls.py 文件）

```
01  from django.urls import path
02  from django.conf.urls import url
03  from . import views
04  app_name = "blogapp"
05  urlpatterns = [
06      path('', views.index, name='index'),
07      url(r'^blog/(?P<blog_id>[0-9]+)$', views.blog_page, name='blog_page'),
08      url(r'^blog/edit/(?P<blog_id>[0-9]+)$', views.blog_edit_page,
name='blog_edit_page'),
09      url(r'^blog/edit/action$', views.blog_edit_page_action,
name='blog_edit_page_action'),
10  ]
```

（4）在浏览器中刷新 blogapp 应用的默认视图 index，具体地址为 http://127.0.0.1:8000/blogapp/，点击"编辑博客"的链接，页面效果如图 13.7 所示。

图 13.7　blogapp 应用博客编辑视图

13.4　加入静态文件

在 MyBlogSite 项目根目录下，创建一个名称为 static 文件夹，在其中继续创建一个名为 css 的文件夹，然后在该文件夹中创建一个名为 mycss.css 的样式文件。这样，该样式文件的路径就是：/static/css/mycss.css。在该 CSS 样式文件中，可以定义我们想要的样式风格。

在 HTML 模板文件中，引入该静态样式文件的方法是通过<link>标签元素完成的：

```
<link rel="stylesheet" type="text/css" href="/static/css/mycss.css"/>
```

13.5　本章小结

本章介绍了如何使用 Django 框架开发一个完整的轻量级个人博客（Blog）应用系统，具体包括了 Blog 添加、Blog 浏览和 Blog 编辑等功能。本章可以帮助读者掌握 Django 框架开发项目的全过程。